高职高专计算机专业规划教材

Java 语言程序设计案例教程

主　编　任泰明

主　审　杨志茹

西安电子科技大学出版社

内 容 简 介

本书用通俗易懂的语言，结合一些较为实用的案例，对 Java 语言中的类、对象、方法、继承、多态、异常等基础知识进行了较为详细的介绍；同时，为了注重实用性，用了较大的篇幅介绍了 GUI 程序和数据库应用程序的设计。

本书以面向对象的思想为线索进行内容的组织与编排，使读者在学习完该书内容后，不仅能够掌握 Java 语言的有关知识，也能掌握面向对象编程的基础知识。

本书既可供大专院校作为"Java 语言程序设计"课程的教材使用，也可供 Java 语言的爱好者作为入门和自学的读物使用。

图书在版编目(CIP)数据

Java 语言程序设计案例教程 / 任泰明主编. —西安：西安电子科技大学出版社，2008.2(2018.2 重印)

中国高等职业技术教育研究会推荐. 高职高专计算机专业规划教材

ISBN 978–7–5606–1987–3

Ⅰ. J…　Ⅱ. 任…　Ⅲ. Java 语言—程序设计—高等学校：技术学校—教材　Ⅳ. TP312

中国版本图书馆 CIP 数据核字(2008)第 004729 号

策　　划　臧延新
责任编辑　邵汉平　臧延新
出版发行　西安电子科技大学出版社(西安市太白南路 2 号)
电　　话　(029)88242885　88201467　　　邮　　编　710071
网　　址　www.xduph.com　　　　　　　电子信箱　xdupfxb001@163.com
经　　销　新华书店
印刷单位　陕西大江印务有限公司
版　　次　2008 年 2 月第 1 版　2018 年 2 月第 3 次印刷
开　　本　787 毫米×1092 毫米　1/16　印　张　18.75
字　　数　437 千字
印　　数　7001～9000 册
定　　价　36.00 元
ISBN 978 – 7 – 5606 – 1987 – 3/TP
XDUP 2279001–3

序

　　进入 21 世纪以来，高等职业教育呈现出快速发展的形势。高等职业教育的发展，丰富了高等教育的体系结构，突出了高等职业教育的类型特色，顺应了人民群众接受高等教育的强烈需求，为现代化建设培养了大量高素质技能型专门人才，对高等教育大众化作出了重要贡献。目前，高等职业教育在我国社会主义现代化建设事业中发挥着越来越重要的作用。

　　教育部 2006 年下发了《关于全面提高高等职业教育教学质量的若干意见》，其中提出了深化教育教学改革，重视内涵建设，促进"工学结合"人才培养模式改革，推进整体办学水平提升，形成结构合理、功能完善、质量优良、特色鲜明的高等职业教育体系的任务要求。

　　根据新的发展要求，高等职业院校积极与行业企业合作开发课程，根据技术领域和职业岗位群任职要求，参照相关职业资格标准，改革课程体系和教学内容，建立突出职业能力培养的课程标准，规范课程教学的基本要求，提高课程教学质量，不断更新教学内容，而实施具有工学结合特色的教材建设是推进高等职业教育改革发展的重要任务。

　　为配合教育部实施质量工程，解决当前高职高专精品教材不足的问题，西安电子科技大学出版社与中国高等职业技术教育研究会在前三轮联合策划、组织编写"计算机、通信电子、机电及汽车类专业"系列高职高专教材共 160 余种的基础上，又联合策划、组织编写了新一轮"计算机、通信、电子类"专业系列高职高专教材共 120 余种。这些教材的选题是在全国范围内近 30 所高职高专院校中，对教学计划和课程设置进行充分调研的基础上策划产生的。教材的编写采取在教育部精品专业或示范性专业的高职高专院校中公开招标的形式，以吸收尽可能多的优秀作者参与投标和编写。在此基础上，召开系列教材专家编委会，评审教材编写大纲，并对中标大纲提出修改、完善意见，确定主编、主审人选。该系列教材以满足职业岗位需求为目标，以培养学生的应用技能为着力点，在教材的编写中结合任务驱动、项目导向的教学方式，力求在新颖性、实用性、可读性三个方面有所突破，体现高职高专教材的特点。已出版的第一轮教材共 36 种，2001 年全部出齐，从使用情况看，比较适合高等职业院校的需要，普遍受到各学校的欢迎，一再重印，其中《互联网实用技术与网页制作》在短短两年多的时间里先后重印 6 次，并获教育部 2002 年普通高校优秀教材奖。第二轮教材共 60 余种，在 2004 年已全部出齐，有的教材出版一年多的时间里就重印 4 次，反映了市场对优秀专业教材的需求。前两轮教材中有十几种入选国家"十一五"规划教材。第三轮教材 2007 年 8 月之前全部出齐。本轮教材预计 2008 年全部出齐，相信也会成为系列精品教材。

　　教材建设是高职高专院校教学基本建设的一项重要工作。多年来，高职高专院校十分重视教材建设，组织教师参加教材编写，为高职高专教材从无到有，从有到优、到特而辛勤工作。但高职高专教材的建设起步时间不长，还需要与行业企业合作，通过共同努力，出版一大批符合培养高素质技能型专门人才要求的特色教材。

　　我们殷切希望广大从事高职高专教育的教师，面向市场，服务需求，为形成具有中国特色和高职教育特点的高职高专教材体系作出积极的贡献。

中国高等职业技术教育研究会会长
2007 年 6 月

前　言

　　Java 语言自 1995 年诞生以来，其普及速度非常快，Java 技术成了当前程序设计领域最为热门的技术之一。使用 Java 可以开发出各种类型的应用软件，例如：为嵌入式系统开发软件可以使用 J2ME 技术，为桌面应用系统开发软件可以使用 J2SE 技术，为大中型企业开发基于 Internet 的应用系统可以使用 J2EE 技术。Java 的广泛应用也使社会对掌握 Java 技术的人才有较大的需求量。为此，各类高职院校的计算机专业和 IT 培训机构也在近年来调整了教学计划，把 Java 作为教学的重点内容。

　　对于广大的 Java 初学者来说，一本好的教材可以引导学习者快速入门，起到事半功倍的效果。当前大多数 Java 语言教材存在以下一些问题：

　　(1) 对于 Java 语言的初学者来说，究竟应该掌握哪些内容，定位不是很准确。有相当一部分 Java 语言教材，为了知识的全面性和系统性，将 Java 语言中的线程、网络编程等难度较大的内容也纳入了初学者要掌握的内容之中。由于这些内容要求读者在学习时掌握相关的操作系统原理、TCP/IP 协议等知识，因此学习起来困难较大，容易使初学者失去学习 Java 的积极性。作者认为，对于初学 Java 语言的人来说，主要任务是掌握 Java 语言中有关的基本概念，尤其是类、对象、继承、多态、异常、接口和包等概念，只有掌握好这些基本概念，才能为以后学习 Java 技术的其他高级内容打下一个较好的基础。现在，国外一些著名的 Java 语言教材也只讲 Java 技术的基本内容，如由电子工业出版社出版的"国外计算机科学教材系列"中的《Java 程序设计教程(第四版)》(John Lewis 和 William Loftus 著)，就没有将流程、线程、网络编程等内容纳入其中。因此，本书根据高职高专类院校的教学特点，只纳入了 Java 语言的基本内容。

　　(2) 国内大部分 Java 语言教材还使用类似于 C 语言的面向过程的程序设计思想来组织教材内容，这不利于读者深入、透彻地掌握 Java 语言的精髓。Java 语言是一种面向对象的程序设计语言，应该用面向对象的编程思想来组织教材内容。本书正是以面向对象的思想组织全书内容，处处体现"对象优先"的原则。

　　(3) 大部分教材不重视教学内容与工程实践的结合问题。当前职业教育大力提倡"工学结合"的教学方式，其目的是使读者"学以致用"。为此，本书增加了与工程实践有关的内容，如增加了在实际软件开发中 Java 语言的书写规范和标识符的命名规范等内容。

　　本书在编写过程中充分考虑了当前职业院校学生的知识水平和学习能力，尽量做到语言通俗、明了，案例难度适中。

　　本书介绍的内容是 Java 技术中最基本的 J2SE 技术，并介绍了 J2SE 5.0 中新增加的 Scanner、Integer 等类的自动打包和自动解包等内容。

　　本书共分 10 章。第 1 章介绍 Java 语言的产生、发展和特点，以及如何编译和运行一个 Java 程序，在工程实践中如何书写 Java 程序。第 2 章介绍面向对象程序设计中类、封装和重载的概念，以及在 Java 语言中定义一个类的方法。第 3 章主要介绍一个类中成员属性的定义问题，涉及的内容有 Java 语言的 8 种简单数据类型以及字符串和数组。第 4 章详细介绍了一个类中成员方法的概念及定义方法，主要内容有方法体中分支和循环结构程序的设计问题。第 5 章和第 6 章分别介绍面向对象程序设计中最重要的两个特征，即类的继承与多态性，主要包括抽象类、接口等概念。第 7 章介绍 Java 语言中异常的处理问题。第 8 章介绍嵌入网页中执行的 Java 小应用程序 Applet。第 9 章介绍如何使用 Swing 设计 GUI 程序。第 10 章介绍如何使用 JDBC 设计数据库应用程序。

本书在编写过程中得到了王庆岭和赵睿等老师的大力支持和帮助，在此表示感谢。

最后，要感谢西安电子科技大学出版社的各位编辑对作者的帮助，尤其是臧延新编辑对作者的长期支持。通过他们的辛勤工作，本书才得以出版。

由于作者水平有限，书中错漏之处在所难免，欢迎广大读者批评指正。

作　者
2007 年 10 月

目　　录

第 1 章　进入 Java 编程世界

- ☞ 了解 Java 语言的产生与发展情况；
- ☞ 初步认识面向对象程序设计中对象与类的概念；
- ☞ 理解 Java 语言程序可以"一次编写，到处运行"的原理；
- ☞ 熟悉 Java 语言的开发和运行环境；
- ☞ 掌握简单 Java 程序的调试、编译与运行；
- ☞ 了解 Java 程序在软件开发中的书写规范。

Java 语言是美国 Sun 公司于 1995 年推出的一种新型编程语言，用 Java 语言编写的程序可以在不同的平台上(操作系统不同，硬件环境也可以不同)运行。Java 语言产生后，Sun 公司的竞争对手比尔·盖茨在了解到 Java 技术的一些细节后，评价说"Java 是很长时间以来最优秀的程序设计语言"。后来，微软公司推出了语法与 Java 语言类似的 C#语言与 Java 语言进行直接竞争。

Java 语言可以用来编写单机下运行的应用程序，也可以用来编写网络环境下运行的应用程序，因此它的适用范围很广。目前，Java 语言已经成了当前最热门的编程语言。下面让我们一同进入 Java 编程世界，来看看 Java 语言是怎样产生的，以及如何编写、调试和运行一个简单的 Java 语言程序。

基本技能

1.1　程序设计语言基础

我们知道，计算机之所以能够"听从"人们的指挥，按我们的要求完成某项工作，其关键原因是人们事先将由程序员编好的、指挥计算机工作的"指令"(即程序)存储在了计算机的记忆装置(即存储器)中。面对日常学习、工作或生产领域内的不同应用需求，人们就要设计出不同的应用程序，而设计指挥计算机工作的程序，就要使用程序设计语言。

程序设计语言随着计算机技术的发展而在不断进步，现在人们常用的程序设计语言就有几十种。针对不同的领域及其特点，可以选用不同的程序设计语言来编程。当然，对于同一个问题，程序员也可以使用不同的程序设计语言来进行开发。

1.1.1　程序设计语言介绍

随着计算机的发展，程序设计语言也在不断地发展与变化着。总体上，人们将程序设计语言分为三种：机器语言、汇编语言和高级语言。

1. 机器语言

从本质上来说，计算机只不过是一台由电子器件组成的机器，以电力作为其工作动力。在计算机内部，一般用电子器件的不同状态(如电压的高或低，开关的打开或关闭等)来表示一个数。因为多数电子器件只有两个稳定状态，这两个稳定状态正好可以分别表示为“0”和“1”，所以为方便起见，人们设计计算机时一般使用二进制。计算机的世界是二进制的世界，即计算机“只懂”二进制，如计算机内部某种型号的处理器，可以用二进制数“0000 1111”表示加运算。

由于计算机只能“理解”二进制，因此在计算机发展的早期，人们只能用二进制代码编写指挥计算机工作的程序，这种二进制代码就是机器指令。机器语言就是用机器指令编写程序的语言。机器语言的特点是难写、难记、易于出错，用其编写程序的效率非常低。

2. 汇编语言

为了克服机器语言的缺点，人们想到了用一些容易记忆、有意义的英文单词(或英文词语的缩略形式)来代替机器语言中的二进制指令，这种用助记符形式表示的程序设计语言叫做汇编语言。如在某汇编语言中，使用“ADD”助记符表示加法运算，以代替机器语言中使用二进制数“0000 1111”表示的加法运算。这对程序员来说，显然要比使用机器语言编程方便得多。

显然，计算机并不懂汇编语言，因此，用汇编语言编写的程序在计算机上执行之前，要由叫做“汇编程序”的系统软件将其翻译成机器可以理解的二进制指令(即机器语言)后，才能被计算机执行。

汇编语言虽然比机器语言易于学习和记忆，但与机器语言类似，还是要涉及到机器的具体细节，当机器更换或硬件升级后，有关应用程序不得不重新编写。正因为如此，汇编语言和机器语言都被人们称为低级语言。低级语言依赖于具体的机器，编写的程序没有通用性，如针对 Intel 公司芯片开发的程序就不能在 Sun 公司或其他公司的机器上运行。

3. 高级语言

用低级语言开发程序的效率低，程序的可维护性和可移植性也差。为了克服低级语言的这些缺点，经过人们多年的研究与努力，发明了表达方式接近于自然语言(主要是英语)的程序设计语言，即所谓的高级语言。常用的高级语言有 Java、VB、C、C++、C#等。

高级语言易于人们学习与理解，所以目前除了一些特殊应用领域之外，绝大部分应用软件都是用高级语言开发的。高级语言中的一条语句可以等价于多条甚至上百条机器语言指令，所以开发程序的效率要比低级语言高得多。另外，高级语言不依赖于具体的机器，开发的程序具有通用性。

在高级语言未问世之前，使用计算机的人员主要是计算机领域或其他领域的一些技术专家。但在高级语言出现之后，高校的工程技术类专业中广泛开设了高级语言程序设计课程，使一般的工程技术人员也能通过计算机编程来解决一些实际问题。可以说，没有高级语言，就不会有今天计算机如此广泛的应用，人类社会也不会步入所谓的"信息化"时代。

1.1.2　编译器和解释器

用高级语言编写的程序，要翻译成机器语言程序才能被计算机执行。当然，这个翻译过程是由一个叫做编译器或解释器的程序帮助人们完成的，并且编译器或解释器在翻译过程中会指出程序中出现的一些错误。

编译器的工作原理类似于我们日常生活中将一篇写好的文章翻译成英文的过程。编译器把高级语言编写的程序(即源程序)，从头到尾翻译成用二进制表示的机器代码(即目标代码)，然后由计算机执行机器代码，就可得到程序的运行结果。

解释器的工作原理类似于我们日常生活中召开一场新闻发布会的过程。在新闻发布会现场，新闻发言人每讲一句汉语，翻译人员现场就将这句话翻译成英语或其他语言，即这个过程是发言人讲一句，翻译人员翻译一句，记者理解一句。解释器的工作过程是把用高级语言编写的程序读入一句，解释一句(即翻译成机器可以理解的二进制代码)，执行一句，程序解释过程完成后，结果也随之得出。因此，解释器将程序的翻译与执行这两项活动放在了一起。

程序的解释过程和编译过程各有其优缺点。程序的解释执行过程速度较慢，因为每次解释执行后，系统并不保存源程序翻译后的机器代码，因而执行一次程序，就需要解释器对源程序再解释一次。程序的编译执行过程速度较快，因为源程序被编译器一次翻译成某种特定机器的二进制代码后，将其机器代码以可执行文件的形式保存下来，其后每次执行的只是机器语言代码。但一般情况下，解释器的设计要比编译器的设计简单得多。

1.1.3　面向过程和面向对象的程序设计语言

1. 面向过程的分析与面向过程的程序设计语言

使用机器语言、汇编语言和一些早期的高级语言编程时，总是将要设计的一个系统分解为若干个功能模块，然后用程序设计语言实现这些功能模块。如使用较多的 C 语言，一个程序就是由若干个完成一定功能的函数组成的，每个函数可以看成一个功能模块。这种软件开发方式是围绕着程序将要"完成什么功能"而编写代码的，因而是以"功能为中心"描述系统的。这种编程方式被称为面向过程的编程，这种分析问题的方法叫做面向过程的分析。如果把面向过程的分析用程序设计语言来实现，则需使用面向过程的程序设计语言，如 C 语言、Pascal 语言等。

下面以一个实例说明面向过程分析问题的方法。

实例描述：在开发一个图书管理系统的过程中，某个开发小组分配到的任务是开发还书管理子系统。

开发要求：图书管理员可以通过还书管理子系统读取读者借书的信息，如果超期(如借书超过两个月)，则作罚款处理。读者还书后，要修改图书库存记录和有关的借书数据库。

问题分析：面向过程的编程使用结构化分析方法，其核心思想是"自顶向下，逐步求精"。按照这一思想，可以将还书管理子系统根据功能进一步划分为查阅借书信息模块、登记入库模块和处理超期罚款模块，如图 1-1 所示。

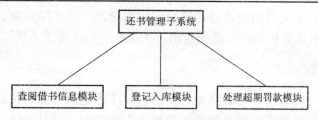

图 1-1　还书管理子系统

面向过程的编程中，数据的主要作用是支持函数的执行过程。使用面向过程的方法进行小规模软件的开发是比较有效的，因为当软件规模较小时，易于划分系统的功能模块，且这些模块之间的关系较为简单。但当软件规模较大时，模块的划分以及模块之间的关系都较为复杂。另外，由于用户需求的易变性，软件的功能经常会发生各种变化，功能的变化意味着要对程序重写或修改，这将带来大量的工作，增加了软件开发的难度。为此，人们对软件工程中的编程方法提出了新的要求，导致产生了面向对象的分析方法与面向对象的程序设计语言。Java 语言就是面向对象程序设计语言的杰出代表。

2. 面向对象的分析与面向对象的程序设计语言

随着计算机技术的发展，人们认识到面向过程的分析与程序设计方法不符合人们认识客观事物本来面目的习惯，因为人们所处的客观世界本来是由一个个"事物"，即对象(Object)组成的。如一台计算机是由主机、显示器、键盘等组成的，一个学校是由学生、教师、实验室、教学楼、宿舍等组成的。

人们认识客观世界也是由一个个对象开始的，如一个人出生后从认识父亲、母亲开始，到认识馒头、筷子、桌子、椅子等。面向对象的分析就是从事物的本来面目入手，分析系统由哪些对象组成，每个对象又有什么样的特征和属性，每个对象能干什么，这些对象之间的关系是怎么样的，等等。

对于上面介绍的还书管理子系统，如果使用面向对象的分析，则应先分析出该系统包含的对象，然后分析每个对象的特性和不同对象之间的关系。还书管理子系统由借阅者和图书管理员这两个对象组成，这两个对象通过还书过程相联系，如图 1-2 所示。

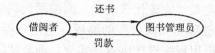

图 1-2　还书管理子系统中的对象

面向对象分析问题的过程需要使用面向对象的程序设计语言来实现，除了 Java 语言，其他常用的面向对象的程序设计语言还有 C++、C#、Smalltalk 等。

面向对象技术代表了一种全新的程序设计思路，其观察、表述、处理问题的方法与传统的面向过程的编程方法不同。面向对象的程序设计和问题求解力求符合人们日常的思维习惯，尽量分解、降低问题的难度和复杂性，从而提高整个求解过程的可监测性、可控制性和可维护性，以此达到以较小代价和较高效率获得较满意设计效果的目的。本书将完全按照面向对象的思想来组织与编写，读者在学习完本书后，就可以掌握面向对象程序设计技术的主要内容。

1.2 Java 语言的产生与发展

人们说"治学先治史",在学习用 Java 语言编程之前,有必要了解一下 Java 语言是在什么样的背景下产生的,其发展经历了哪几个主要阶段,这将有助于读者更好地理解 Java 语言的特点。

1.2.1 Java 语言的起源

20 世纪 90 年代,电子消费类产品(如电视、电冰箱、烤箱、PDA 等)广泛进入寻常百姓家庭,各大电子产品生产厂商为了提高产品在市场上的竞争力,纷纷全力打造智能化、网络化的电子产品。1991 年,美国 Sun Microsystems 公司决定为消费类电子产品开发应用程序,其目的是通过 Internet 能与家电进行交互,以便能对其进行远程控制。Sun 公司给这个计划起了一个好听的名字,叫"Green"计划。

"Green"计划开始实施后,就遇到了一个棘手的问题,即不同的消费电子产品所采用的处理芯片和操作系统各不相同,因此,开发的软件能否在不同的平台上运行(即是否具有跨平台性),是这一计划成败的关键。当时最流行的编程语言是 C 语言和 C++ 语言,"Green"小组的研究人员就考虑是否可以采用 C++ 语言来编写消费类电子产品的应用程序。但是,经研究表明,对于消费类电子产品,C++ 语言过于复杂和庞大,其安全性也存在问题。于是,"Green"小组成员决定以 C++ 为基础,开发一种新的编程语言,这种语言在跨平台性和安全性方面都要满足消费电子产品的要求。经过 18 个月的努力,"Green"小组终于开发出第一个版本,当时的项目组负责人 James Gosling(如图 1-3 所示,是 Java 语言的主要设计者)在为这种语言取名时,向窗户外望去,突然看到一棵翠绿的橡树,于是就把这种新的语言命名为 Oak(橡树)语言。

图 1-3 Java 的主要设计者 James Gosling

Oak 语言采用了许多 C++语言的语法,是一种面向对象的编程语言,但其在安全性和易用性方面都要好于 C++语言。Oak 语言在技术上的成功并未换取其在商业上的成功,Sun 公司在参加一个交互式电视项目的投标时败给了另一家公司。但是,"Green"小组的负责人 James Gosling 对于花费了大量心血开发出来的 Oak 语言就此结束并不甘心。正好当时(20

世纪 90 年代初)Internet 在全世界蓬勃发展，受到 Mosaic 和 Netscape 浏览器取得巨大成功的启发，James Gosling 等人发现，Oak 语言所具有的跨平台、面向对象、安全性高等特点非常符合互联网的需要，于是开发了一个与 Oak 语言相配合的浏览器 HotJava，其上可以显示一般浏览器在当时还做不到的动态效果。这立即吸引了人们的眼球，使 Oak 在 Internet 领域取得了巨大的成功。当时的 Sun 公司绝对没有想到，原本想用于消费电子产品开发的编程语言，却率先在网络中得到了广泛应用，真是"有心栽花花不成，无心插柳柳成荫"。

在 Sun 公司给 Oak 进行注册时，发现 Oak 已经是另外一种产品的注册商标了。工程师们在给 Oak 苦思冥想新的名字时，看到了桌子上热气腾腾的咖啡，于是将 Oak 更名为"Java"(太平洋上一个盛产咖啡的岛屿的名字)，后来一杯冒着热气的咖啡的图案成了 Java 语言的商标。从 1992 年秋天 Oak 问世，到 1995 年在 Sun World 95 大会上公开发布 Java 语言，有许多人对 Java 的设计和改进做出了贡献。

1.2.2　Java 语言的发展

Java 语言自从于 1995 年被正式推出之后，就以其独特的优势迅猛发展，经过短短十年多的时间，它已经成为迄今为止最为优秀的面向对象语言。Java 也已从当初的一种语言而逐渐形成为一种产业，基于 Java 语言的应用系统越来越多。Java 语言产生之后，其主要发展历程如下：

● 1995 年，Sun 公司正式发表 Java 与 HotJava 产品，在随后的几个月内，网景公司(Netscape)的 Navigator 浏览器和微软公司(Microsoft)的 IE 浏览器宣布开始支持 Java 技术。

● 1996 年，Java 1.0 和 JDK1.0 版正式诞生。JDK 指 Java 开发工具(即 Java Development Kit)，它主要包括 Java 程序的运行环境和开发工具。

● 1997 年，Java 发表 JDK1.1 版。

● 1998 年，从 JDK1.1 版升级为 JDK1.2 版。Sun 公司认为，在 JDK1.2 版以后，Java 在性能和技术方面都有了根本性的改变，于是将 Java 改名为 Java 2，并将 JDK1.2 以后的版本更名为 J2SDK(即 Java 2 Software Development Kit)，但有很多人还是喜欢将 Java 的开发工具简称为 JDK。JDK1.2 中的 API 类从原来的 200 个增至 1600 个，并引入了用纯 Java 编写的 GUI 设计工具 Swing。

● 1999 年，Sun 公司将 Java 2 分为三个体系：J2EE、J2SE 和 J2ME。Sun 公司把 Java 划分成 J2EE、J2SE、J2ME 三个平台，就是针对不同的市场目标和设备进行定位的，标志着 Java 技术的成熟，其应用扩展到了各个领域。J2EE 指 Java 2 Enterprise Edition(企业版)，主要目的是为企业计算提供一个应用服务器的运行和开发平台。J2SE 是 Java 2 Standard Edition(标准版)，主要目的是为台式机和工作站提供一个开发和运行平台，J2SE 就是本书要讲的内容。J2ME 是 Java 2 Micro Edition(小型家电版)，主要面向消费类电子产品，为消费电子产品提供一个 Java 的运行平台，使得 Java 程序能够在手机、机顶盒、PDA 等产品上运行。

● 2000 年 5 月，推出了 J2SE1.2 版的升级版 J2SE1.3。由于计算机网络和 XML(可扩展标记语言，类似于 HTML)技术的快速发展，在 J2SE1.3 中引入了 Java API for XML(JAX)。

● 2002 年 2 月，从 J2SE1.3 版升级到 J2SE1.4 版。

● 2004 年 10 月，Sun 公司发布了 J2SE 5.0，这次的名称没有使用 J2SE1.5，Sun 公司的解释是 J2SE 已经使用了五年，将版本号从 1.5 改为 5.0 可以更好地反映出 J2SE 的成熟度、稳定性、可伸缩性和安全性。本书介绍的内容是基于 J2SE 5.0 版的。

要说明的是，介绍以上内容的目的是让读者对 Java 技术的发展脉络有一个初步的认识，以便于 Java 的学习和使用。对于这些知识，有一个大概了解即可。

1.3　建立 Java 语言编程环境

编写一个 Java 语言程序，要经过从源程序的录入到程序的调试、编译与运行等步骤。Java 程序的录入与编辑可以使用任何一种文本编辑器，例如记事本(Notepad)、UltraEdit 等。Java 程序的编译与运行要使用 Sun 公司免费提供的 Java 语言程序开发工具 JDK。

1.3.1　安装与设置 JDK

JDK 是一个编译、调试和运行 Java 程序的软件工具包，可以在 Sun 公司的网站 (http://java.sun.com)上免费下载。本书使用的是 JDK1.5 版，下载后的安装程序名为 "jdk-1_5_0_08-windows-i586-p.exe"。

1. 安装 JDK

在 Windows 下安装 JDK 时，双击安装程序文件名，会自动进入安装程序界面。安装过程主要包括两项内容：

(1) 许可协议选择：表示是否接受 Sun 公司关于使用 Java 2 SDK 的许可协议。为了成功安装 JDK，我们只能选择接受许可协议中的条款，如图 1-4 所示，然后单击"下一步"按钮。

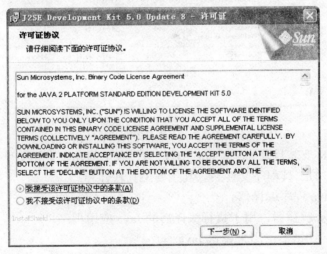

图 1-4　许可证协议窗口

(2) 选择要安装的功能：可以选择要安装的组件和安装软件的磁盘路径。JDK 的安装选择在图 1-5 所示窗口的第一项"开发工具"中。对于初学者，可以不更改默认设置，直接单击"下一步"按钮，系统即可开始安装 JDK。安装结束后，单击提示窗口中的"完成"按钮。

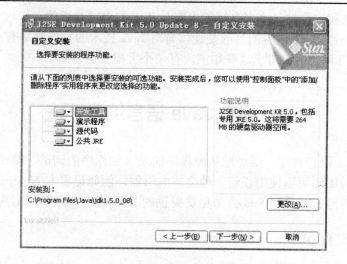

图 1-5　自定义安装窗口

最后要说明的是，不同版本的 JDK，其安装过程有些细小的差别，读者在安装过程中要注意。

JDK 安装完成后，在磁盘上将建立类似于图 1-6 所示的文件目录结构。

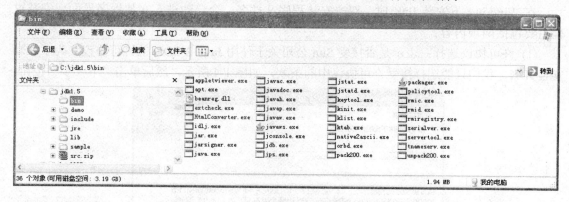

图 1-6　JDK 目录结构

图 1-6 中的 JDK 安装目录为 "C:\jdk1.5"，该目录下的几个主要文件夹为：

- bin：JDK 中的工具程序文件夹。其主要工具软件有：
  - javac：Java 程序编译器。
  - java：Java 解释器，用于执行编译后的 Java 应用程序。
  - jdb：Java 调试器，用来调试 Java 程序。
  - javadoc：Java 程序帮助文档生成器，可创建 HTML 格式的帮助文件。
  - appletviwer：用来运行和调试 Java 小应用程序(Applet)。
  - jar：Java 程序文件压缩工具。
- demo：Java 演示程序文件夹，存放了一些典型 Java 示例程序。
- jre：Java 运行时环境文件夹(Java Runtime Environment)。
- lib：Java 库文件夹，存放 Java API 库文件。

2. 设置 JDK 环境变量

JDK 正确安装后，在首次编译和运行 Java 程序前，一般要设置 path 和 classpath 这两个环境变量后，才能正常使用 JDK。下面介绍这两个环境变量的设置方法。

1) path 环境变量的设置

在 DOS 操作系统下执行一个应用程序时，如果被执行的程序文件不在当前目录下，就会产生程序文件找不到的错误。为了避免这种情况的发生，可以设置一个名为 path 的操作系统环境变量，该环境变量的值由一些用"；"号分隔的路径名组成。设置了 path 环境变量后，在执行一个应用程序时，如果在当前目录下没有找到被执行的程序，系统就会自动到 path 所指定的目录下查找。如果在 path 指定的某个目录中找到该程序，则该程序也能被正确执行；如果在当前目录和 path 指定的可搜索路径中都没有找到该程序，则操作系统提示类似于"命令未找到"的错误信息。因此，人们将 path 环境变量的设置叫做可搜索路径的设置。

Java 工具程序一般在 JDK 安装目录的\bin 文件夹中，由于进行 Java 程序开发时，一般是在用户自己建立的文件夹中进行的，不是在\bin 目录下进行的，因此，为了使 Java 程序在编译和运行时能找到编译器程序 java.exe 和解释器程序 javac.exe，需要将 java.exe 和 javac.exe 程序所在的\bin 目录设置为可搜索路径。

设置 path 环境变量的方法为：在 Windows 2000 或 Windows XP 操作系统下用鼠标右击"我的电脑"，在弹出的快捷菜单中选择"属性"，然后在弹出的"系统属性"对话框中选择"高级"选项卡，如图 1-7 所示；在"高级"选项卡中单击"环境变量"按钮，则弹出如图 1-8 所示的"环境变量"对话框；如果已经设置过 path，则在选择 path 环境变量后，单击"编辑"按钮，将弹出如图 1-9 所示的"编辑系统变量"对话框，可在"变量名"为 path 的"变量值"文本框中添加如下内容：

C:\jdk\bin (这里是作者 JDK 的安装路径，读者要根据自己 JDK 的具体安装路径而定)

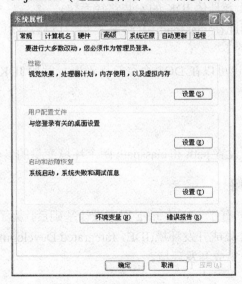

图 1-7　"系统属性"对话框

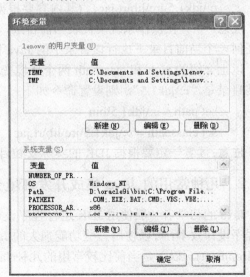

图 1-8　"环境变量"对话框

图 1-9　"编辑系统变量"对话框

如果以前没有设置过 path，则要选择图 1-8 中的"新建"系统变量按钮，弹出如图 1-10 所示的对话框。在图 1-10 的"变量名"文本框中输入"path"，在"变量值"文本框中输入 "c:\jdk1.5\bin"(其内容要根据具体 JDK 的安装路径而定)即可。

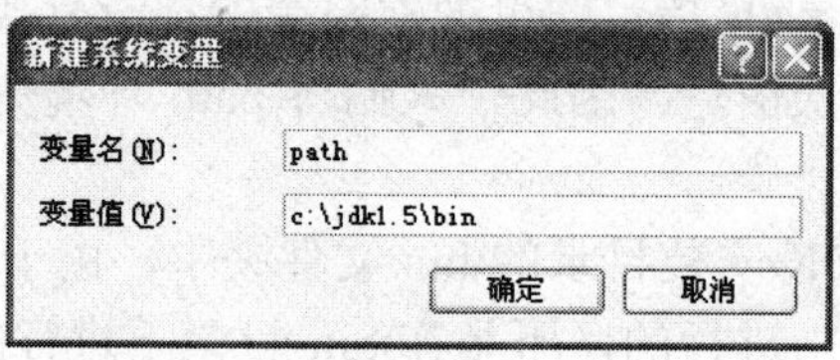

图 1-10　"新建系统变量"对话框

2) classpath 环境变量的设置

classpath 环境变量也用来指定一个路径列表，只是该路径列表用于搜索所要运行的 Java 程序(即类，类的概念在后面的内容中介绍)。因此，一般应将用户存放 Java 程序的目录设置为 classpath 环境变量的参数值；另外，用户编写的程序一般要用到"c:\jdk1.5\jre\lib\rt.jar" 压缩包中的程序，所以在 classpath 环境变量中也应设置"c:\jdk1.5\jre\lib\rt.jar"。

设置 classpath 环境变量的方法与设置 path 环境变量的方法类似，只是变量名为 "classpath"，变量值可以设置为：

　　　c:\jdk1.5\jre\lib\rt.jar ; . (其内容要根据读者具体 JDK 的安装路径而定)

注意，"."在操作系统中代表当前目录，因此在 classpath 中设置了"."以后，就可以到任何一个当前目录下执行该目录中的 Java 程序。

以上介绍的 path 和 classpath 两个环境变量也可以在 DOS 命令符下设置。假如 JDK 的安装目录是"c:\jdk1.5"，则设置命令如下：

　　　set path = c:\jdk1.5\bin

　　　set classpath = c:\jdk1.5\jre\lib\rt.jar ; .

注意：读者一定要根据 JDK 的实际安装目录设置 path 和 classpath 两个环境变量的参数。

1.3.2　几种常用的 Java 集成开发环境介绍

Java 的初学者一般使用 JDK 进行程序设计，有了一定的 Java 程序设计基础后，为了提高程序设计效率，可以使用一些功能强大的 Java 集成开发环境(IDE, Integrated Development Environment)。以下是当前比较常用的几种 Java 集成开发环境。

1. Eclipse

Eclipse 是一种可扩展的免费集成开发环境。在 2001 年 11 月，IBM 公司捐出价值 4000

万美元的源代码，组建了 Eclipse 联盟，由该联盟负责这种工具的后续开发工作。它的源代码是开放的，任何人都可以在其网站(http://www.eclipse.org)上下载 Eclipse 的源代码。Eclipse 的主要特点是开发者可以自己编写插件(符合一定规范，具有某一功能的程序模块)或下载一些免费的插件来扩展 Eclipse 的功能。目前，Eclipse 已经成了 Java 编程人员使用最多的开发工具。

2. NetBeans

NetBeans 是 Java 技术的发明者 Sun 公司推出的 Java 集成开发环境，它使用标准的 Java 图形用户界面(GUI)技术。NetBeans 与 Eclipse 相似，也是一个开放源代码的免费软件，但它的插件不需要另外安装。从 NetBeans 5.0 开始由于其功能和操作的方便性等方面都有了很大的提高，其灵活性和易用性也比较好，且支持可视化设计，因而目前使用者越来越多。读者可以从 Sun 公司的网站上(http://www.sun.com)下载 NetBeans 的最新版本。

3. JBuilder

在 Java 开发工具中，JBuilder 功能强大，对 Java 技术的支持比较全面，能够满足很多方面的应用要求。JBuilder 的版本更新也比较快，当前常用的版本是 JBuilder 2005。为了方便用户选择使用，JBuilder 有三种版本：个人版、专业版和企业版。JBuilder 的缺点是占用系统资源比较多，机器配置比较低时速度较慢，使用中文系统时会遇到一些问题，如光标错位等。用户可以从 Borland 公司的网站上(http://www.borland.com/jbuilder)获得关于 JBuilder 的最新资料。

4. IntelliJ IDEA

IntelliJ IDEA 集成开发环境以"少而精"著称，曾在 2001 年被认为是"最受 Java 开发人员欢迎的 Java 开发环境"。IntelliJ IDEA 的主要优点是具有一个智能编辑器和代码自动生成工具，软件的价格相对便宜，所以，厂家为它打出的广告语是"快乐的开发(Develop with pleasure)"。IntelliJ IDEA 软件不像其他几个开发环境一样有软件界大厂商的支持，所以推广速度较慢。

5. 其他 Java 开发环境

除了以上介绍的 Java 集成开发环境外，还有 JDeveloper、JEdit、JCreate、BlueJ 等一些其他厂家或科研机构开发的工具软件。其中 JEdit、JCreate、BlueJ 等一些软件主要用在 Java 编程语言的学习和教学中。

对于初学 Java 程序设计的人员，作者建议使用文本编辑(如 UltraEdit、记事本等)或一些简单的开发工具(如 JCreate、JEdit、BlueJ 等)。这样有两个好处：一是使用这些简单工具编程时，程序代码几乎都是由编程者手工录入的，有利于初学者掌握 Java 语言的基础知识；二是读者不至于被复杂的开发工具所缠绕而对学习 Java 失去信心。当然，如果读者已经掌握了 Java 语言的基础知识，并有一定的 Java 程序设计经验，则最好能学习一到两种比较流行的 Java 集成开发环境的使用知识，以提高程序的设计效率。这是因为，集成开发环境(如 Eclipse、JBuilder、NetBeans、IntelliJ IDEA 等)不但提供了便于操作使用的编辑功能，还提供了强大的软件测试、编译、运行和代码的自动生成等功能。另外，如果是开发一些较为复杂的企业级应用系统，则也要使用集成开发环境来完成。

1.4 简单 Java 程序的编写

本节介绍一个简单的 Java 程序实例，通过该实例，读者可以初步了解 Java 程序的结构、编译和运行技术。

1.4.1 Java 程序简介——初步认识对象与类

Java 语言是一种面向对象的程序设计语言，用 Java 语言开发软件时，就要按照面向对象的分析方法对问题进行分析。面向对象的分析方法认为程序是由对象组成的，所以面向对象程序设计的过程就是"找出问题域内对象"的过程。问题域内对象一般是用一些名词来描述的，如还书管理子系统中涉及到的"借阅者"和"图书管理员"等，学生管理系统中涉及到的"学生"、"老师"等。

那么，在 Java 程序设计中，对象是什么呢？

1. 所有的东西都是对象（Everything is object）

如还书管理子系统中涉及到的借阅者可能有"张三"、"李四"等，涉及到的图书管理员可能有"王五"、"赵六"等，都是对象。因此，Java 程序是由对象组成的，对象之间可以进行联系。如读者"张三"可能在还《Java 程序设计案例教程》时，由于超过了两个月，由图书管理员"赵六"开出了一张罚款单，通过这一张罚款单，对象"张三"和"赵六"有了联系。

一个对象，我们在描述它的时候，要说明这个对象的属性是什么，这个对象能"做"什么。例如，如图 1-11 所示，张三有姓名和年龄等属性，并且可以进行自我介绍、唱歌等活动。因此，可以将对象想象成为一种新型变量，它保存着数据(用来描述对象的属性)，而且可以完成某些操作(如唱歌等)。

图 1-11 对象"张三"

2. Java 程序中每个对象都有自己的存储空间

因为每个对象都有自己的属性和可以完成的操作，所以在建立一个对象时，就要有保存对象内容的存储空间。例如，对象"张三"或"李四"的姓名与年龄等属性互不相同，所以它们要有各自的内存空间来保存这些信息。

3. Java 程序中每个对象都属于某种类型

在 Java 语言中，每个对象是属于某一种类型的对象，如"张三"和"李四"都属于"人类"，即他们是人类中的一员。换句话说，每个对象都是某个"类"的一个"实例"。为了便于理解对象与类的关系，可以用图 1-12 表示对象"张三"与"人类"的关系。

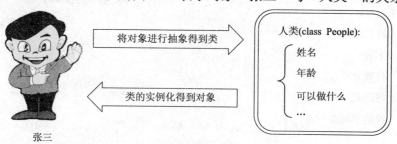

图 1-12　对象与类之间的关系

综上所述，我们可以将 Java 程序的设计总结为以下三步：

(1) 在问题域内"找对象"；

(2) 将对象进行概括与总结(即进行抽象)得到"类"；

(3) 在程序中使用类，即类的"实例化"得到对象。

1.4.2　【案例 1-1】　显示个人信息

1. 案例描述

编写一个 Java 程序，程序运行后，艾佳娃、郝雪溪两人进行自我介绍，介绍的内容包括本人的姓名和年龄(即输出个人信息)。

2. 案例效果

案例程序的执行效果如图 1-13 所示，图中，从第 3 行开始的内容为两人的自我介绍，即程序执行的结果。

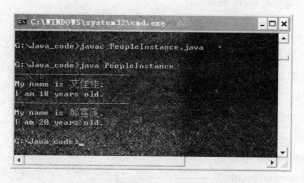

图 1-13　案例 1-1 的执行结果

3. 技术分析

1) 设计类

该程序涉及到艾佳娃和郝雪溪两个人，这两个人就是程序中的对象。根据 Java 程序的编程要求，要将这两个人进一步抽象为"人类"(class People)，而艾佳娃和郝雪溪只是"人类"的两个特例(即实例)。

根据题意，该"人类"要有姓名和年龄两个属性，并要能自我介绍(introduce myself)。因此"人类"可以用如下的形式来描述：

```
人类{
    姓名;
    年龄;
    自我介绍(){
    我的名字是***;
    我的年龄是**岁;
    }
}
```

2) 使用类

定义好"人类"以后，在应用程序中就可以使用该类了。类的使用就是声明一些属于该类的对象，并为这个对象分配内存空间。可以这样理解类的使用，把 Java 中的一个类看做是 C 语言中的一种数据类型(如 int 型)，Java 语言中声明一个类的对象，类似于 C 语言中声明一个整型变量，C 语言中的变量要分配存储空间，Java 语言中类的对象也要分配存储空间。

在 Java 语言中，声明一个类的对象使用如下格式：

　　类名　对象名;

给已经声明的对象，用如下的格式分配存储空间(即实例化一个对象)：

　　对象名 = new 对象名( );

注意：new 是创建对象所使用的关键字。

为方便起见，在程序中一般将以上两步合写成如下的格式：

　　类名　对象名 = new 对象名( );

要说明的是，Java 语言中声明一个类的对象，并不给对象分配内存空间，只有在实例化一个对象时，才给对象分配存储空间。

4. 程序解析

下面是定义人类的 Java 程序(说明：Java 程序行的前面没有行号，在本书中，为了便于讲解，在程序行前面加了行号，读者上机调试程序时要去掉前面的行号)：

```
01 class People{
02     String name;
03     int age;
04     void introduceMyself( ){
05         System.out.println("----------------------");
06         System.out.println("My name is "+name+".");
07         System.out.println("I am "+age+" years old.");
08     }
09 }
```

这样的程序看似简单，但没有注释，不符合软件工程的编程规范，让人难以读懂。下面是加了注释的程序，读者写 Java 程序时都要加注释(有关注释的详细内容，见本章"工程规范")，并且按照一定的缩进格式书写。

```
01 //************************************************
02 //案例:1.1
03 //程序名：People.java
04 //作者：任泰明
05 //功能:可以显示个人信息的类　软件版本 1.0
06 //日期：2007-1-28
07 //************************************************
08
09 //定义人类
10 class People{
11     //声明人类的两个属性，即姓名与年龄
12     String name;
13     int age;
14
15     //声明人类自我介绍的方法
16     void introduceMyself( ){
17         System.out.println("----------------------");
18         System.out.println("My name is "+name+".");
19         System.out.println("I am "+age+" years old.");
20     }
21 }
```

第 01~07 行、第 09 行、第 11 行和第 15 行都是注释行。

第 10 行的 class 是一个 Java 语言中的关键字，该关键字表示要定义一个类。类名称应为合法的 Java 标识符，该例中类名为 People(注意，习惯上将类名的第一个字母 P 大写)。

第 12 行和 13 行声明了 People 类的两个属性，即姓名(name)和年龄(age)，分别是字符串型和整型量。

第 16 行定义了一个方法，类似于 C 语言中的函数(在面向对象的程序设计中，习惯上将类中的函数叫做方法)。该方法完成一个人的自我介绍功能。在 Java 语言中输出信息要使用系统已经定义好的 System.out.println()方法，它能将信息输出到标准输出设备上(即显示器)。其中的"+"号表示字符串的连接运算，表示将多项内容连接在一起输出。该方法与 C 语言中的 printf 功能类似。

下面是关于人类的 Java 程序：

```
01 //****************************************************************
02 //案例:1.1
03 //程序名：PeopleInstance.java
```

```
04 //作者：任泰明
05 //功能:定义人类的两个实例，然后输出每个人可以显示的信息　软件版本 1.0
06 //日期：2007-1-28
07 //*********************************************************************
08
09 //PeopleInstance 类中使用已经定义好的 People 类
10 class PeopleInstance{
11    public static void main(String    args[ ]){
12 //声明一个名为 p1 的变量(即对象)存放艾佳娃的信息，并使用 new People( )为 p1 分配存储
   //空间
13       People p1 = new People( );
14       //p1 的姓名赋值
15       p1.name = "艾佳娃";
16       //p1 的年龄赋值
17       p1.age = 18;
18       //调用 p1 的自我介绍方法，输出艾佳娃的信息
19       p1.introduceMyself( );
20
21       //声明一个名为 p2 的变量存放郝雪溪的信息,并使用 new People( )为 p2 分配存储空间
22       People p2 = new People( );
23       //p2 的姓名赋值
24       p2.name = "郝雪溪";
25       //p2 的年龄赋值
26       p2.age = 20;
27       //调用 p2 的自我介绍方法，输出郝雪溪的信息
28       p2.introduceMyself( );
29    }
30 }
```

第 10 行声明了一个使用 People 的类，类名为 PeopleInstance。因为在该类中只使用 People 类，所以没有属性的定义，只有一个主方法 main，在 main 方法中使用了类 People。

与 C 语言类似，Java 程序也是以 main()方法作为程序执行的起始点，并且在 Java 中该行的书写格式基本是固定的，其具体含义在后面的章节中介绍，读者可以暂时不去深究其意义，在以后的程序中只要"照猫画虎"写上就可以了。下面对 main 的修饰符进行一些简单的说明：

● public：说明方法 main( )可被任何程序访问，包括 Java 解释器。

● static：表示静态的方法。

● void：表明 main( )不返回任何信息。类似于 C 语言中的 void，但因为 Java 编程语言要进行严格的类型检查，所以 void 不能省略。

● String args [ ]：表示一个字符串 String(首字母 S 要大写)类型数组的声明，与 C 语言中的命令行参数类似。

注意：在 Java 中，对象的属性和方法的使用格式是：

对象名.属性名

对象名.方法名(参数)

1.4.3　【相关知识】　Java 程序的编译与运行

1. 编辑 Java 程序

编辑 Java 源程序时可以使用任何文本编辑器，如记事本、UltraEdit 等。

注意 1：编辑好的程序在存盘时，文件名一般要与类名一致，并且名称中字母的大小写也不能写错。

注意 2：Java 源程序文件的扩展名要使用 .java(由于系统设置的问题，有时使用记事本编辑程序时，会在 .java 后自动加 txt，这时编译程序时就会发生错误)。

2. 编译 Java 程序

JDK 开发工具只能在 DOS 状态下使用，所以 JDK 的所有命令是在 DOS 命令状态下录入并运行的。编译一个 Java 源程序的命令格式是：

javac　Java 源程序名

javac 是 JDK 中 Java 程序的编译器，位于 JDK 安装目录的 bin 目录下。案例 1-1 的编译命令是(如图 1-13 所示的第 1 行)：

javac　PeopleInstance.java

注意 1：在编译 Java 程序时，如果没有设置 classpath，则一定要使用 DOS 命令 cd 进入 Java 源程序所在的目录，然后再编译程序。如案例 1-1 的源程序，在作者计算机的"G:\java_code"目录中，则可以使用下列命令进入该目录：

G:(先进入 G:盘)

cd \java_code (再进入 G:盘根下的 java_code 目录，DOS 命令不区分字母的大小写)

注意 2：在编译 Java 源程序时，程序名的后面一定要加扩展名(.java)，否则编译出错。

注意 3：Java 源程序编译正确时，没有任何提示信息(如图 1-13 所示)。

注意 4：在正确编译 Java 源程序后，源程序所在的目录下会自动生成文件名与程序中类名相同，但扩展名为 .class 的文件。

3. 运行 Java 程序

运行编译后的 Java 应用程序时，要使用 Java 解释器。解释器是位于 bin 目录下的 java.exe 程序。运行一个编译好的 Java 程序的格式是：

java　程序名

注意 1：运行一个 Java 程序时，不能带程序的扩展名.class(如图 1-13 第 2 行所示)，当然更不能带.java。

注意 2：运行一个 Java 程序时，如果没有设置 classpath，则一定要在编译后 .class 文件所在的目录下执行程序。

1.5　Java 语言的跨平台性

一个 Java 程序可以在不同的平台上运行，即 Java 语言具有跨平台的特性，这就是人们所说的 Java 程序可以"一次编写，到处运行"(write once, run anywhere)。

1.5.1　字节码(Byte Code)

为了使 Java 语言程序可以在不同的平台上运行(即实现与平台的无关性)，Java 程序编译后生成的代码就不能针对任何具体的平台。为此，Java 程序在编译后将产生一种叫做"字节码"的文件(它相当于其他高级语言程序编译后生成的机器码文件)，它只是一种中间代码，与任何平台无关，所以不能在任何平台上直接执行"字节码"文件。那么，Java 程序生成的"字节码"文件是如何被执行的呢？

1.5.2　Java 虚拟机(JVM)

为了使 Java 程序编译后生成的"字节码"文件可以在不同的系统上执行，人们针对不同的系统专门设计了可以执行"字节码"的软件。这种软件就像一台计算机一样可以执行程序，只不过它专门用来执行 Java 程序编译后产生的"字节码"文件，因此，人们把这种软件叫"Java 虚拟机"，简称 JVM(Java Virtual Machine)，意思是它完成的功能类似于一台机器，但由于是用软件来实现的，因此叫"虚拟的机器"。虚拟机的工作原理非常简单，它读入字节代码，将其翻译成该机器可以直接执行的二进制代码，然后执行二进制代码，得到程序运行的结果。

虚拟机的建立需要针对不同的软硬件平台做专门的实现，它既要考虑处理器的型号，也要考虑操作系统的种类，如图 1-14 所示。目前，人们已经设计出了针对各种类型机器的 Java 虚拟机。图 1-14 所示的是在不同硬件平台上、不同操作系统环境下 Java 虚拟机的实现。

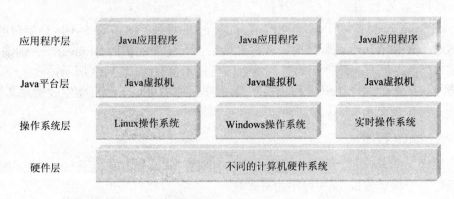

图 1-14　Java 程序在不同平台上的运行原理

最后说明一下，在 Java 虚拟机规范中，对 Java 虚拟机(JVM)作了如下定义：

● Java 虚拟机是在真实机器中用软件模拟实现的一种想象机器。Java 虚拟机代码被存储在 .class 文件中；每个源程序文件最多只能有一个 public 类。

● Java 虚拟机规范为不同的硬件平台提供了一种编译 Java 技术代码的规范，该规范使 Java 软件独立于平台。因为编译是针对作为虚拟机的"一般机器"而做的，这个"一般机器"可用软件模拟并运行于各种现存的计算机系统，所以也可用硬件来实现 JVM。

● Java 程序的跨平台主要是指字节码文件可以在任何具有 Java 虚拟机的计算机或者电子设备上运行，Java 虚拟机中的 Java 解释器负责将字节码文件解释成为特定的机器码进行运行。Java 源程序需要通过编译器编译成为 .class 文件(字节码文件)。Java 程序的编译和执行过程如图 1-15 所示。

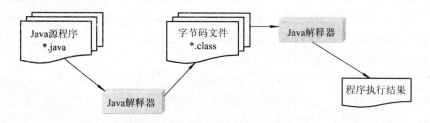

图 1-15　Java 程序的编译和执行过程

1.6　组成 Java 语言的基本元素

Java 语言程序由类组成，类由一些基本符号组成，这些基本符号是属于某种字符集的符号。

1.6.1　Java 语言使用的字符集

任何一种程序设计语言都由某种字符集中的基本符号组成。所谓字符集，是指一个字符的有序列表，其中的每个字符都对应一个特定的数值编码。Java 语言所使用的字符集是 Unicode 字符集。

Unicode 字符集是一个国际化的字符集，全世界多种语言所使用的字母、符号、表意文字等都被收入其中，当然也包括汉字。在 Unicode 字符集中，每个字符编码由 16 位二进制数组成，即采用双字节对字符进行编码，共有 65 536 个编码，即最多可以有 65 536 个不同的字符。

Unicode 字符集中有近 39 000 个已被定义，其中包括中国字 21000 个。Unicode 字符集中的前 128 个字符与 ASCII 字符集对应，它的前 256 个字符与 ASCII 字符集的扩充版对应(即 ISO-Latin-1 字符集)。

Java 语言使用 Unicode 码的主要优点是：在程序中可以使用全球多种语言符号，不会因使用了不同的系统而产生表示符号的混乱。这是 Java 语言实现跨平台性和可以使用多种语言编程的基础。

1.6.2　Java 语言使用的基本符号

Java 语言中使用的基本字符有：

● 小写字母：a～z；

- 大写字母：A～Z;
- 数字：0~9;
- 括号：( )、{ }和[ ];
- 特殊符号：+、-、*、/、.、?、>、<、=、; 等。

1.6.3　Java 语言中标识符的概念

在 Java 语言中，标识符是赋予变量、类、方法和对象的名称。标识符可以由一个字母、下划线(_)或美元符号($)开始，随后可以跟数字、字母、下划线或美元符号。在 Java 语言中，标识符也可以由汉字组成。使用标识符时要注意下列问题：

注意 1：标识符要区分字母的大小写。

注意 2：标识符没有长度限制，可以为标识符取任意长度的名字。

注意 3：标识符要按一定的规则命名(见 3.7 节"Java 标识符命名规范")。

注意 4：标识符不能包含运算符，如+、-等。

1.6.4　Java 语言的关键字

关键字对 Java 语言的编译器来说有特殊的含义，它们可标识数据类型名(如 int)或类(如 class)等。因此关键字具有专门的意义和特殊的用途，不能当作一般的标识符使用，因此关键字也称为保留字(reserved word)。

下面列出了 Java 语言中所有的关键字：

abstract	default	if	package	switch
boolean	do	implements	protected	throw
break	double	import	private	throws
byte	else	instanceof	public	this
case	extends	int	return	transien
catch	final	interface	short	try
char	finally	long	static	volatile
class	float	native	super	void
continue	for	new	synchronized	while

对于关键字要注意以下问题：

注意 1：Java 语言中的保留字均用小写字母表示。

注意 2：Java 中无 sizeof 运算符，所有类型的长度和表示是固定的。这与 C 语言中数据类型的长度依赖于具体的编译系统是不同的。

注意 3：goto 和 const 是 Java 语言以后可能使用的关键字，未在上面列出。

注意 4：true、false 和 null 是实义字，严格地说不能算关键字，所以没有列出。这 3 个实义字在程序中使用时要小写。

注意 5：用户在程序中自定义的标识符不能使用关键字(包括 Java 语言以后可能使用的关键字 goto 和 const)，也不能使用 true、false 和 null 实义字。

技能拓展

1.7　Java 程序的调试

下面举例说明初学者在调试 Java 程序时可能遇到的常见问题，以及对这些问题的处理方法。

1.7.1　如何分析程序中的错误

程序员在开发程序的过程中，可能遇到以下三种类型的错误：

● 编译错误：由于程序设计者在编程时没有按照语言的语法规范书写程序，当编译程序时，由编译器指出的错误。出现编译错误后，则无法得到程序的可执行代码，此时要修改程序并重新编译，直到编译正确为止。

● 运行错误：程序能正确通过编译，但运行字节代码时发生的错误。这种错误会让程序异常终止，如除数为 0 就是典型的运行错误。在 Java 语言中这种错误也叫异常，对于这种错误程序员要捕获并进行处理。一个“健壮”的程序(即比较好程序)要尽量避免运行错误。

● 逻辑错误：指在程序编译和运行过程中没有任何错误发生，但运行得到的结果不正确。发生这种错误时，程序员只有全面测试程序，认真分析程序中的算法，把所得到的结果与期望结果进行比较分析，才能排除逻辑错误。

程序员在调试程序时，要认真分析错误的表现形式，分析是哪种类型的错误，并结合日常调试程序的经验，才能用比较短的时间排除程序中的错误，提高编程的效率。这是一个程序员的基本素质。

1.7.2　编译 Java 程序时的常见错误及处理方法

● 错误情况 1

提示信息：'java' 不是内部或外部命令,也不是可运行的程序或批处理文件(或 Command not found)。

错误原因：没有找到 Java 程序的解释器程序。排除错误的方法是正确设置 path 环境变量，以使操作系统能发现 java 或 javac 命令。请确认 path 设置中是否包括类似于“c:\j2sdk1.4.1\bin”的设置(根据 JDK 的安装路径确定)，可在 DOS 命令状态下输入“set path”进行查看。

● 错误情况 2

提示信息：error: cannot read: 程序名.java　　　1 error

错误原因：编译时 java 程序名输入错误或是输入的 Java 程序不存在。

● 错误情况 3

提示信息：

　　javac: invalid flag: HelloWorldApp

　　Usage: javac <options> <source files>

　　where possible options include:

　　…

错误原因：在编译时没有输入程序的扩展名.java。

● 错误情况 4

提示信息：程序名.java:行号: cannot resolve symbol

错误原因：该行有不能被编译器解析的符号，可能的原因是变量名、函数名、类名、对象名等输入错误(标识符未被声明)。

1.7.3 运行 Java 程序时的错误及处理方法

提示信息：Exception in thread "main" java.lang.NoClassDefFoundError: 程序名(如 HelloWorldapp)

错误原因：命令行中所输入类名的拼写与源程序名不同(Java 要区分字母的大小写)，也可能是执行了一个不存在的 Java 程序。另外，如果一个执行程序中没有 main 函数，则也会出现这样的错误提示。

在程序的调试过程中要不断总结经验，只有多上机调试程序，才能提高调试程序的技能。

最后要说明的是，不同的 JDK 版本对相同错误的提示信息可能不同，请读者注意自己所使用的 JDK 版本号。

工程规范

1.8 工程实践中 Java 程序的书写规范

学过程序设计语言的人往往有这样的体会，读懂一个别人缩写的程序甚至比自己写一个同样功能的程序所花费的时间要长，这是为什么呢？原因很简单，程序员没有按照有关规范来书写程序，编写的程序别人很难看懂。因此，在软件项目开发实践中，程序员要按一定的编程规范书写软件代码，以提高软件的可读性和可维护性。

1. 程序中要有注释

在一个软件的生命周期(从软件开发时起，到软件终止使用时为止)中，大部分时间和费用花在了软件的维护上，而编码(coding)所占用的时间和费用很少(一般认为不到 10%)，尤其一些大型软件更是如此。在程序中加入适当的注释，可以提高软件的可维护性。软件公司在工程软件开发中，一般对注释都提出了明确要求，如注释要达到代码量的 30%左右。

Java 语言有以下三种注释形式：

● 单行注释：用"//"表示单行注释。从"//"开始直到本行尾都是注释内容。

● 块注释：用"/*……*/"表示块注释。块注释从"/*"开始，到"*/"结束，其中的内容都是注释，块注释不能嵌套。

● 文档注释：用"/**……*/"表示文档注释。在"/**"和"*/"之间的内容可以用 Java 工具软件(Javadoc.exe)自动生成 HTML 格式的 Java 程序帮助文档(具体帮助文档的制作方法见第 4 章"技能拓展")。

注释的内容可以是任何文本，编译器在编译源程序时，不对注释中的内容作任何处理，即忽略所有注释的内容。注释的内容由于在 Java 源程序内，因此也称为内联文档。

使用注释时应注意以下几个问题：

● 注释应当清晰地标明程序的名称、功能、作者、版本、日期、版权等信息。这些信息一般用块注释在一个程序模块的首部给出。

● 注释的用语应简单、明了。

● 对于程序中阅读时可能产生疑问的地方，需要加上注释。

● 在程序中，不要每一行代码都加注释。如下面的注释显然是多余的：

```
System.out.println("输出圆的面积="+area); //输出圆的面积是多少
```

2. 程序要按缩进方式书写

为了使程序结构清晰明了，程序要按缩进方式书写。缩进时同一个层次的语句必须左对齐，而下一层次的语句必须在左边缩进一定的空格数，一般建议缩进 4 个空格。常用的程序编辑工具都具有自动缩进的功能，当然自动缩进的空格数可能是 4 个、6 个或 8 个等(一般通过对软件进行设置以调整自动缩进的空格数)。要注意，程序注释部分也要缩进。缩进编排的实例见案例 1-1。

3. 适当使用空行

在程序中适当使用空行(类似于一篇文章的分段)可以提高程序的可读性。可以考虑在下列情况下使用空行：

● 两个类声明之间。

● 两个方法之间。

● 一个方法内的局部变量声明和执行语句之间。

● 一个方法内的两个逻辑单元之间。

● 在块注释与单行注释之间。

基础练习

【简答题】

1.1　什么是编译器与解释器？

1.2　举例说明在软件开发中，面向过程的分析与面向对象的分析有什么不同？

1.3　Java 语言是在什么样的背景下产生的？

1.4　什么是 JDK？JDK 在安装后，一般要设置哪两个环境变量？

1.5　根据理解，举例说明什么是对象？什么是类？

1.6　解释 Java 程序"一次编写，到处运行"的原因。

1.7　在调试一个程序时，可能会遇到哪几种类型的错误？

1.8　Java 程序的注释有哪几种？

1.9　什么是 Unicode 码？Java 语言中使用 Unicode 码有什么优点？

1.10　什么是标识符？Java 语言中的标识符可以是哪些字符开始的符号序列？

1.11　什么是关键字？使用 Java 语言关键字要注意哪些问题？

1.12　下面哪些表达式不合法？为什么？

HelloWorld　　　2Thankyou　　　_First　　　　-Month　　　　893Hello

non-problem　　　HotJava　　　　implements　　　$_MyFirst

【是非题】

1.13　与面向对象的分析过程相比，面向过程的分析方法更接近人们认识自然的规律。

1.14　软件开发的主要费用花费于程序设计。

1.15　在工程软件开发过程中，编码时可以不加注释。

1.16　一个程序的功能非常重要，所以 Java 程序设计要用面向功能的分析方法。

1.17　Java 程序在编译后生成字节代码文件，文件的扩展名为.exe。

1.18　Java 程序中，英文字母要区分大小写。

1.19　Java 语言具有跨平台性，所以 Java 程序可以无条件地在任何平台上运行。

技能训练

【技能训练 1-1】　　基本操作技能练习

从 Sun 公司的网站上下载 JDK5.0 版本，安装在计算机中，查看安装目录的结构，说明主要目录的意义，找出 Java 程序的编译器和解释器所在的目录。与同学们交流 JDK 下载与安装的经验。

【技能训练 1-2】　　基本程序调试技能练习

编写一个程序：已知矩形(Rectangle)的长(length)和宽(width)，求矩形的面积(area)。

程序分析：问题中涉及到的对象是矩形，因此要设计一个矩形类，一个矩形有长、宽、颜色、边框线条的粗细等属性。一个矩形可以求它的面积和周长等。

经过对编程问题的分析可知，与该问题有关的矩形的属性是长和宽，与该问题有关的操作是求矩形的面积。在设计一个类时，与问题无关的属性和方法一般不考虑，这就是面向对象分析方法中所谓的"抽象"。根据以上分析，可以将矩形类的定义描述如下：

```
类 矩形{
    矩形的长；
    矩形的宽；
    求矩形面积的方法；
}
```

用 Java 程序表示如下：

```java
class MyRectangle{
int width;
int length;
int area( ){
    return width * length;
    }
}
//下面定义的类 RectangleDemo 使用 MyRectangle 类：
class RectangleDemo{
```

```
public static void main(String args[ ]){
    MyRectangle r1 = new MyRectangle( );
    r1.width = 12;
    r1.length = 4;
    System.out.println("矩形的面积=" + r1.area( ));
    }
}
```

(1) 将以上的程序以文件名"RectangleDemo.java"保存(注意不要保存为 RectangleDemo. java.txt)。

(2) 给程序添加注释。

(3) 设置 path，以使系统可以搜索到编译器和解释器所在的文件目录。

(4) 编译该程序(javac.exe)，如果在编译程序时出现"javac 不是内部或外部命令，也不是可运行的程序或批处理文件。"这样的错误，该如何处理？

(5) 运行程序(java.exe)，查看运行结果。

【技能训练 1-3】　　基本编程技能练习

仿照技能训练 1-2 编写一个程序：已知立方体的棱长为 5，求立方体的体积。

第2章 设 计 类

- 初步掌握 Java 程序中类的设计；
- 掌握 Java 语言中对象与类的概念；
- 掌握类成员与实例成员的概念；
- 理解方法重载的概念；
- 理解什么是对象的封装性；
- 学会定义类、创建对象与使用对象；
- 掌握构造方法的用法；
- 学会使用 UltraEdit 编辑 Java 程序；
- 理解软件工程中类的图形化表示方法。

我们生活所在的真实世界(Real World)是由许多不同的对象所组成的，这些对象如我们平常所说的人类、鸟类、车类等。这里，对象和类的概念与 Java 语言中对象和类的概念是统一的，Java 语言只是把日常生活中对现实世界的描述变成了计算机领域内对现实世界的描述。因此，与其他程序设计语言(如 C 语言)相比，Java 语言描述问题的方法与我们日常思考问题的习惯一致，更便于人们学习与使用。本章就是要教会读者如何用 Java 语言来描述现实世界中的对象与类。

基本技能

2.1 认识对象与类的概念

对象与类是 Java 语言程序设计的精髓，从本质上来说，学习 Java 语言就是学习对象与类的设计。Java 语言程序就是对问题域(开发一个软件是为了解决某些问题，这些问题所涉及的业务范围称做该软件的问题域)内"一群对象以及这些对象之间关系的描述"。下面我们从人们生活的现实世界开始，介绍对象与类的概念。

2.1.1 对象和类

1. 现实世界中的对象

在现实世界中，对象可以是有生命的个体，比如一个人或一只鸟，如图 2-1 所示。

图 2-1   有生命的对象

在现实世界中，对象也可以是无生命的个体，如一辆汽车或一台计算机，如图 2-2 所示。

图 2-2   无生命的对象

在现实世界中，还有一类对象比较特殊，它代表了一个抽象的概念，如表示天气的变化情况时，"天气"这个概念就是一个抽象的概念，如图 2-3 所示。因而，对象还可以是抽象的概念。

图 2-3   抽象的对象

综上所述，现实世界的对象可以是有生命的，也可以是无生命的，甚至可以是抽象的概念。Java 语言中的对象也有这三类。为了便于学习，我们暂时不考虑抽象的对象，而认为对象就是现实世界中的某个实体。

2. Java 语言中的对象(Object)

Java 语言中对象的概念来源于真实世界的对象，即对象的概念就是现实世界中某个具体的物理实体在计算机中的映射和体现。

现实世界中的某个人(即一个对象)有身高、体重等状态，可以进行唱歌、打球等某些活动；又如，现实世界中的对象——鸟有颜色等状态，鸟具有飞与叫等行为。进一步，如果总结现实世界中的对象，就会发现它总有两个特征：状态和行为。对象的状态保存在变量中，对象的行为由方法(即函数)来实现，可以用图 2-4 表示一个对象的组成。

```
┌─────────────────┐
│     对象名       │
├─────────────────┤
│   数据字段1      │
│   数据字段2      │
│     ...          │
├─────────────────┤
│   方法1          │
│   方法2          │
│     ...          │
└─────────────────┘
```

图 2-4　对象的组成

同样，在 Java 语言中表示现实世界中某个具体的对象时，也是由数据属性和用于操作数据的方法组成(行为)的。一个对象的属性值决定了对象所处的状态(如某个人的身高为 170 cm，体重为 60 kg，这就是人类中某个对象身高和体重属性的取值)。对象的操作是指该对象可以完成的功能(即展现给外部的服务)。例如，某大型客机可视为一个对象，它具有位置、速度、颜色、容量等属性，对于该对象可施行起飞、降落、加速、维修等操作，这些操作将或多或少地改变飞机的属性值(状态)。

我们也可以这样理解计算机世界中的对象，即对象是把数据及其相关操作封装在一起所构成的实体，可表示为

封装的实体 = 数据+方法(行为)

其中，数据是对象的属性或状态；方法是作用于数据上的操作；封装是指一个对象由属性和方法的有机体组成，属性值的变化要通过相应方法的操作来完成。

最后说明一点，状态是对象的静态特性，如电视机(对象)的状态是种类、品牌、外观、大小等；行为是对象的操作，如对电视机(对象)可以进行打开、关闭、调整音量等操作。

3. 类(Class)

在现实世界里，有许多相同"种类"的对象。如图 2-5 所示，鸽子、企鹅、乌龟等都属于动物类，公交车、出租车、小汽车等属于汽车类。

图 2-5　现实世界的类

这些相同"种类"的对象可以归纳为一个"类"。例如，图 2-5 中的各种动物可以归纳为动物类，各种汽车可以归纳为汽车类。因此，现实世界中的任何对象都是属于某种"类"的对象。

与现实世界类似，在 Java 语言中，任何一个对象也属于某一种类。这类似于 C 语言中 12、2332、2 等整数都是 int 类型一样。因此，在 Java 语言中，类就是一种数据类型，对象就是属于某种类型的一个变量。

我们也可以这样理解类，类是对象的蓝图，这个蓝图就像汽车厂制造汽车的图纸一样，一种车型的图纸，可以生产成千上万辆相同型号的汽车。同样在程序设计中，当定义好一个类以后，可以以该类为蓝图创建很多实例对象。

类是一种抽象的数据类型，它是所有具有一定共性的对象的抽象。从本质上可以认为类是对对象的描述，是创建对象的"模板"。类是面向对象程序设计的基础，是 Java 的核心和本质所在。在 Java 中，所有的语言元素都必须被封装在类中。

4. 类的实例

在现实世界中，汽车类有些共同的状态(汽缸排气量，挡数，颜色，轮胎数等)和行为(换挡，开灯，开冷气等)，而你的汽车只是现实世界中汽车类的一个特例。在 Java 语言中，我们就称你的汽车对象是汽车类中的一个实例，如图 2-6 所示。

图 2-6　汽车类的实例

类的某一个特定的对象被称为该类的一个实例，所以对象是类实例化的结果。也可以说，实例是具有特征值的类的一个特例。因为每个实例的属性值是确定的，如你的汽车是蓝色的、有 4 个轮胎、发动机的排量为 1.6 等，所以每个实例都要在内存中为它分配存储属性值的存储空间。

在 Java 语言中，创建类的实例要用关键词 new，如图 2-7 是用一个类创建多个实例的示意图。每个对象在用 new 创建后，就会在内存中分配存储空间以存储该实例对象的数据。

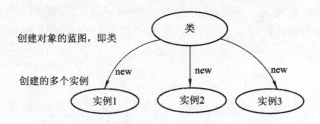

图 2-7　类创建实例的示意图

最后要说明一点，类只是一张创建实例对象的蓝图，它不是对象，不能对类直接进行操作。如果把类比作汽车生产厂的图纸，我们知道，图纸是不能当真正的汽车来开的，只有根据图纸制造出的汽车，才是真正的对象，才可以开动。所以，每当我们想要一个实例对象时，就需要先从其类加以实例化来产生对象，然后才能在程序中对实例化后的对象进行操作。

2.1.2 【案例 2-1】 设计汽车类

1. 案例描述

设计一个汽车类，"制造"（即创建）该汽车类的两个实例，一个实例对象表示王明的汽车，一个实例对象表示张华的汽车，然后输出每辆汽车的配置情况。

2. 案例效果

案例程序的执行效果如图 2-8 所示。图中，从第 3 行开始输出两辆汽车实例对象的配置信息。

图 2-8 案例 2-1 的显示效果

3. 技术分析

该程序要设计一个汽车类，汽车的属性有颜色、汽车型号、汽缸排气量、轮胎型号等，因此，在汽车类 Car 中定义了表示这些属性的数据字段；汽车可以进行换挡、刹车、开冷气等操作(为了节省篇幅，程序中只设计了换挡和刹车两个方法)，根据需要还设计了一个输出汽车配置情况的方法。

4. 程序解析

下面的程序定义了一个汽车类 Car 和一个使用 Car 类的 TestCar 类，实例化了两个对象"王明的汽车"和"张华的汽车"。在该程序中对象的名称使用了汉字，也就是说用汉字作为变量的名称(即标识符的名称)，这在 Java 语言中是允许的。(这里只是为了便于读者理解，一般在软件实际开发中不使用汉字作标识符，建议读者尽量使用有一定意义的英文或汉语拼音，关于标识符的命名方法在第 3.7 节中有较为详细的介绍。)

```
01 //*******************************************
02 //案例:2.1
03 //程序名：TestCar.java
04 //作者：任泰明
05 //功能:定义汽车类   软件版本 1.0
06 //日期：2007-2-4
07 //*******************************************
08
09 //定义一个汽车类 Car
10 class Car{
11    //汽车类的属性
12    String color;   //汽车颜色
13    String carType;   //汽车型号
14    float engine;   //汽车排气量
15    String tireType;   //汽车轮胎型号
16
17    //汽车换挡操作
18    void shiftGear( ){
19        System.out.println("\n 汽车开始换挡操作...");
20    }
21
22    //汽车刹车操作
23    void brake( ){
24        System.out.println("\n 汽车开始刹车操作...");
25    }
26
27    //输出汽车配置信息的方法
28    void equipment( ){
29        System.out.println("汽车颜色是： " + color);
30        System.out.println("汽车型号是： " + carType);
31        System.out.println("汽车排气量是： " + engine);
32        System.out.println("汽车轮胎型号是： " + tireType);
33    }
34 }
35
36 //定义了一个使用汽车类 Car 的 TestCar 类
```

```
37 class TestCar{
38     public static void main(String args[ ])
39     {
40             //创建王明的汽车实例对象
41             Car  王明的汽车  = new Car( );
42
43             //给王明的汽车对象提供属性数据
44             王明的汽车.color = "BLACK";
45             王明的汽车.carType = "REDFLAG-1";
46             王明的汽车.engine = 2.0f;
47             王明的汽车.tireType = "中华-1 号";
48
49             System.out.println("王明的汽车配置情况如下:");
50
51             //王明的汽车对象进行操作
52             王明的汽车.equipment( );
53             王明的汽车.shiftGear( );
54             王明的汽车.brake( );
55
56             //创建张华的汽车实例对象
57             Car  张华的汽车  = new Car( );
58
59             //给张华的汽车对象提供属性数据
60             张华的汽车.color = "RED";
61             张华的汽车.carType = "REDFLAG-2";
62             张华的汽车.engine = 2.6f;
63             张华的汽车.tireType = "中华-2 号";
64
65             System.out.println("---------------------------");
66             System.out.println("张华的汽车配置情况如下:");
67
68             //张华的汽车对象进行操作
69             张华的汽车.equipment( );
70             张华的汽车.shiftGear( );
71             张华的汽车.brake( );
72     }
73 }
```

在第 1 章中介绍过，在软件开发过程中，在书写程序时要加上完整的注释。本例中，01～07 行是作者、版本、功能等内容，在后面的程序中，为了节省篇幅，只进行一些必要的注释。

案例 2-1 的第 41 行实例化了一个名为"王明的汽车"的对象，第 44～47 行对该对象的属性赋值，在 52 行输出王明的汽车配置信息，53 行和 54 行对"王明的汽车"对象进行操作(这里只是做了一个简单的模拟动作，即输出了进行操作的内容)，在 57 行实例化了一个名为"张华的汽车" 的对象，其后对该对象进行了类似于"王明的汽车"对象的操作。详细内容见程序中的注释。

2.1.3 【相关知识】 定义类与创建对象

1. 定义类的语法

类是 Java 语言中一种重要的复合数据类型，是组成 Java 程序的基本要素。在程序设计中，一个类的定义包括类声明和类体两个部分。定义一个类的简单语法是：

```
class 类名
{
        成员变量(属性)
        成员方法
}
```

成员变量的声明方式类似于 C 语言中变量的声明。成员方法与 C 语言中的函数写法类似，其简单格式为：

```
返回值类型  方法名([形式参数列表])
{
        方法体
}
```

2. 创建与使用对象

对象的创建包括声明、实例化和初始化。创建一个对象的语法是：

```
类名    对象名 = new 类名([实参列表]);
```

● 声明：指声明一个某类的对象，格式为"类名 对象名;"。声明并不为对象分配内存空间。

● 实例化：指使用运算符 new 为对象分配内存空间，一个类的不同对象分别占据不同的内存空间。

● 初始化：是指给实例对象的属性字段赋初始值，一般通过调用对象的构造方法来完成(该内容在本章的下一节介绍)。

通过运算符"."可以实现对对象属性变量的访问和方法的调用。变量和方法可以通过设定访问权限来限制其他对象对其的访问(在下一章内容中介绍)。

引用对象成员变量的格式为

　　　　对象名.成员变量名

引用对象成员方法的格式为

　　　　对象名.方法名(实参列表)

一个对象的生命周期包括三个阶段：创建、使用和消除。Java 语言中，系统在判定一个对象确实再没有被引用时，就会自动消除该对象(即回收分配给该对象的内存，这就是所谓的垃圾回收)。

3. 简单数据类型和对象类型的区别

每个变量名代表一个存储值的内存地址。对于简单类型变量来说，对应的内存存放简单数据类型的值。但对于对象类型变量来说，存放的是指向对象在内存中存储位置的地址(也叫引用)。

2.2 类的构造方法

设计 Java 程序从本质上来说，就是设计与问题有关的一个个类。类设计好了以后，在程序中就可以使用类来实例化对象。实例化对象就是给对象分配内存空间，并将对象初始化。对象的初始化是由类的构造方法来完成的。

2.2.1 对象的初始化

对象的初始化就是给对象的属性字段赋初值。在案例 2-1 中，程序的 44～47 行其实就是给实例对象"王明的汽车"所属的 4 个属性赋初值的语句，程序的 60～63 行就是给实例对象"张华的汽车"所属的 4 个属性赋初值的语句，这种赋初值的方法大家比较熟悉，其实就是赋值语句。同时，这种赋初值的方法比较麻烦，也不符合面向对象程序设计的思想。

对象在创建过程中，其实有些属性(或者状态)是与生俱来的，如一个人的性别、肤色、父母亲等。因此，如果在对象生成的时候就进行初始化，则更加自然与简便。构造方法就是在一个对象创建后自动对其属性进行初始化的一种特殊方法。

1. 构造方法

构造方法(Constructor method)也叫构造函数、构造器、构建器等。构造方法之所以是一种特殊的方法，是因为 Java 程序中的每个类都有构造方法，并且构造方法与一般方法相比有如下特性：

- 构造方法的方法名必须与类名完全一致。
- 构造方法用于对对象的属性进行初始化，所以不需要返回值，即构造方法在书写时不能有返回类型。
- 构造方法不能由编程人员显式地直接调用，而是创建(new)对象时由系统自动调用。
- 构造方法的主要作用是初始化对象。

2. 默认构造方法

大家可能会有这样的疑问，前面的案例 1-1 和案例 2-1 不是都没有构造方法吗？但程序可以照样运行，并没有什么错误。这是因为，如果一个 Java 类没有显式的定义构造方法，则该类在编译时，Java 编译器会自动加上一个默认构造方法。默认的构造方法非常简单，其格式如下：

        类名(){ }

由此可知，默认构造方法没有参数，方法体为空。

3. 带参数的构造方法

带参数的构造方法就是由用户自定义的构造方法。带参数的构造方法根据具体情况可以有 1 到多个参数，其格式如下：

        类名(参数列表){

            方法体

        }

从面向对象的编程思想来说，一个对象的属性，如果初值取值不合理，则可能使对象置于"不安全"状态。如某对象中有一个表示人们年龄的属性，如果使用默认的初值，则年龄字段的值有可能为 0，我们知道，人的年龄一般不会为 0 岁。因此，设计恰当的构造方法，使对象生成后就处于一种安全状态是非常关键的。

2.2.2 【案例 2-2】 求两点之间的距离

1. 案例描述

给定一个平面内三个不同的点 p1、p2 和 p3，求出任意两点(即点 p1 和点 p2、点 p1 和点 p3、点 p2 和点 p3)之间的距离。

2. 案例效果

案例程序的执行效果如图 2-9 所示。图中从第 3 行开始输出 3 个点的坐标，然后求出了任意两点之间的距离。

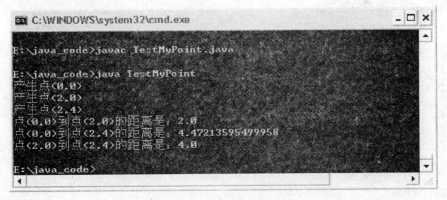

图 2-9　案例 2-2 显示效果

3. 技术分析

该问题的要点是求直角坐标平面内两点之间的距离，所涉及到的对象是"点"，所以要在程序中定义一个点类。一个点有横坐标和纵坐标两个属性，一个点可以在坐标系中移动，也可以判断一个点是否在横坐标上或是否在纵坐标上，还可以求两点之间的距离。经过分析，与该问题有关的点类应该定义为：

```
class  点{
    横坐标 x;
    纵坐标 y;

    点对象进行初始化的构造方法;
    取得一个点坐标的方法;
    求两个点之间距离的方法;
}
```

4．程序解析

下面是根据以上分析定义的点类 MyPoint，程序中定义的 TestMyPoint 类使用了 MyPoint 类。在 MyPoint 类中，定义了用来初始化点对象的构造方法，程序如下：

```
01 //***********************************************
02 //案例:2.2  程序名：TestMyPoint.java
03 //功能:求两个点之间的距离
04 //***********************************************
05
06 //定义一个点类
07 class MyPoint{
08    //类的属性字段
09    int x;   //点的横坐标 x
10    int y;   //点的纵坐标 y
11
12    //无参数的构造方法
13    MyPoint( ){
14    x = 0;
15    y = 0;
16    System.out.println("产生点(0,0)");
17    }
18
19    //有 1 个参数的构造方法
20    MyPoint(int a){
21    x = a;
22    System.out.println("产生点(" + a + ",0)");
23    }
24
25    //有 2 个参数的构造方法
26    MyPoint(int a, int b){
27    x = a;
```

```
28      y = b;
29      System.out.println("产生点(" + a + "," + b + ")");
30      }
31
32      //求两点之间的距离
33      double distance(MyPoint   p1, MyPoint   p2){
34      return Math.sqrt((p1.x − p2.x)*(p1.x − p2.x)+(p1.y − p2.y)*(p1.y − p2.y));
35      }
36
37      //取得一个点的坐标
38      String getPoint( ){
39      return ("点(" + x + "," + y + ")");
40      }
41 }
42
43 class TestMyPoint{
44      public static void main(String args[ ]){
45      //产生一个点 p1,调用无参数的构造方法
46      MyPoint p1 = new MyPoint( );
47      //产生一个点 p2,调用有一个参数的构造方法
48      MyPoint p2 = new MyPoint(2);
49      //产生一个点 p3,调用有两个参数的构造方法
50      MyPoint p3 = new MyPoint(2, 4);
51
52      //下面三条语句为求两个不同点之间的距离，并输出结果
53      System.out.println(p1.getPoint( ) + "到" + p2.getPoint( ) + "的距离是：" + p1.distance(p1,p2));
54      System.out.println(p1.getPoint( ) + "到" + p3.getPoint( ) + "的距离是：" + p1.distance(p1,p3));
55      System.out.println(p2.getPoint( ) + "到" + p3.getPoint( ) + "的距离是：" + p1.distance(p2,p3));
56      }
57 }
```

程序的 07～41 行定义了一个点类 MyPoint。13～17 行定义了一个无参数的构造方法，该方法将一个点对象的横坐标 x 和纵坐标 y 都初始化为 0；程序的 46 行使用该构造方法对点 p1 进行了初始化，创建的 p1 点为(0, 0)。

程序的 20～23 行定义了只有一个参数的构造方法，该方法将对象的横坐标 x 初始化为创建对象时所给定的实参数值，纵坐标 y 的值在构造方法中没有给出，则在对象实例化过程中被自动初始化为默认值 0。程序的 48 行使用了该构造方法对点 p2 进行了初始化，其中横坐标 x 的值为 2，即创建的 p2 点为(2，0)。

程序的 26～30 行定义了一个有两个参数的构造方法，该构造方法将对象的横坐标 x 和纵坐标 y 初始化为创建对象时所给定的实参数值。程序的 50 行使用该构造方法对点 p3 进行了

初始化，其中横坐标 x 的值初始化为 2，纵坐标 y 的值初始化为 4，即创建的 p3 点为(2，4)。

程序的 33~35 行定义了一个求两点之间距离的方法 distance。distance 有两个点类型的形式参数，在调用 distance 时，实参数要使用已经实例化的点，如程序的 53~55 行在输出方法 System.out.println( )中调用了 distance。

在 distance 方法中，34 行的 Math.sqrt( )方法使用了 Java API 中已经定义好的类 Math。Math 类中定义了一些常用的数学函数，如正弦函数 sin、绝对值函数 abs、求最大值函数 max 以及取整函数 round 等，这些函数(即方法)都可以在程序中用类似 34 行的用法直接使用。如求–12.45 的绝对值，则可以写成：

    Math.abs(–12.45) ;

求–12.4、1.34 和 23.9 三个数中的最大值，则可以写成：

    Math.max(Math.max(–12.4, 1.34), 23.9);

注：Java API 中定义了大量的类，程序员可以在编程时使用 Java API 中已经定义好的类。关于 Java API 的用法可参考有关帮助文档。

程序的 53~55 行调用 distance 的 3 条语句特别有意思，读者在上机调试时，可以将其换为下面的格式(即将调用 distance 的对象由 p1 换为 p2)：

    53   System.out.println(p1.getPoint( ) + "到" + p2.getPoint( ) + "的距离是： " + p2.distance(p1,p2));

    54   System.out.println(p1.getPoint( ) + "到" + p3.getPoint( ) + "的距离是： " + p2.distance(p1,p3));

    55   System.out.println(p2.getPoint( ) + "到" + p3.getPoint( ) + "的距离是： " + p2.distance(p2,p3));

或换为下面的格式(即将调用 distance 的对象由 p1 换为 p3)：

    53   System.out.println(p1.getPoint( ) + "到" + p2.getPoint( ) + "的距离是： " + p3.distance(p1,p2));

    54   System.out.println(p1.getPoint( ) + "到" + p3.getPoint( ) + "的距离是： " + p3.distance(p1,p3));

    55   System.out.println(p2.getPoint( ) + "到" + p3.getPoint( ) + "的距离是： " + p3.distance(p2,p3));

执行程序后，看结果是否相同，你能根据结果解释其原因吗？

最后要说明一点，在程序的 3 个构造方法中，都有一条输出一个点坐标值的语句，即程序中 16 行、22 行和 29 行，这 3 行语句只是为了让读者看清在实例化一个对象时，构造方法确实被系统自动调用了才加上去的，并非是构造方法中必须的语句。

2.2.3 【相关知识】 构造方法的重载

在案例程序 2-2 中，3 个构造方法的名称相同，即类名都为 MyPoint，不同的方法(即函数)在程序中使用了相同的名称。这在 C 语言等程序设计中是不允许的，但在面向对象程序设计中，同一个类中可能经常要使用同名的方法，这是面向对象程序设计的一个重要特性，即方法的重载。

所谓重载(overloading)，是指在 Java 程序设计中，一个类中的同名且不同功能的方法。案例 2-2 中的 3 个构造方法是方法重载的典型应用。多个重载的构造方法，其形参的个数或类型应不同。

使用方法重载时，初学者需注意以下两点.

(1) 参数类型和个数都相同，参数名称不同时，不能进行方法重载(这是初学者常犯的错误)。如在案例 2-2 中定义的类 MyPoint 中，增加一个给纵坐标 y 初始化的构造方法，即有如下的程序片段：

```
1 MyPoint(int a){
2    x = a;
3    System.out.println("产生点(" + a + ",0)");
4 }
5
6 MyPoint(int b){
7    y = b;
8    System.out.println("产生点(0," + b + ")");
9 }
```

尽管第 1 行和第 6 行的形参变量名称不同，但由于重载方法的参数类型和个数相同，因此不能进行重载。在程序编译时会出现如下错误：

"已在 MyPoint 中定义 MyPoint(int)   MyPoint(int b){ ^ "

该错误表示，已经在 MyPoint 类中定义了有一个整形参数的构造方法，不能再定义另外一个也只有一个整形参数的构造方法。

但是，如果将上面的程序片段改成如下形式，则程序编译不会发生错误：

```
1 MyPoint(int a){
2    x = a;
3    System.out.println("产生点(" + a + ",0)");
4 }
5
6 MyPoint(float b){
7    y = (int)b;
8    System.out.println("产生点(" + b + ",0)");
9 }
```

这是因为，虽然两个重载的方法都只有一个参数，但它们的参数类型不同，所以编译器在编译程序时可以区分这两个方法，就不会产生编译错误。

(2) 一个类只要定义了构造方法，那么编译器将不会给该类添加默认的构造方法。例如，将案例 2-2 中的 13～17 行用/*…*/注释掉(注意，这也是调试程序的一种技巧，一般可将暂时不需要执行的语句注释掉，而不要删除)，则在编译程序时将出现如下错误：

```
TestMyPoint.java:46: 找不到符号
符号：   构造函数 MyPoint( )
位置：   类 MyPoint
        MyPoint p1 = new MyPoint( );
                     ^
1 错误
```

说明程序的 46 行"MyPoint p1 = new MyPoint( );"要使用无参的默认构造方法实例化一个对象，但类 MyPoint 中没有定义无参的构造方法，所以编译出错。

最后对构造方法总结如下：

● 一个类可以有多个构造方法(通过构造方法的重载来实现)；

● 如果类中没有定义构造方法，则编译器给类提供一个默认构造方法，该构造方法没有参数，而且方法体为空。

2.3 类的封装

面向对象程序设计有三个重要特性：封装性、继承性和多态性。其中封装性是面向对象程序设计最重要的一个特性，下面详细介绍对象封装性的概念(继承性和多态性将在后续章节中介绍)。

2.3.1 类的封装

现实生活中，对象是一个有机的整体，如说到某个"人"，则这个人有姓名、**性别等属性**，可以进行"吃"、"唱"、"跑"等活动(即操作，对应方法)。体现在 Java 语言中，对象就是对一组变量和相关方法的封装体，如图 2-10 所示。

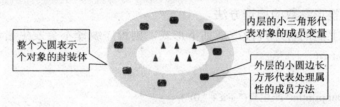

图 2-10　对象的封装

图 2-10 中的成员变量是对象的核心，反映对象的外部特征，其值是受保护的，一般不允许外部对象对它进行直接访问。成员方法代表对象的行为，主要是用来加工处理成员变量的。

在面向对象程序设计中，将数据成员和属于此数据的操作方法都放在同一个对象中，这就是所谓的封装(encapsulation)。在一个对象封装体中，其他的对象只有通过成员方法来访问被隐藏的成员变量。举一个日常生活中的例子，一台家用电视机可以看做是一个封装体，如果要调频道、音量和色彩等，使用者不需要知道电视机内部的电子线路，只要会使用调频道、调音量、调色彩的外部调节按钮即可。同样在程序中，你并不需要知道一个对象的完整结构是如何的，你只要知道完成某一功能要调用哪一个方法即可(即一个程序对外提供的接口)。

通过对象的封装实现了程序的模块化和信息隐藏。通过对类的成员施以一定的访问权限，实现了类中成员的信息隐藏。封装性可以避免一个对象的数据成员被不正当地存取，以达到信息隐藏和保护对象的效果。

封装有两个主要的好处：

● 模块化(modularity)：一个对象就是一个模块。

● 信息隐藏：一个对象有公开的接口可供其他的对象与之沟通，但对象仍然维持私有的信息及方法。

Java 语言中，对象成员变量的保护是通过给成员变量加访问修饰符 private 来实现的。由 private 修饰的成员称为私有成员。私有成员只允许由声明它的类中的成员方法使用，即只能被这个类本身访问。

注意：如果一个类的构造方法声明为 private，则其他类不能生成该类的实例。

2.3.2 【案例 2-3】 圆类

1. 案例描述

在开发一个数学软件包的过程中，分配给程序员小王的任务是设计圆类，要求对一个圆对象可以设置圆的半径，求圆的周长与面积。

2. 案例效果

案例程序的执行效果如图 2-11 所示，图中从第 3 行开始输出程序中两个圆对象的信息。

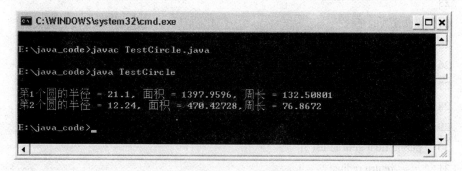

图 2-11 案例 2-3 的执行结果

3. 技术分析

该程序比较简单，一个圆对象有半径属性，为了求圆的周长和面积，还要定义一个属性即圆周率 π(程序中用 PI 表示)。该程序的关键问题是要用面向对象的思想来实现，即要符合对象封装性的特性。

4. 程序解析

下面是案例 2-3 的程序代码。

```
01 //***********************************************
02 //案例:2.3 程序名：TestCircle.java
03 //功能:定义圆类，求圆的周长和半径
04 //***********************************************
05
06 //定义圆类
07 class Circle{
08    //圆的属性
09    private float radius;
10
11    //定义圆周率
12    public static   float PI = 3.14f;
13
14    //无参数的构造方法
```

```
15    public Circle( ){
16        radius = 0;
17    }
18
19    //有参数的构造方法
20    public Circle(float r){
21        radius = r;
22    }
23
24    //设置圆的半径
25    public void setRadius(float r){
26        radius = r;
27    }
28
29    //取得圆的半径
30    public float getRadius( ){
31        return radius;
32    }
33
34    //求圆的周长
35    public float girth( ){
36        return 2 * PI * radius;
37    }
38
39    //求圆的面积
40    public float area( ){
41        return PI * radius * radius;
42    }
43 }
44
45 //定义圆类的测试类 TestCircle
46 class TestCircle{
47    public static void main(String args[ ]){
48    //产生一个圆 c1 对象,调用无参数的构造方法
49    Circle c1 = new Circle( );
50    //设置圆 c1 的半径
51    //c1.radius = 21.1f;
52    c1.setRadius(21.1f);
53    //输出圆 c1 的信息
```

```
54    System.out.println("\n 第 1 个圆的半径 ＝ " + c1.getRadius( ) + ",  面积 ＝ " + c1.area( )+ ",  周
      长 ＝ " + c1.girth( ));

55

56    //产生一个圆 c2 对象,调用有参数的构造方法

57    Circle c2 = new Circle(12.24f);

58    //输出圆 c2 的信息

59    System.out.println("第 2 个圆的半径 ＝ " + c2.getRadius( ) + ",  面积 ＝ " + c2.area( )+ ",周长
      ＝ " + c2.girth( ));

60

61    //下面的程序段用于测试类的静态(static)属性，该知识点在后文介绍

62    /*c1.PI = 3.14159f;

63    System.out.println("\nc1.PI = " + c1.PI);

64    System.out.println("c2.PI = " + c2.PI);

65    System.out.println("Circle.PI = " + Circle.PI);

66

67    c2.PI = 3.14f;

68    System.out.println("\nc1.PI = " + c1.PI);

69    System.out.println("c2.PI = " + c2.PI);

70    System.out.println("Circle.PI = " + Circle.PI);

71    */

72    }

73 }
```

程序的第 07～43 行定义了一个圆类，该圆类有一个私有成员变量，即半径 radius。在 Java 语言中，类的私有成员前要用访问控制修饰符 private，私有成员只能在定义私有成员类的内部使用，如在 Circle 类中，16 行、21 行和 26 行等处使用了 radius，这是正确的。如果在定义私有成员类的外部使用了私有成员，则会出现编译错误，如将程序中第 51 行的注释去掉，编译程序会发生如图 2-12 所示的错误。

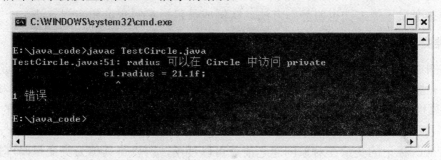

图 2-12　案例 2-3 编译时的错误

由图 2-12 的第 2 行可以看出，程序 TestCircle.java 的 51 行有错误，具体原因是，Circle 中定义的私有成员 radius 在其他类中(TestCircle)进行了访问，这是不允许的。

对于私有成员属性，在一个类中一般要定义相应的方法对其进行设置与获取。如果私有成员的属性名为 XXX，则一般使用类似于下面的方法设置其值(即所谓的设置器，如案例 2-3 中的 25～27 行定义的 setRadius 方法)：

```
void setXXX(参数列表) {
    …
}
```

一般使用类似于下面的方法获取私有属性 XXX 的值(即所谓的读取器，如案例 2-3 中的 30～32 行定义的 getRadius 方法)：

```
返回类型  getXXX( ) {
    return    …
}
```

类的成员属性或成员方法前加 public 修饰符，表示公共成员，任何一个类都可以访问这些公共成员。例如案例 2-3 中的 12 行和所有方法成员，为了便于在 Circle 类外进行访问，都定义成了公共成员。

程序的第 35～37 行，定义了求圆周长的方法 girth。

程序的第 40～42 行，定义了求圆面积的方法 area。

程序的第 46～73 行，定义了一个测试 Circle 的类 TestCircle，该类的第 49 行用无参的构造方法实例化了一个圆对象 c1，无参数的构造方法将圆对象 c1 的半径 radius 初始化为 0。52 行调用 setRadius 设置器方法将 c1 圆的半径设置为 21.1f(f 表示单精度实数)。57 行调用有参数的构造方法实例化了一个圆对象 c2，由于构造方法的参数是 12.24f，因此圆对象 c2 的半径为 12.24。

在程序中，多处在输出信息的 System.out.println( )方法中使用了"\n"，同 C 语言类似，它表示一个转义符，起到换行的作用。

2.3.3 【相关知识】 类成员与实例成员

一个类的成员属性和成员方法，如果使用了 static 修饰符进行了说明，则称为类成员；如果没有使用 static 修饰符进行说明，则称为实例成员。类成员包括类变量和类方法，类变量也叫静态变量，类方法也叫静态方法。实例成员包括实例变量和实例方法。

1. 类变量

在案例 2-3 中，类 Circle 中定义了一个圆周率 π(在程序中用 PI 表示)。我们知道，所有圆的圆周率 π 都是相同的，即使没有实例化任何一个圆对象，圆周率 π 的值是存在的和确定的。对于这类属性，由于所有实例对象都取相同的值，并且在没有对象生成前就有确定的值，因此，在 Java 语言中就要用一个特殊的标记来标识这种变量，这个标记就是"static"(静态)关键字。

被 static 标记的变量在对象创建之前就可以使用，所以将其称为类变量(即它属于类，而不属于实例对象)或静态变量。类变量可以用下列方法引用：

类名.变量名(如案例 2-3 程序中，第 65 行和 70 行的"Circle.PI")

实例.变量名(如案例 2-3 程序中，第 63 行和 68 行的"c1.PI"，第 64 行和 69 行的"c2.PI")

第二种引用方式可以理解为是前一种引用方式的别名，它们都引用相同的内存单元。为了更好地理解类变量，可以用图 2-13 表示案例 2-3 中的类变量 PI。

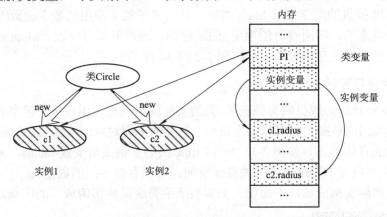

图 2-13 类变量示意图

如果将案例 2-3 程序中的 62 行和 71 行注释去掉，然后编译和运行程序，则得到如图 2-14 所示的结果。

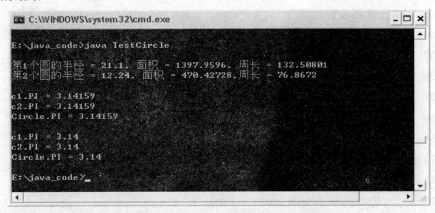

图 2-14 案例 2-3 中对类变量的演示结果

从图 2-14 中可以看出，不论对 c1.PI、c2.PI 或 Circle.PI 中的哪一个赋值，输出 c1.PI、c2.PI 和 Circle.PI 时其值都是相同的，因为它们引用的是相同的内存单元。

2. 类方法

有些类中的方法，在没有创建该类的对象之前，也需要通过类名直接被调用。如一个程序中的 main 主方法，在没有创建对象之前就要被系统调用，对于这类方法也要使用"static"关键字标识。由于在创建对象之前就可以通过类名直接调用，因此这种方法属于类，叫类方法或静态方法。类方法可以用下列格式引用：

类名.方法名

实例.方法名

注意 1： 在类方法中只能引用类变量，也就是说，静态方法中不能使用非静态成员(即不能引用下面介绍的实例变量)。

注意 2：静态方法中不能使用 this(在第 3 章介绍)和 super(在第 5 章介绍)。

注意 3：静态方法中可以定义和使用局部变量。

在 Java API 提供的数学工具 Math 类中，就定义了很多常用的数学函数(即方法)。这些方法由于都是静态的，即所有方法都用 static 修饰，因此可以直接以"Math.函数名(参数)"的方式调用，简化了程序的设计，如案例 2-2 的 34 行。

3. 实例变量与实例方法

没有用 static 修饰的成员叫实例成员。类的实例成员只有在用 new 关键字实例化对象后，才能被引用。实例成员必须用对象名来访问。同类的不同对象(实例)，其实例成员变量在内存中具有不同的存储单元。如图 2-13 所示 Circle 类的实例成员变量 radius，对于对象 c1 和对象 c2 来说，在内存中分配了不同的存储空间，可以存储不同的数值。

为了便于理解实例成员，下面用一个实例演示类成员和实例成员的区别。

```
01 class StaticDemo{
02    int a = 4;   //实例变量 a
03    static int b = 15;   //类变量 b
04
05    //类方法 show1
06    static void show1( ){
07        System.out.println("static method.");
08        //System.out.println("a = " + a);   //错误 1！
09        System.out.println("b = " + b);
10    }
11
12    //实例方法 show2
13    void show2( ){
14        System.out.println("instance method.");
15        System.out.println("a = " + a);
16        System.out.println("b = " + b);
17    }
18 }
19
20 class TestStaticDemo{
21    public static void main(String args[ ]){
22        //直接引用 StaticDemo 类的实例变量
23        //System.out.println(StaticDemo.a);   //错误 2！
24        //直接引用 StaticDemo 类的类变量
25        System.out.println(StaticDemo.b);
26        //直接调用 StaticDemo 类的类方法
27        StaticDemo.show1( );
```

```
28          //直接调用 StaticDemo 类的实例方法
29          //StaticDemo.show2( );   //错误 3！
30
31          StaticDemo.b = 10;
32
33          //实例化一个 StaticDemo 类的对象 s1
34          StaticDemo s1 = new StaticDemo( );
35          System.out.println(s1.a);
36          System.out.println(s1.b);
37          s1.show1( );
38          s1.show2( );
39      }
40 }
```

程序中有 3 处错误，分别已经用注释标出，你能说明这 3 种错误的原因吗？

技能拓展

2.4　使用 UltraEdit 编辑 Java 程序

UltraEdit是一个功能强大的文本编辑器软件，它可以用来取代记事本，完成各种程序的编辑。对于Java语言的初学者来说，非常适合使用UltraEdit进行程序编程。UltraEdit的主要特点是：

- 界面简洁，操作方便。
- 所占用的存储空间小(安装后所占用的空间仅为几个 MB)，启动速度快。
- 可以用来编辑 ASCII 码文本和用十六进制数(Hex)表示的文本信息，所以有些程序员常用它来修改 EXE 或 DLL 文件。
- 内建英文单词检查、Java 语言、C++、VB 等多种语言关键字的高亮度显示功能。
- 可同时编辑多个文件。
- 查找与替换使用简便，有无限制的还原功能。
- 可以进行不同编码(ASCII、EBCDIC、UTF-8、Unicode 等)之间文件的相互转换。
- 可以执行 DOS 或 Windows 命令(程序)。
- 可以把文本内容直接显示在浏览器上。
- 支持多种文件格式的编辑功能。UltraEdit 支持的文件包括：*.TXT、*.DOC、*.BAT、*.INI、*.C(C 语言源程序文件)、*.CPP(C++语言源程序文件)、*.H(头文件)、*.HPP、*.HTML(或*.HTM)、*.java 等，基本上覆盖了所有的常见文件类型。

UltraEdit 的安装非常简单，安装好以后要进行注册(不注册的话可以免费使用 45 天时间)。图 2-15 是 UltraEdit-32 中文版的启动窗口。

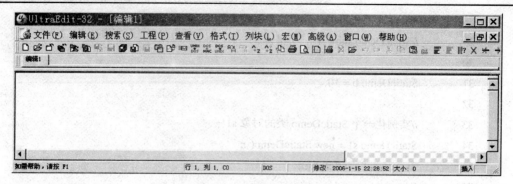

图 2-15　UltraEdit 启动窗口

UltraEdit 具有强大的文本编辑功能，其编辑程序的常用功能介绍如下。

2.4.1　"文件"菜单

在图 2-15 所示窗口中的菜单栏中有"文件"菜单。文件菜单除了提供大家很熟悉的文件打开、保存、关闭、打印、打印预览、关闭以及退出 UltraEdit 的功能外，还提供了很多编辑软件所不具有的"远程操作"(可以从远程的 ftp 服务器上下载文件或上传文件)、"文件比较"、"文件排序"和"格式转换"等功能。

2.4.2　"编辑"菜单

UltraEdit 的编辑功能有撤消/重做、剪切、拷贝、粘贴等功能。几个比较有特色的功能是：

● 剪贴板：共可以选择 10 个不同的剪贴板，如图 2-16 所示。在不同的剪贴板上存放不同的内容，在粘贴时可以先选择含有想要粘贴内容的剪贴板，再进行粘贴，以完成多个不同内容的复制。

图 2-16　UltraEdit 的剪贴板

● 删除功能：UltraEdit 提供了四种不同的删除文本的方式，如图 2-17 所示。

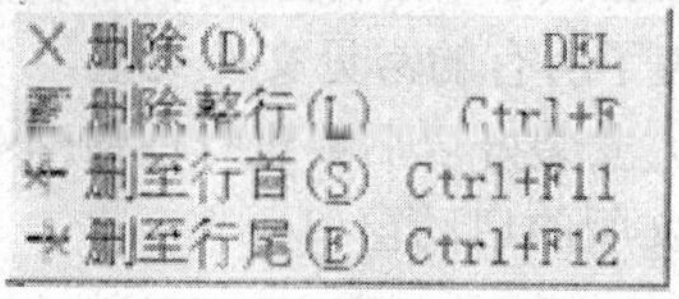

✕ 删除(D)　　　　　　DEL
删除整行(L)　　 Ctrl+E
删至行首(S) Ctrl+F11
删至行尾(E) Ctrl+F12

图 2-17　UltraEdit 的删除功能

● 选择功能：UltraEdit 的编辑菜单中有一个"范围选择"功能，如图 2-18 所示，该功能可以指定一个从某行开始到某行结束，从某列开始到某列结束的一个矩形区域。

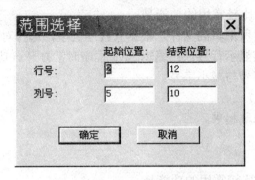

图 2-18　UltraEdit 的范围选择功能

● "复制文件全名"功能：可以将该文件的绝对路径和名称复制到剪贴板中，用以在需要的地方进行粘贴。

● 插入"日期和时间"。

● "重置当前行"功能：可以对光标所在的行反复插入。

2.4.3　"搜索"菜单

"搜索"菜单提供了查找、替换、定位、书签标记、字数统计等功能。几个比较有特色的功能是：

● 行定位功能：UltraEdit 的"转到行/页"定位功能(快捷命令是 Ctrl+G)可以将插入点快速转换到某行或某页，在程序设计时很常用。

● "多文件查找"和"多文件替换"功能：UltraEdit 提供了从多个文件中查找字符的功能，如图 2-19 所示，可以从一个给定的目录中，对某种类型的文件查找特定的字符串。与多文件查找类似的功能还有多文件替换。

● "配对括号内容"功能：在程序设计时可以对一个程序块(即一对{ }中的内容)进行快速选定。

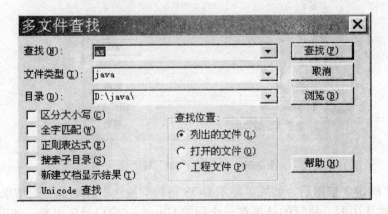

图 2-19　"多文件查找"对话框

2.4.4 "查看"菜单

"查看"菜单中几个比较常用的功能是：
- 语法着色：可以对所编辑的文件，根据其程序类型，选择对关键词进行着色。
- 显示行号：每行前显示行号。在编辑 Java 程序时常打开该功能，以便于程序调试。
- 设置字号、增大字号与减小字号。
- 显示 ACSII 码表。
- 将选定的行暂时隐藏起来。

2.4.5 "格式"菜单

"格式"菜单中几个比较常用的功能是：
- 选定内容转小写与选定内容转大写。
- 删除行尾空白(空格)。
- 文件中空格和表符的相互转换。

2.4.6 "高级"菜单

"高级"菜单提供了 UltraEdit 系统的配置、DOS 命令和 Windows 命令的执行等功能。下面说明如何使用该功能编译与执行 Java 程序。

用 UltraEdit "高级"菜单中的执行 DOS 命令功能编译与运行 Java 程序非常方便，并且可以将编译或运行的结果在 UltraEdit 中以文本的方式显示、编辑与存盘。具体操作步骤如下：

(1) 在"高级"菜单中选中"执行 DOS 命令"，则弹出如图 2-20 所示的"DOS 命令"对话框，单击"命令"文本框后面的"浏览"按钮，选择 Java 程序编译器 javac.exe，然后输入要编译的 Java 程序名。

(2) 单击如图 2-20 所示的"工作目录"文本框后面的"浏览"按钮，选择 Java 程序所在的文件夹。

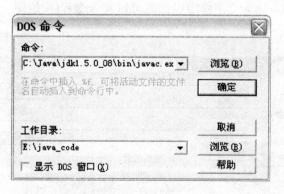

图 2-20 "DOS 命令"对话框

(3) 单击"确定"按钮后，如果"显示 DOS 窗口"被选中，则执行的结果将在 DOS 状态下显示；未被选中时，执行的结果在一个新的 UltraEdit 窗口显示出来，如图 2-21 所示。其最大的优点是可以对显示的文本信息进行编辑与保存。

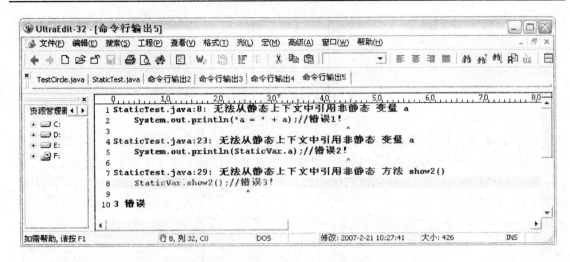

图 2-21 编译"StaticTest.java"程序后显示的结果窗口

工程规范

2.5 软件工程中类的图形化表示方法

在软件开发过程中，与软件开发有关的各方(如开发人员、管理人员等)为了便于交流，一般使用可视化的图形工具表示类与对象。如果软件公司或软件开发人员各自使用自己创造的图形符号，则这种符号就失去了通用性，无法与别人进行交流。为此，面向对象设计方法领域的三位著名专家 Grady Booch、Ivar Jacobson 和 James Rumbaugh 提出了一种统一的、面向对象设计所使用的图形符号，这就是所谓的"统一建模语言"(Unified Model Language, 简称 UML)。1997 年 11 月，UML 被 OMG(即对象管理组织，是国际上软件工程领域专门管理面向对象设计的组织机构)所采纳，成为面向对象设计的标准建模语言。

2.5.1 UML 简介

UML 是用于面向对象软件开发过程中，进行系统分析和系统设计的可视化建模工具。UML 可以描述软件开发过程中从需求分析(主要任务是分析软件要"做什么")到系统实现的全过程，其各个过程都可以用清晰的图形化工具进行描述。

要注意，UML 只是一种统一的建模语言，是一种工具，并不是一种软件开发方法，也就是说，UML 并未说明用户要如何去建模。这就好像给人们提供了用于绘画创作的画笔，但具体画什么并没有说明，所以，不同的画家使用这支画笔可以创作出不同的作品。

学习 UML，主要就是学习 UML 中各种符号的语义和符号的表示方法。UML 中最基本的图形符号就是表示类以及类之间关系的符号。

2.5.2 类的表示方法

UML 中的类图由三个部分组成，它们是类名、类数据成员和类的方法成员。简单的图形符号如图 2-22 所示。

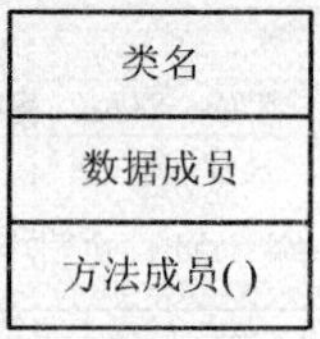

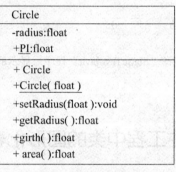

图 2-22　类的图形化符号

对于数据成员和方法成员的可见性，要使用不同的符号表示。加号(+)表示具有公共
(public)可见性，减号(–)表示具有私有可见性，成员名称标有下划线，表示是静态成员。在
方法后可以列出它接受的参数和返回值。如案例 2-3 中定义的 Circle 类，可以用图 2-23 所
示的 UML 图表示。

```
Circle
-radius:float
+PI:float

+ Circle
+Circle( float )
+setRadius(float ):void
+getRadius( ):float
+girth( ):float
+ area( ):float
```

图 2-23　Circle 的 UML 图

基础练习

【简答题】

2.1　在 Java 语言中，什么是对象？什么是类？对象与类的关系是什么？

2.2　一个对象的生命周期包括哪几个阶段？

2.3　什么是构造方法？构造方法有什么特点？

2.4　什么是方法的重载？

2.5　根据理解，举例说明什么是对象的封装特性？

2.6　什么是类的静态成员？什么是类的实例成员？

2.7　在 Java 程序中，如何对类进行命名？

【选择题】

2.8　在某个类 A 中存在一个方法：void GetSort(int x),以下能作为这个方法重载的声
明是：

A) Void GetSort(float x)　　　　　　　　B) int GetSort(int y)

C) double GetSort(int x, int y)　　　　　D) void Get(int x, int y)

2.9　有一个类 A，以下为其构造函数的声明，其中正确的是(　)。

A) void A(int x){　}　　　　　　　　　B) A(int x){...}

C) a(int x){...}　　　　　　　　　　　D) void a(int x){...}

【填空题】

2.10　阅读程序，根据程序功能在指定的空白处填上适当的语句或语法成分，使程序完

整。下面是一个类的定义。

```
class _____  // 定义名为 myclass 的类
    _____
    _____ int var = 100;
    static int getVar( ) {
        return var;
    }
}
```

技能训练

【技能训练 2-1】 基本操作技能练习

从有关网站上下载 UltraEdit 编辑器，安装后练习其各种功能的用法。

【技能训练 2-2】 基本程序调试技能练习

(1) 用 UltraEdit 软件编辑、调试案例 2-3 中的程序，将程序中 62 行和 71 行的注释去掉，分析程序的运行结果。

(2) 调试 2.3.3 节中讲解类成员和实例成员的程序，将有错误行的注释去掉后编译程序，分析程序错误的原因。

【技能训练 2-3】 基本程序设计技能练习

编写一个程序，已知矩形(Rectangle)的长(length)和宽(width)，求长方形的面积(area)。要求如下：

(1) 按照 Java 的有关编程规范书写程序。

(2) 属性长(length)和宽(width)要定义成私有成员。

(3) 类中要定义长和宽的设置器和获取器。

(4) 设计三个重载的构造方法完成对象的初始化。

(5) 实例化至少 3 个矩形对象，输出每个矩形的长和宽，求出面积。

第 3 章　类的数据成员

    ◎ 掌握标识符与关键字的概念;

    ◎ 掌握简单数据类型 byte、short、int、long、float、double、char 和 boolean 等的使用方法;

    ◎ 掌握简单数据类型对应的包装类的使用方法;

    ◎ 掌握 String 类型及其常用的操作方法;

    ◎ 掌握数组的声明与实例化，理解数组的一些高级操作;

    ◎ 学会 J2SDK 帮助文档的使用方法;

    ◎ 理解软件开发中 Java 语言各种标识符的命名规则。

    一个 Java 语言程序是由一些基本符号组成的字符序列，这些字符序列构成一个个类。在第 2 章中介绍过，类是一种由用户定义的新型数据类型，与整型或实型数据相比，类是一种复杂的数据类型，所以也称为构造类型。一个类由表示对象状态的属性和对属性数据进行操作的方法组成，即类是数据成员与方法成员的封装体。本章介绍类的数据成员。

3.1　类的数据成员概述

    数据成员是一个类的核心内容。设计类的主要内容是设计数据成员，类中定义的操作也是围绕着数据成员来进行的。同类的对象之所以互不相同，是由于它们有不同的属性值(即数据)。如张三和李四都属于人类，但他们有很多属性值是不相同的(如姓名、长相、体重、爱好等)，所以人们很容易将张三和李四这两个不同的对象区分开来。

3.1.1　数据成员的定义格式

    类的数据成员也叫属性成员，或叫字段(field)。在设计类时，定义数据成员的简单格式为

        数据成员类型　数据成员名,

    例如:

```
int sum;

int math, english;    //注意在程序设计实践中，一般在一行只定义一个属性
```

数据成员还可在定义时进行赋值初始化，例如：

    int sum = 0 ;

注意：如果一个数据成员在定义时进行了赋值初始化，在执行构造函数时对该数据成员也进行了初始化，则该数据成员的值为执行构造函数时所赋的值。

3.1.2 数据成员的修饰符

数据成员的类型前面还可以加修饰符，如第 2 章介绍的 public、private 和 static。数据成员的修饰符可分为存取性修饰符和存在性修饰符两类。

(1) 存取性修饰符：有 public、private 和 protected。存取性修饰符用于控制不同类之间的字段是否可以被访问。其中 public 和 private 在第 2 章中已经介绍过，protected 将在第 5 章中介绍。

(2) 存在性修饰符：有 static 和 final。存在性修饰符用于指出字段本身在本类中的存在特性。已在第 2 章中介绍过 static，下面举例说明 final 的用法。

用 final 修饰的数据成员，其值要在类定义中给定，并且不能在程序的其他地方进行修改。如某类中定义了一个如下的数据成员：

    final float PI = 3.14f;

则在程序中不能再给 PI 赋值，否则将出现编译错误。

被 final 修饰的数据成员，相当于其他语言中定义的常量。

注意：被 final 修饰的数据成员在定义时，一定要赋初值，否则也会出现编译错误。如已有这样的声明"final float PI；"，然后在程序的其他地方有赋值语句 PI = 3.12，这是不允许的。

关于数据成员的修饰符问题在第 5 章中还要详细介绍。

3.2 简单数据类型的使用方法

数据是一个类的核心，类中定义的数据要有确定的数据类型。数据类型可以是简单类型(如整型、实型等)，也可以是复杂类型(如类类型、字符串、数组等)。本节介绍简单数据类型。

3.2.1 简单数据类型

简单数据类型在 Java 语言中也叫原始数据类型或基本数据类型。Java 语言中定义了四类(八种)基本数据类型：

- 整型：byte、short、int 和 long
- 浮点型：double 和 float
- 字符型：char
- 逻辑型：boolean

每一种数据类型有该类型的常量与该类型的变量。每种数据类型只能进行一些确定的运算，如逻辑型只进行逻辑运算。

注意：所有 Java 编程语言中的整数类型都是带符号的数。

1. 整型

整型数据类型分为四种：byte、short、int 和 long。这些不同整型数据类型的意义在于它们所占用的内存空间大小不同，这也表明它们所能表示的数值范围不同。每种整型数据类型的取值范围如表 3-1 所示。

表 3-1　整数类型数据

数据类型	表示符号	字节数	数据位数	数据范围
字节型	byte	1	8 bit	$-2^7 \sim 2^7-1$
短整型	short	2	16 bit	$-2^{15} \sim 2^{15}-1$
整型(默认类型)	int	4	32 bit	$-2^{31} \sim 2^{31}-1$
长整型	long	8	64 bit	$-2^{63} \sim 2^{63}-1$

整数类型的数据可以使用十进制、八进制或十六进制表示，具体表示方法如下：
- 十进制：用非 0 开头的数值表示，如 100 和–50 等；
- 八进制：用 0 开头的数值表示，如 017 等；
- 十六进制：用 0x 或 0X 开头的数值表示，数字 10～15 分别用字母 "A、B、C、D、E 和 F 表示"(也可以使用小写字母 a～f)，如 0x2F、0Xabc 等。

注意 1：Java 缺省的整数常量类型为 int 类型，用 4 个字节表示。如果要表示 long 类型整数常量，则需要给整数加后缀 L 或 l，表示为长整数。例如 123456L，如果直接写为 123456，则系统会认为是 int 类型数据。

注意 2：与其他语言(如 C 语言)不同，Java 语言每种整数类型的长度(即占用的字节数)在任何系统中都是一样的。这也是为了保证 Java 语言的跨平台性。

2. 实型

实数数据类型是带小数部分的数据类型，也叫浮点型。Java 语言中包括两种浮点型数据：
- float：单精度实数，长度为 4 字节(即 32 位)；
- double：双精度实数，长度为 8 字节(即 64 位)。

实型数据还可以用科学计数法表示，如 123e3 或 123E3，其中 e 或 E 之前必须有数字，且 e 或 E 后面的指数必须为整数。

注意 1：Java 缺省的浮点型常数为 double 型。如果要表示 float 型常量，则要给数据加后缀 F 或 f。例如 12.34f，若直接写为 12.34，则系统认为是双精度实数。在程序中，如果写

      float f = 3.14;

将产生编译错误。

注意 2：如果要表示 double 型，则要给数据加后缀 D 或 d(由于系统默认的浮点型常数为 double 型，因此也可以不加后缀 D 或 d)，如–0.23453D，1.4E+30d。

3. 逻辑型

逻辑值有两种状态，即人们常说的"开"和"关"、"成立"和"不成立"、"是"和"否"等。在 Java 语言中，这样的值用 boolean(布尔)类型来表示。boolean 型有两个文字值，即 true 和 false，分别表示"真"和"假"。布尔型变量在程序中的使用方法举例说明如下：

```
boolean    aBooleanVar;    //说明 aBooleanVar 为 boolean 型变量
boolean    isStudent = false；    //说明变量 isStudent 是 boolean 型，并赋以初值 false
```

注意：Java 语言中不可将布尔类型看成整型值(这与 C 和 C++语言不同)。

4. 字符型

Java 语言中，字符型是用单引号括起来的一个字符，程序中使用 char 类型表示。由于 Java 语言的字符采用 Unicode 码，因此一个字符在计算机内用 16 位二进制数表示，即占两个字节。正因为如此，字符型的数据在书写时，可用以\u 开头的 4 位十六进制数表示，范围从 '\u0000' 到 '\uFFFF'。

具体一个字符型的量，在程序中可以用下面几种方式表示：

(1) 用 Unicode 码表示。如字符型变量 letter 的值为'A'，则可以写为

```
char letter = '\u0041';
```

(2) 用 ASCII 码表示。对于字符型的量，由于大多数计算机系统使用 ASCII 码表示，而 Unicode 码中包含了 ASCII 码，因此在 Java 程序中，为了简便，大多数程序员仍使用 ASCII 字符的书写习惯，如字符型变量 letter 的值为'A'，则可以写为

```
char letter = 'A';
```

它与上面用 Unicode 码书写的语句是等价的。

(3) 用整数表示字符。因为字符型的量在计算机内本质上保存的是一个两个字节的整数，所以字符型变量的取值也可以使用整型常数(注意不能使用整型的变量)，如字符型变量 letter 的值为'A'，则可以写为

```
char ch = 65;
```

但要注意，下面的程序片段是错误的：

```
int a = 65;
char ch = a;
```

如要正确编译，只有使用强制类型转换(本节后面介绍)：

```
int a = 65;
char ch = (char)a;
```

注意：在将一个整数赋给一个字符变量时，整数的取值范围要在 0~65535 之间(即两个字节可以表示的无符号数据范围)。如果超出这个范围，将产生编译错误。

(4) 用转义字符。Java 语言也允许用转义字符表示一些特殊的字符。之所以叫转义字符，是因为以反斜杠(\)开头，将其后的字符转变为另外的含义。如用字符变量 Tab 表示制表符，则可以写为

```
char tab = '\t';    //而不是字符 t
```

表 3-2 是几个常用的转义字符。

表 3-2　常用的转义字符

转义字符名称	转义字符	Unicode 码
退格键	\b	\u0008
Tab 键	\t	\u0009
换行符	\n	\u000a
回车键	\r	\u000d
斜杠	\\	\u005c
单引号	\'	\u0027
双引号	\"	\u0022

注意：在 Unicode 字符集中包括汉字，所以 char　ch = '国'，在 Java 语言中也是正确的。

5. 数据类型转换

在同一表达式中，有不同的数据类型要参与运算时，要进行数据类型转换。

(1) 自动类型转换。整型、实型、字符型数据可以混合运算，例如:

　　　float　　a = 65+'a' + 23.23f;

运算过程中，不同类型的数据会自动转换为同一种数据类型(如上面语句中的数都将转换为 float 类型)，然后进行运算。自动转换的数据类型要兼容，并且转换后的数据类型比转换前的数据类型表示的数值范围大。

自动转换按低级类型数据(指数据范围小、精度低)转换成高级类型数据(指数据范围大、精度高)的规则进行。转换规则如表 3-3 所示。

表 3-3　转换规则

操作数 1 类型	操作数 2 类型	转换后的类型
byte、short、char	int	int
byte、short、char、int	long	long
byte、short、char、int、long	float	float
byte、short、char、int、long、float	double	double

注意 1：boolean 类型量不能与其他类型量之间相互转换。

注意 2：byte 和 short 类型的数据计算结果为 int 型。

(2) 强制类型转换。在两种情况下，需要使用强制类型转换：

● 高级别数据类型要转换成低级别数据类型。

● 为了提高运算结果的精度。如有程序段：

　　　int a = 15;

　　　int h = 7;

　　　float c = a / b;　　　// 运算结果为 c=2.0

　　　float d = (float) a / b;　　// 运算结果为 c=2.142857

强制类型转换的一般格式为：

(类型名)表达式

如有程序段：

> int i = 356;
>
> byte b;
>
> b = (byte)i;　//强制转换后丢失一部分数据，使得 b 的值为 100

注意：使用强制类型转换可能会导致数值溢出或数据精度的下降，应尽量避免使用。

3.2.2　数据的运算符

数据的运算符表示对数据要进行的运算方式。运算符按其要求的操作数个数分为：

- 一元运算符：参加运算的操作数有一个；
- 二元运算符：参加运算的操作数有两个；
- 三元运算符：参加运算的操作数有三个。

运算符按其功能分为七类：算术运算符、关系运算符、逻辑运算符、位运算符、条件运算符、赋值运算符以及一些其他的运算符。

1. 算术运算符

算术运算符用于对整型数和实型数进行运算，按其要求的操作数的个数分为一元运算符和二元运算符两类。

(1) 一元运算符(++、--)。一元运算符可以位于操作数的前面，如++x 或--x，也可以位于操作数的后面，如 x++、x--等。无论一元运算符位于操作数的前面或后面，操作数完成运算后，都把结果赋给操作数变量。

注意：++x 或 x++整体参加表达式运算时，表达式的值是不一样的，这与 C 语言类似。

(2) 二元运算符。二元运算符有+、-、*、/和%，如两个操作数都是整型，则结果为整型，否则为实型。

注意 1：%运算符表示求整除的余数，它要求两边的操作数均为整型，结果也为整型。

注意 2：对于/运算，如果两个操作数是整数时，则结果也为整数，如 17/5 = 3，5/12 = 0。如果操作数中有一个是实数，则运算结果为实数。

2. 关系运算符

Java 语言的关系运算符共有七种：= =、!=、<、<=、>、>=和 instanceof。关系运算符用于关系表达式中，一个关系表达式的结果类型为布尔型，即关系式成立为 true，不成立为 false。对象运算符 instanceof 用来判断一个对象是否属于某种类类型，如"Hello" instanceof String 结果为 true，表示"Hello"是一个字符串类型的量。

注意 1：除了整型数和实型数可以混合出现在关系运算符两边外，在一个关系运算符两边的数据类型应保持一致。

注意 2：因为一个实数在内存中只能用近似值来存储，所以应该避免将两个实数进行"= ="比较。如下面的判断语句：

> if(23.12121f == 23.121211f)
>
> System.out.print("23.12121 = 23.121211 ");

读者可上机测试一下是否会输出"23.12121 = 23.121211"。

3. 逻辑运算符

逻辑运算符有六个，它们是：!(非)、&(与)、|(或)、^(异或，即运算符两边的值相异时为 true，相同时为 false)、&&(短路与)和||(短路或)。

&又称为无条件与运算符，| 又称为无条件或运算符。使用&和 | 运算符可以保证不管左边的操作数是 true 还是 false，总要计算右边操作数的值。例如：计算 false & (12>23)运算式的结果时，尽管从第 1 个操作数的值 false 就可以得出该表达式的结果为 false，但系统还是要进行(12>23)的运算。

运算符&& 和 ||可以提高逻辑运算的速度。例如，在计算(12>34) && (a>b)时，因为12>34 为 false，所以可以直接得出表达式的结果为 false，不再需要计算运算符&&右边的a>b。在计算 12>4) || (34>23)时，因为 12>4 为 true，所以可以直接得出表达式的结果为 true，不再需要计算运算符 || 右边的 34>23。因此在逻辑表达式中，应尽量使用&&和||运算符，以提高运算速度。

注意：逻辑运算符要求操作数和结果值都是布尔型量。

4. 赋值运算符

赋值运算符用来把 "=" 右边表达式的值赋给左边的变量，即将右边表达式的值存放在变量名所表示的存储单元中，这样的语句又叫赋值语句。它的语法格式如下：

　　　　变量名 = 表达式；

复合赋值运算符有+=(加等于)、-=(减等于)、*=(乘等于)、/=(除等于)、%=(余数等于)等。

注意：赋值号两边的数据类型不同时，如果将数据类型长度较短的量赋给数据类型长度较长的变量，则可以进行自动类型转换，否则要进行强制类型转换。例如：

```
byte MyByte = 10;
int MyInteger = -1;
MyInterger = MyByte;
MyByte = (byte)MyInteger;
```

5. 条件运算符

条件运算符是"? : "，它要求有三个操作数，其格式如下：

　　　　<布尔表达式> ? <表达式 1> : <表达式 2>

第一个操作数必须是布尔表达式，其他两个操作数可以是数值型或布尔型表达式。条件运算符的含义是：当<布尔表达式>的值为真时，结果为<表达式 1>的值，否则为<表达式 2>的值。例如：

```
int a = 12;
int b = 34;
int max = (a > b) ? a : b;
```

则程序运行后，max 变量中存放 a 和 b 中较大的一个数。

6. 位运算符

位运算是对操作数以二进制位为单位进行的运算，位运算的操作数和结果都是整型量。位运算有七个，它们是：~、&、|、^、<<(左移)、>>(右移)、>>>(不带符号的右移)。例如：

```
int a = 12;
int b = 7;
int c = a & b;    // 1100 & 0111 = 0100   c = 4
int c = a | b;    // 1100 | 0111 = 1111   c = 15
int c = a ^ b;    // 1100 | 0111 = 1011   c = 11
int c = a << 2;   // 1100  →  110000   c = 48
int c = a >> 2;   // 1100  →  0011    c = 3
```

7. 其他运算符

● ( ) 和 [ ] 运算符：括号运算符( )的优先级是所有运算符中最高的，它可以改变表达式运算的先后顺序。在有些情况下，它可以表示方法或函数的调用。括号运算符[ ]是数组运算符(见 3.5 节)。

● . 运算符：用于访问对象的成员属性或成员方法。

● new 运算符：用于创建一个新的对象。

8. 运算符的优先级

运算符的优先级由高到低的规律是：

.( ) [ ] →单目运算→算术运算→关系运算→逻辑运算→?：→ =

详细情况见表 3-4。

表 3-4　运算符的优先级别

优先次序	运算符
1	.　[ ]　( )
2	++　--　!　~　instanceof
3	new (type)
4	*　/　%
5	+　-
6	>>　>>>　<<
7	>　<　>=　<=
8	==　!=
9	&
10	^
11		
12	&&
13			
14	?:
15	=　+=　-=　*=　/=　%=　^=
16	&=　|=　<<=　>>=　>>>=

3.2.3 【案例 3-1】 解方程

1. 案例描述

设计表示一元一次方程(ax + b = 0)的类，并能根据 a 的系数情况求解方程。

2. 案例效果

案例程序的执行效果如图 3-1 所示。图中从第 2 行开始，输出了 4 个不同方程及其解的情况。

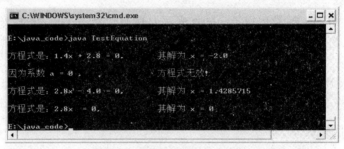

图 3-1　案例 3-1 的显示效果

3. 技术分析

为了求解一元一次方程 ax + b = 0，要定义一个表示一元一次方程的类，其数据是 a 和 b，可以进行的操作是判断方程是否有解，如果有解，则求方程的解，并输出方程式和解的情况。

根据以上分析，设计的表示一元一次方程的类应该有两个私有数据成员 a 和 b(对于私有数据，一般应有设置器 setXXX 和读取器 getXXX)，有判断方程是否有解、求解和输出方程与解的方法成员。因此，该类的设计要点是：

```
class 方程{
    私有数据 a;
    私有数据 b;

    构造方法

    a 的设置器
    a 的读取器

    b 的设置器
    b 的读取器

    判断方程是否有解的方法
    求方程解的方法
    输出方程与解的方法
}
```

4. 程序解析

下面是根据上面的分析设计的一元一次方程类 Equation，程序中定义的 TestEquation 类对 Equation 类进行了测试。程序如下：

```
01 //*************************************************
02 //案例:3.1  程序名：TestEquation.java
03 //功能:表示一元一次方程 ax + b = 0 类
04 //*************************************************
05
06 //一元一次方程类
07 class Equation{
08     //方程的两个系数定义为私有成员
09     private float a;
10     private float b;
11
12     //无参数的构造方法
13      public Equation( ){  }
14
15     //有参数的构造方法
16     public Equation(float a, float b){
17         this.a = a;
18         this.b = b;
19     }
20
21     //系数 a 的设置器
22     public void setA(float a){
23         this.a = a;
24     }
25
26     //系数 a 的获取器
27     public float getA( ){
28         return a;
29     }
30
31     //系数 b 的设置器
32     public void setB(float b){
33         this.b = b;
34     }
35
36     //系数 b 的获取器
37     public float getB( ){
38         return b;
39     }
```

```
40
41    //判断方程是否有根的私有方法
42    private boolean hasRoot( ){
43        return a != 0;
44    }
45
46    //求方程根的私有方法
47    private float root( ){
48        return (-b) / a;
49    }
50
51    //输出方程式和根的公有方法
52    public void showEquation( ){
53    if(hasRoot( )) {
54      if(b > 0)
55        System.out.println("\n 方程式是： " + a + "x + " + b + " = 0, \t 其解为  x = " + root( ));
56      else if(b < 0)
57        System.out.println("\n 方程式是： " + a + "x - " + Math.abs(b)+"=0,\t 其解为 x =" + root( ));
58        else
59            System.out.println("\n 方程式是： " + a + "x   = 0, \t\t 其解为  x = " + 0);
60    }
61    else
62      System.out.println("\n 因为系数  a = 0 , \t\t 方程式无效!");
63    }
64 }
65
66 class TestEquation{
67    public static void main(String args[ ]){
68        //建立一个方程对象 e1，其方程式为 1.4x + 2.8 = 0
69        Equation e1 = new Equation(1.4f, 2.8f);
70        //调用 showEquation 方法，输出 e1 对象表示的一元一次方程式和根
71    e1.showEquation( );
72
73        //建立一个方程对象 e2，其方程的系数 a 和 b 的初始值都为 0
74        Equation e2 = new Equation( );
75        //将系数 b 设置为 4，即对象 e2 表示的方程式为 0x - 4 = 0，是一个无效的方程
76        e2.setB(-4);
77        //调用 showEquation 方法，输出 e2 对象表示的一元一次方程式和根
78        e2.showEquation( );
79
```

80   //改变 e2 对象的系数 a, 将其设置为 e1 对象的系数 b, 即对象 e2 表示的方程式变

            //为 2.8x-4=0

81   e2.setA(e1.getB( ));

82   e2.showEquation( );

83

84   //改变 e2 对象的系数 b, 将其设置为 0, 即对象 e2 表示的方程式变为 2.8x = 0

85   e2.setB(0);

86   e2.showEquation( );

87   }

88 }

该程序有着比较详细的注释, 读者参考注释, 应该很容易读懂程序。程序中使用了实型数据和布尔型数据, 有简单的关系运算与算术运算。关于 this 关键词的含义在下面有详细的说明。

在程序的 55 行、57 行、59 行和 62 行等多处使用了转义符\n 和\t, 转义符\n 在程序中起到换行的作用, 转义符\t 在程序中起到输出制表符的作用(类似于按 Tab 键的功能)。因此, 程序在输出一个方程后即换到下一行, 并能将方程的解对齐输出, 如图 3-1 所示。

第 57 行使用了一个对数据求绝对值的数学函数 Math.abs。类 Math 中定义的方法都是静态的。

最后要说明的是, 在面向对象程序设计中, 如果属性和方法是在类的内部使用, 则应该说明为 private 的, 以防止外部访问, 避免因对程序的非法操作而使程序出错。如 42 行判断方程是否有根的方法 private boolean hasRoot( )和 47 行求方程根的方法 private float root( ), 都因只在类 Equation 的内部使用, 所以定义为私有方法。而类的构造方法、设置器、获取器和输出方程与解的方法, 由于在类的外部要使用, 因而被定义为公共的(public)。在面向对象程序设计中, 对外的接口全部应用 public 修饰, 即定义为公共的。

3.2.4 【相关知识】 this 关键字的功能

在案例 3-1 的程序中的多个方法中使用了关键词 this, 如 16～19 行的代码中, 给方程的系数 a 和 b 提供初值的构造方法:

16   public Equation(float a , float b){

17   this.a = a;

18   this.b = b;

19   }

这里的参数 float a 和 float b 是构造方法 Equation(float a , float b)的局部变量, 其有效范围(也叫作用域)是方法 Equation(float a , float b)的内部, 因此, 在 Equation 类中定义的方程系数 a 和 b(在案例 3-1 的第 09 行和第 10 行)在方法 Equation(float a , float b)中被隐藏了。也就是说, 在该方法中直接用 a 和 b, 则表示使用的是方法参数中定义的局部变量 a 和 b。当一个对象在调用 Equation(float a , float b)方法时, 如果要使用属于该对象的属性 a 和 b(也就是在类中定义的 a 和 b), 则要在属性 a 和 b 前面加一个表示对象中 a 和 b 的标记, 这个标记就是 this 关键字。

在 Java 语言中，this 代表当前对象，主要用来以"this.成员"的方式引用当前对象的成员。如在案例程序 3-1 的 85 行，有一个方法调用"e2.setB(0);"，因为是通过 e2 对象去调用方法 setB( )，所以表明当前对象是 e2，即这里的 this 代表 e2 对象。被调用的方法 setB( )的程序段如下：

```
32    public void setB(float b){
33        this.b = b;
34    }
```

则 33 行的 this 就代表了对象 e2，因此"this.b = b；"就表示将给 e2 对象的系数 b 赋一个值，这个值就是由实参提供的局部变量 b 的值。其实，在类中定义的方法，如果使用了属性字段，则在属性字段的前面都有一个默认的 this，如程序的第 28 行有一条"return a;"语句，本质为"return this.a;"，表示返回当前对象的 a 值，只是由于在 27 行定义的方法"public float getA( )"中，没有使用局部变量 a，直接写 a 不会造成混乱，所以省略了 a 前面的 this。

当然，也可以在程序中避免使用 this，如该类的构造方法也可以写成如下的形式：

```
16    public Equation(float p , float q){
17        a = p;
18        b = q;
19    }
```

这种形式很好理解，但它不符合面向对象的编程特点。所以，建议还是使用案例 3-1 中定义的方式。

this 还有一种用法，就是调用该类的其他构造方法，其格式是：

this([参数]);

如果没有参数，则调用无参的构造方法。看下面的示例程序：

```
01 class Point{
02    int x;
03    int y;
04
05    Point(int x){
06        this.x = x;
07    }
08
09    Point(int x, int y){
10        this(x);
11        this.y = y;
12    }
13 }
```

程序的第 10 行使用 this 调用了该类的带 个参数的构造方法"Point(int x)"。

注意 1：如果在一个类的构造方法中，使用 this 调用了该类的其他构造方法，则 this 调用只能放在程序的第一行。如果将上述示例程序的第 10 行和第 11 行进行交换，则程序将发生编译错误。

注意 2：一个类的静态方法体中不能使用 this 关键词。

3.3　简单数据类型的包装类

在面向对象程序设计中"一切皆对象"，而前一节介绍的简单数据类型就不是以对象的形式出现的，这从本质上来说不符合面向对象程序设计的思想。但是，简单数据类型易于理解，可以简化程序的书写，所以简单数据类型在 Java 语言中有其存在的合理性。尽管如此，有时在程序中还是要使用以对象形式表示的简单数据类型(如一个方法只能接收以对象为参数的调用)，Java 语言已经考虑到了这个问题，对每一种简单数据类型都提供了一个与之对应的类，这就是所谓简单数据类型的包装类，本节将介绍这些包装类的知识。

3.3.1　包装类的使用

在 Java 语言类库中，为每一种简单数据类型提供了一个与之对应的类。从本质上来说，这些类就是包装了一个简单类型的数据，并提供了一些对数据进行操作(主要是类型转换)的方法。

1．简单数值类型的包装类

简单数值类型有 double、float、byte、int、long 和 short 共 6 种，它们对应的包装类如表 3-5 所示。

表 3-5　简单数值类型的包装类

类别	字节型	短整型	整型	长整型	单精度实型	双精度实型
简单类型名	byte	short	int	long	float	double
包装类名	Byte	Short	Integer	Long	Float	Double

基本数据类型的包装类还提供了很多非常有用的方法：

(1) 将一个包装类对象转换为任意一种简单数据。

Byte、Double、Float、Integer、Long 和 Short 类都能使用表 3-6 所示的方法，将其包装的数值转化为 byte、double、float、int、long 和 short 等简单数据类型中的任何一种。

表 3-6　包装类转换为简单数据的方法

返回类型	方法名	说　　明
byte	byteValue( )	以 byte 形式返回指定的数值
double	doubleValue( )	以 double 形式返回指定的数值
float	floatValue( )	以 float 形式返回指定的数值
int	intValue( )	以 int 形式返回指定的数值
long	longValue( )	以 long 形式返回指定的数值
short	shortValue( )	以 short 形式返回指定的数值

如将整数 2 包装为一个整型类对象：

```
Integer I = new Integer(2);
```

使用下面的语句可将其赋给一个实型变量：

```
float f = I.floatValue( );   //f = 2.0
```

(2) 使用 toString( )方法可以将一个包装类中的数据转化为字符串。

如将实数 232.34 包装为一个实型类对象：

```
Float F = new Float(232.34f);
```

使用下面的语句可将其赋给一个字符串变量：

```
String    str = F.toString( );
```

(3) 可以将一个由数字组成的字符串转化为简单类型数据。

如将字符串"232" 转化为一个整数：

```
int i = Integer.parseInt("232");
```

由于这些转换方法都是静态方法(即类方法，以 static 修饰)，因此在程序中可以通过类名直接使用，例如：

```
float f = Float.parseFloat("232.12");

double d = Double.parseDouble("267832.1772");

short s = Short.parseShort("232");

long l = Long.parseLong("24532");

byte b = Byte.parseByte("24");
```

(4) 将一个十进制整数转化为其他数制表示的字符串。

Integer 类中定义了将一个十进制整数转化为其他数制表示的字符串的方法：

- toBinaryString(int i)：以二进制无符号整数形式返回一个整数参数的字符串表示形式；
- toHexString(int i)：以十六进制无符号整数形式返回一个整数参数的字符串表示形式；
- toOctalString(int i)：　以八进制无符号整数形式返回一个整数参数的字符串表示形式。

此外，Byte、Double、Float、Integer、Long 和 Short 类都提供了其所对应的简单数据类型所能表示的最大值和最小值的字段(即类的数据成员)，字段名分别为 MAX_VALUE 和 MIN_VALUE，这些字段均为静态的(以 static 修饰)。如下面的语句可分别输出 float 型数据和 short 型数据的最大值和最小值：

```
System.out.println(Float.MAX_VALUE);

System.out.println(Float.MIN_VALUE);

System.out.println(Short.MAX_VALUE);

System.out.println(Short.MIN_VALUE);
```

2. 布尔类型的包装类 Boolean

Boolean 类将基本类型为 boolean 的值包装在一个对象中。一个 Boolean 类型的对象只包含一个类型为 boolean 的字段。此外，此类还为 boolean 和 String 的相互转换提供了许多方法，如：

- parseBoolean(String s)：将字符串参数分析为 boolean 值；
- toString( )：返回表示该布尔值的 String 对象。

3. 字符类型的包装类 Character

Character 类在对象中包装了一个基本类型为 char 的值。此外，该类提供了一些方法，以确定字符的类别(小写字母、数字等)，并提供了将字母由大写转换成小写或由小写转换成大写的方法。常用的方法有：

- charValue( )：返回此 Character 对象包装的字符值；
- isLowerCase(char ch)：确定指定字符是否为小写字母；
- isUpperCase(char ch)：确定指定字符是否为大写字母；
- isDigit(char ch)：指定字符是否为数字；
- isLetter(char ch)：指定字符是否为字母。

举例如下：

```
System.out.println(Character.isLowerCase('A'));    //输出 false
System.out.println(Character.isUpperCase('A'));    //输出 true
System.out.println(Character.isDigit('A'));    //输出 false
System.out.println(Character.isLetter('A'));    //输出 true
```

3.3.2　创建包装类对象

创建包装类对象非常简单，归纳起来有如下几种方法：

(1) 使用每个包装类的构造方法直接创建。例如：

```
Boolean b3 = new Boolean(true);
Character c3 = new Character('a');
Integer i3 = new Integer(2);
```

(2) Java 的每个包装类都提供了一个叫 valueOf( )的静态方法，使用该静态方法可以很方便地产生包装类的对象。例如：

```
Boolean b4 = Boolean.valueOf(true);
Character c4=Character.valueOf('a');
```

(3) 使用 JDK5.0 的"自动打包"功能创建。在 JDK5.0 以后的版本中，为了简化包装类的使用，提供了从基本数据类型到包装类对象的自动转化功能，这就是所谓的"自动打包"。例如：

```
Integer i4 = 3;
Boolean b4 = true;
```

同时，也提供了从包装对象到基本数据类型的自动转化功能，这就是所谓的"自动解包"。例如：

```
Float f4 = 3.34f;
System.out.println(f4 * 34);
```

按照 Java 语言的语法，一个对象 f4 是不能与一个整数 34 相乘的，但"自动解包"功能可以将对象 f4 中包装的实型数 3.34 取出，然后完成与另外一个数相乘的运算。

3.3.3　【案例 3-2】　数制转换器

1. 案例描述

编写一个将十进制整数转换为其他进制整数的类。程序执行时，输入一个整数后，将其分别转换为二进制、八进制和十六进制后输出。

2. 案例效果

案例程序执行的效果如图 3-2 所示(注意，窗口中第 1 行所示的内容)。在执行程序时，从命令行输入的十进制数为 99，第 2 次执行程序时输入的十进制数为 78446。

图 3-2 案例 3-2 的执行结果

3. 技术分析

编写该程序时，可以自己定义一个包装整数的类，在类中定义一个私有成员，存放将要转换的整数，设计一个用于将十进制整数转换为二进制、八进制和十六进制数的方法。

4. 程序解析

下面是案例 3-2 的程序代码。

```
01 //***********************************************
02 //案例:3.2  程序名：IntWrap.java
03 //功能:将一个整数以不同的数制输出
04 //***********************************************
05
06 public class IntWrap{
07     private int i;
08
09     public IntWrap( ){ }
10
11     public IntWrap(int i){
12         this.i = i;
13     }
14
15     public String showNumber( ){
16         return   "\n 二进制： " + Integer.toBinaryString(i) +
17                 "\n 八进制： " + Integer.toOctalString(i) +
18                 "\n 十六进制： " + Integer.toHexString(i);
19     }
20
21     public static void main(String args[ ]){
22 //从命令行输入的整数，被自动保存在字符串数组 args 中，其中第 1 个字符串保存在 args[0]中
23         int t = Integer.parseInt(args[0]);
```

```
24          IntWrap c = new IntWrap(t);
25          System.out.println("十进制： " + t + c.showNumber( ));
26      }
27 }
```

该程序比较简单，请读者自己分析。

3.3.4　【相关知识】　包

本节介绍了简单数据类型的包装类，这些类是 Java 语言标准类库中已经定义好的，可以在程序中直接使用。为了方便用户编程，Java 语言不但定义了简单数据类型的包装类，还定义了大量的、各种功能的其他类，这些类的组织与管理是 Java 语言中一个很重要的内容。

1. 为什么要使用包

首先，不同功能的类可能使用了相同的类名，这样会引起混乱。如一个类的类名为 Table，一个编程人员用它表示一个有关表格类的类名，而另一个编程人员用它表示一个有关桌子的类。其次，如果将标准类库中的几千个类放在同一个文件夹中，则不便于用户查找与使用。因此，在 Java 语言中，标准类库中的类都被放在一个个包中，也就是说每一个类都属于一个特定的包，如简单数据类型的包装类位于 java.lang 包中。

2. 什么是包

包(Package)是将一组相关类组织起来的集合。使用包的好处是：

(1) 使得功能相关的类易于查找和使用(同一包中的类通常是功能相关的)。

(2) 避免了命名的冲突(不同包中，可以有同名的类)。

(3) 提供一种访问权限的控制机制(一些访问权限以包为访问范围，在第 5 章中介绍)。

包在操作系统下其实与文件目录相对应，如图 3-3 所示的简单数据类型的包装类在 java.lang 包中，则对应操作系统下相应 java 目录中的 lang 目录，在 lang 目录中有 Boolean、Byte 等类。

图 3-3　包结构示意图

3. 包的创建

创建一个包很简单，只需在定义了类的源程序文件的第一行使用 package 语句即可。其格式为

    package   包名;

程序中使用了该语句后，在当前文件夹下就应该创建与该包名对应的目录结构，以存放这个包中定义的所有类编译后的字节代码文件(.class 文件)。例如，在下面的 Java 程序中定义了两个类 A 和 B(类的内容可以为空，这在 Java 程序中是允许的)：

```
01 package a.b.c;
02 class A{
03     public static void main(String args[ ]){
04             System.out.println("package example.");
05     }
06 }
07 class B{ }
```

程序文件名为 A.java 时，直接使用下面的编译命令将不能创建与包名对应的目录结构：

    javac   A.java

在这种情况下，需要用户手工创建与包名对应的目录结构，并将编译后的字节代码文件复制到相应的目录中。

使用下面带参数"-d"的编译命令：

    javac -d . A.java

在编译通过后，会自动建立与包名对应的目录结构，并将字节代码文件放入包中，如图 3-4 所示。

图 3-4 包结构图

使用包时要注意以下问题：

(1) 编译包的命令为"javac -d　要创建包的父目录 *.java"(该例中用"."代替程序文件所在的当前目录)。

(2) 包名中的层次要用"."分隔。

(3) 一个包创建好后，在执行时要带包名。如执行上面程序的命令为：

    java   a.b.c.A

(4) 前面所有的案例中都没有创建包(即省略了 package 语句)，则 Java 系统认为类在默

认包中，即当前目录。所以，可以认为任何一个 Java 类都在某个包中。

(5) package 语句只能是一个源程序文件中的第 1 条语句(程序中的注释和空行除外)。也可以这样说，一个源程序文件中只能有一条 package 语句。

(6) 在工程实践中，包名常用公司名或公司的网址，这样可以保证全世界 Java 程序员设计的类不会发生命名冲突，如 com.sun.swing、com.borland.jdbc 等。

4. 包中类的引用方法

在一个程序中若要使用另一个包中的类，则可以使用如下两种方式：

(1) 长类名方式(long name)。长类名方式要在类名前加上包名称，其格式如下：

包名.类名

如要使用 MyPackage 包中的 Circle 类，则可以使用 MyPackage. Circle。

(2) 短类名方式(short name)。短类名方式需要在程序的前面加上 import 语句，其格式如下：

import 包名.类名;

或使用如下格式：

import 包名.*;

前一种格式只引入了一个指定的类。如在程序的开始部分使用了下面的 import 语句，则程序中只能使用 MyPackage 包中的 Circle 类：

import MyPackage.Circle;

如果在程序中要使用 MyPackage 包里的任何一个类，则可以使用如下的语句：

import MyPackage.*;

注意：java.lang 包中的类在程序中会被自动引入，不需要使用 import 语句。

3.4 字符串数据类型的使用方法

Java 语言中的复杂数据类型，其实就是类类型。前面介绍过，类是一种新型数据类型，在面向对象程序设计中，经常会遇到一个类的成员变量属于某种类类型的情况。前面介绍的案例中多次使用到了 String 类型，String 类型就是一种常用的类类型。

3.4.1 字符串的创建与操作

1. 字符串的概念

字符串是由 Unicode 字符集中的字符组成的字符序列，如 "This is an apple."。在 Java 语言中，字符串不是基本数据类型，而是一个类。

由于在程序中经常使用字符串这种类类型，因此在 Java 语言中已经定义了字符串类型，类名为 String，用户可以在程序中直接使用 String 类型定义一个字符串。

2. 创建字符串

由于字符串也是对象，因此创建一个 String 类的实例可以用如下的格式：

格式 1：String strName1 = new String("This is an apple.");

也可以写成如下的简单格式：

格式 2：String strName2 = "This is an apple.";

在 Java 语言中，可以创建一个空字符串：

String strName3 = " ";

表示 strName3 字符串的长度为 0，即不包含任何字符。

字符串变量其实是一个对象类型的变量。任何一个对象类型的变量，都保存着一个内存地址，这个地址指向存放该实例对象数据的内存区，如对于"格式 1"中创建字符串的过程，可以用图 3-5 表示。

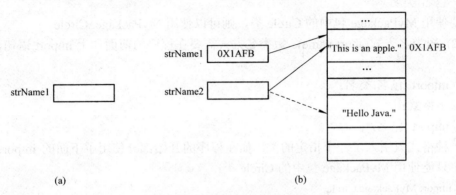

图 3-5　创建字符串对象的过程

执行格式 1 语句的过程是，声明一个字符串变量 strName1，Java 虚拟机就为该变量分配一个用于保存指向字符串常量的内存地址(这个内存地址也叫一个引用)，如图 3-5(a)所示，目前该内存的内容为空。在创建字符串的语句 new String("This is an apple.")执行后，Java 虚拟机先在内存中创建一个字符串常量"This is an apple."，如图 3-5(b)所示(图中假设分配给该字符串常量的内存地址从十六进制数 0X1AFB 开始)，然后让字符串变量 strName1 指向"This is an apple."对象，即将地址 0X1AFB 填入 strName1 变量中，完成格式 1 中语句的执行过程。

"This is an apple."对象在内存中创建后，其值不能被改变，也就是说，其中的任何一个字符不能被改动，即创建的是一个字符串常量。

格式 2 创建字符串变量 strName2 的过程是，在声明字符串变量 strName2 后，Java 虚拟机就查找内存中有没有一个"This is an apple."字符串常量，如果有，则让它直接指向该常量。由于格式 1 中已经创建了"This is an apple."字符串常量，因此 strName2 也指向了"This is an apple."字符串常量，如图 3-5(b)中 strName2 实线所指的内容。

如果在程序中又执行了一条如下的语句：

strName2 = "Hello Java.";

则由于在内存中没有"Hello Java."字符串常量，因此 Java 虚拟机就创建一个"Hello Java."字符串常量，然后 strName2 对象会指向这个新的字符串常量，如图 3-5(b)虚线所指的内容。

由以上分析可知，String 类型的对象所指向的字符串内容不能被改变(如"This is an apple."对象中，不能修改其中任何一个字符)，所以，有些资料将 String 类型的字符串叫常量字符串。但要注意，String 类型的对象变量本身可以根据程序执行的情况指向不同的字符串常量，如上面提到的 strName2，在不同的时刻指向了不同的字符串常量，前面指向了"This is an apple."对象，后面指向了"Hello Java."对象。

3．字符串常用的方法

(1) 字符串连接。字符串连接用"+"或 concat(Srting str)。例如：

```
strName3 = strName1+ " is the name of an " + strName2;
strName3 = strName3.concat("welcome");
```

(2) 求字符串的长度。求字符串的长度用 length( )。例如：

```
int numLength = strName2.length( );
```

(3) 取子串。取一个字符串的子串用 substring( )。它有两种格式：

● String substring(int beginIndex);

该方法返回一个新字符串，此字符串从指定的 beginIndex 处开始，一直到字符串结束。

● String substring(int beginIndex, int endIndex);

该方法返回一个新字符串，此字符串从指定的 beginIndex 处开始，一直到 endIndex -1 处的字符结束，因此，该子字符串的长度为 endIndex−beginIndex。例如：

```
String s1 = "computer";
String s2 = s1.substring(3);          //s2 为"puter"
String s3 = s1.substring(3,6);        //s3 为"put"
```

(4) 字符串比较。比较两个字符串常用如下的两种方法：

● int compareTo(String anotherString);

如果参数字符串等于此字符串，则返回 0 值；如果按字典顺序此字符串小于字符串参数，则返回一个小于 0 的值；如果按字典顺序此字符串大于字符串参数，则返回一个大于 0 的值。

如果在比较字符串时不考虑字母的大小写，则可以使用如下的方法：

● boolean equalsIgnoreCase(String anotherString);

将此 String 与参数中所给的另一个 String 进行比较，比较时不考虑字母的大小写。如果两个字符串的长度相等，并且两个字符串中的相应字符都相同(忽略大小写)，则认为这两个字符串是相等的。例如：

```
System.out.println("put".equalsIgnoreCase("PUT"));   //输出的结果为 true
```

(5) 判断字符串的前缀和后缀。判断字符串的前缀和后缀是否与参数中指定的字符串相同：

```
boolean startsWith(String prefix);
boolean endsWith(String suffix);
```

例如：

```
System.out.println("computer".startsWith("com"));          //输出 true
```

(6) 查找字符串中的一个字符(找到则返回出现的位置，没找到则返回-1)。

```
int indexOf((int)ch);                        // (int)为强制类型转换
int indexOf((int)ch,int fromIndex);          //从 fromIndex 位置开始查找
int lastIndexOf((int)ch);                    //从字符串的结尾开始向前查找
```

```
int lastIndexOf((int)ch,intfromIndex);    //从 fromIndex 位置开始向前查找
```

(7) 查找字符串中的一个子串(找到返回出现的位置，没找到返回-1)。

```
int indexOf(String str);
int indexOf(String str,int fromIndex);     //从 fromIndex 位置开始查找
int lastIndexOf(String str);               //从字符串的结尾开始向前查找
int lastIndexOf(String str,int fromIndex); //从 fromIndex 位置开始向前查找
```

(8) 其他的一些常用方法。

```
char charAt(int index);                    //取得指定位置的字符
String replace(char oldChar,char newChar); //返回结果为一个用新字符替换旧字符后的字符串，
                                           //原字符串对象不变
String toLowerCase( );                     //返回值为将此字符串中的所有字母都转换为小写
                                           //后的字符串，原字符串对象不变
String toUpperCase( );                     //返回值为将此字符串中的所有字母都转换为大写
                                           //后的字符串，原字符串对象不变
String trim( );                            //取掉字符串前后的空格并生成新串
```

在 String 类中提供了很多非常有用的方法，这里只列举了一些比较常用的，目的是为了说明在 Java 语言的类库中所定义的大部分类都提供了功能齐全的操作方法。使用时一定要查找 JDK 帮助文档，关于帮助文档的用法见 3.6 节。

注意 1：与 C 语言和 C++ 语言不同，String 不以 \0 作为结束标志。

注意 2：字符串中第 1 个字符的序号为 0，而不是 1。

3.4.2 【案例 3-3】 身份证号码中的秘密

1. 案例描述

一个身份证号码中包含着本人所在地区、出生日期、性别等重要信息。在开发一个软件的过程中，要从身份证号码中取出一个人的生日和性别信息。

2. 案例效果

案例程序的执行效果如图 3-6 所示。图中第 3 行输出了一个身份证号码，第 4 行和第 5 行分别输出了该身份证号码中所包含的生日和性别信息。

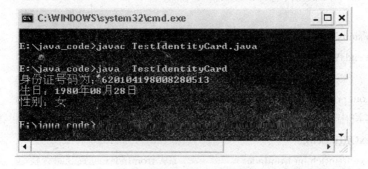

图 3-6 案例 3-3 的执行结果

3. 技术分析

由于身份证号码是由数字组成的字符串，且长度固定，个人的有关信息被包含在这个字符串中。可以使用本节介绍的有关字符串操作的方法取出身份证中包含的有关信息。该程序的主要问题是设计一个身份证号码类，该类中要定义一个私有数据成员(即身份证号码)、一个从身份证号码中取出生日的方法和一个从身份证号码中取出性别的方法。

4. 程序解析

下面是案例 3-3 的程序代码。

```
01 //***********************************************
02 //案例:3.3  程序名：TestIdentityCard.java
03 //功能:从一个身份证号码中取出个人信息
04 //***********************************************
05
06 //身份证号类
07 class IdentityCard{
08      private String identityNumber;
09
10      //无参数的构造方法
11      public IdentityCard( ){ }
12
13      //有参数的构造方法
14      public IdentityCard(String identityNumber){
15          this.identityNumber = identityNumber;
16      }
17
18      //身份证号码设置器
19      public void setIdentityNumber(String identityNumber){
20          this.identityNumber = identityNumber;
21      }
22
23      //身份证号码获取器
24      public String getIdentityNumber( ){
25          return identityNumber;
26      }
27
28      //获得生日的方法
29      public String getBirthday( ){
30          return identityNumber.substring(6,10) + "年" +
31                  identityNumber.substring(10,12) + "月" +
32                  identityNumber.substring(12,14) + "日";
```

```
33     }
34
35     //获得性别的方法
36     public char getSex( ){
37          int temp = identityNumber.codePointAt(identityNumber.length( ) – 1) – 0x0030;
38          if((temp % 2) == 0)
39             return '男';
40          else
41             return '女';
42     }
43 }
44
45 //测试类
46 class TestIdentityCard{
47     public static void main(String args[ ]){
48          IdentityCard MyID = new IdentityCard("620104198008280510");
49          System.out.println("身份证号码为：" + MyID.getIdentityNumber( ));
50          System.out.println("生日：" + MyID.getBirthday( ));
51          System.out.println("性别：" + MyID.getSex( ));
52
53     }
54 }
```

程序中，第 07～43 行定义了一个身份证号码类，该类在 08 行定义了一个私有成员变量 identityNumber，表示身份证号码。在 getBirthday 方法中，30 行、31 行和 32 行分别使用了 String 类取子串的方法 subString，取出生日中的年、月、日。在 36 行定义了求性别的方法，使用了 String 类的 codePointAt 方法(注意只有 JDK1.5 后的版本才可使用)，该方法返回指定位置处的字符，但返回值是 Unicode 码表示的整数，因为字符 0 的 Unicode 码为十六进制数 0030，所以 37 行的表达式中要减去该数，将一个字符表示的数字转换为对应的整数，该方法中假设身份证号码的最后一位表示性别。

3.4.3 【相关知识】 在程序中使用可变字符串

在 java.lang 包中定义的 StringBuffer 类比 String 类更灵活，可以在存放字符串的缓冲区中添加、插入或追加新内容，也就是说字符串的内容可以改变。下面介绍 StringBuffer 类的使用方法。

1. StringBuffer 的构造方法

(1) public StringBuffer( )。该方法构造一个没有字符的字符串缓冲区，缓冲区的初始容量为 16 个字符。例如：

StringBuffer strBuf = new StringBuffer( );

(2) public StringBuffer(int length)。该方法构造了一个没有字符的字符串缓冲区，缓冲区的初始容量由 length 确定(这里的长度为 12)。例如：

```
StringBuffer strBuf = new StringBuffer(12);
```

(3) public StringBuffer(String string)。以给定参数 string 构造一个字符串缓冲区，初始容量为字符串 string 的长度再加 16 个字符。例如：

```
StringBuffer strb=new StringBuffer("java");
```

该语句创建了一个容量为 20 的字符串缓冲区，缓冲区中存放的字符串为"java"。

2. 在可变字符串中追加和插入新内容

(1) 在字符串末尾追加新内容。StringBuffer 中有 13 个重载的 append 方法(指 JDK1.5)，该方法可以在字符串末尾追加新内容，加入的内容可以是 boolean、char、double、float、int、long、string 等类型的新内容。例如：

```
StringBuffer sb = new StringBuffer("java");
System.out.println(sb.append(true));
```

执行这两行语句后，sb 的内容变为"javatrue"，并将该字符串输出。

(2) 在字符串中插入新内容。StringBuffer 中有 12 个重载的 insert 方法(指 JDK1.5)，该方法可以在字符串中插入新内容。将一个字符插入一个字符串的指定位置可以使用如下格式的方法：

```
insert(int offset, char c);
```

第 1 个参数 offset 指出将要插入字符的位置，插入后此序列的长度将增加 1。

其他常用的插入方法有：

- StringBuffer insert(int offset, double d);　//将 double 参数的字符串表示形式插入此序
　　　　　　　　　　　　　　　　　　　　　　　　//列中
- StringBuffer insert(int offset, float f);　//将 float 参数的字符串表示形式插入此序列中
- StringBuffer insert(int offset, int i);　　//将 int 参数的字符串表示形式插入此序列中
- StringBuffer insert(int offset, long l);　//将 long 参数的字符串表示形式插入此序列中

3. StringBuffer 的其他常用方法

- public int capacity( );　　　　　　//返回字符串缓冲区的当前容量
- public StringBuffer reverse( );　//反转字符串缓冲区中的字符串
- public int length( );　　　　　　//返回缓冲区中字符的个数
- public charAt(int index);　　　　//返回字符串缓冲区中指定位置的字符
- public synchronized void setCharAt(int index, char ch);　//将字符串缓冲区中指定位置的字符设置为 ch 表示的字符。

3.5　数组数据类型的使用方法

数组是程序设计中常用的一种数据类型。Java 语言中的数组是由相关元素组成的对象，因此数组必须以对象的方式进行操作。一个数组要先声明，在实例化后才可以在程序中使用。

3.5.1 在程序中使用数组的方法

数组是相同类型的数据元素按一定顺序组成的一种复合数据类型，元素在数组中的相对位置由下标来指明。数组具有如下特点：

● 一个数组中所有的元素都属于同一种类型；
● 数组中的元素是有序的；
● 数组中的一个元素通过数组名和元素下标来确定。

1. 声明数组

Java 语言中的数组是对象，要创建数组，必须先声明数组。声明数组的格式如下：

    类型　数组名[ ]；

或使用下面的格式：

    类型[ ]　数组名；

类型可以为 Java 语言中任意的数据类型，包括简单类型和类类型。例如：

    int　intArray[ ]；
    String　strName[ ]；

或使用如下格式：

    int[ ]　intArray；
    String[ ]　strName；

以上声明数组的两种格式对于 Java 编译器来说，效果是完全一样的，但第 2 种数组的声明格式更加符合 Java 语言中数组是对象的概念(如可以将 int[ ] 看做一个整体，表示要说明一个整型数组对象)。因此，本书中所有的数组声明使用第 2 种格式。

2. 实例化数组

对象的声明不能创建对象本身，而只能创建一个对象的引用(类似于 C 语言中的指针，即存放对象实体在内存中的首地址)，该引用可被用来引用数组。例如，有下面的数组声明：

    int[ ]　intArray

该数组在声明后的示意图如图 3-7(a)所示。

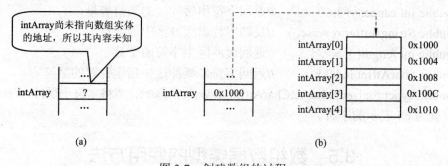

图 3-7　创建数组的过程

intArray 可视为数组类型的变量，此时这个变量并没有包含任何内容，编译器仅会分配一个内存单元给它。该内存单元用来保存指向数组实体的地址，但在未被进行实例化之前，其内容为空(空值在 Java 语言中用 null 表示)。

数组声明之后，就要给数组元素分配存储空间，即实例化数组。其格式如下：

　　　　数组名　= new　类型[数组长度];

如对于前面声明的 intArray 数组，实例化的语句为。

　　　　myArray = new int[5];

该行语句执行后，系统会分配 5 个保存整数的内存空间，并把此内存空间的引用地址赋给 intArray 变量。其内存分配的原理如图 3-7(b)所示(图中假设数组在内存中的地址为 0x1000)。

　　在程序设计中，可以将以上数组的声明和实例化合并成一条语句：

　　　　int[ ]　　myArray = new int[5];

这样在声明数组的同时便分配内存给数组。在 Java 语言中，因整数数据类型所占用的字节为 4 个，而整型数组 intArray 有 5 个数组元素，所以上例中占用的内存共有 4×5=20 个字节。

　　注意 1：Java 语言中不允许使用类似 C 语言中"int a[10]"这样的语句进行数组说明。

　　注意 2：数组一旦创建后，其大小不可调整，但可使用相同的引用变量来引用一个全新的数组。例如：

　　　　int[ ] elements = new int[6];　　　　　　　// elements 指向一个有 6 个元素的数组对象

　　　　elements = new int[10];　　　　　　　　// elements 指向了另外一个有 10 个元素的数组对象

在这种情况下，第一个数组对象被丢失(如果没有别的引用，则变为垃圾)。

3. 数组元素的使用

　　数组中各元素是有先后次序的，每个数组元素用数组的名字和它在数组中的位置来表示。在上面创建的数组 intArray 中，intArray[0]表示数组 intArray 中的第一个元素，intArray[1] 表示数组 intArray 中的第二个元素，依次类推，数组中的最后一个元素为 intArray[4]，如图 3-7(b)所示。

　　数组是通过数组名和下标来使用的，其格式如下：

　　　　数组名[下标]

　　使用数组时，要注意以下几个问题：

　　● 下标只能为非负的整型常数或整型表达式，其数据类型可以为 byte、short 或 int 型，但不能为 long 型。

　　● 在 Java 语言中，[ ]是下标运算符(也叫索引运算符)。与+和−等运算符一样，[ ]运算符也有优先级，它在所有运算符中的优先级最高。

　　● 下标都从 0 开始。每个数组对象在创建后都有一个名叫 length 的属性，该属性自动保存数组的长度。如要表示上例中 intArray 数组的长度，可写为 intArray.length，则数组中最后一个元素的下标是 intArray.length−1。length 属性的值常被用来检查程序运行时数组的下标是否越界。如果下标超出了数组元素的使用范围(越界)，则在运行程序时，将出现类似于如下的错误信息：

　　　　Exception in thread "方法名"

　　　　java.lang.ArrayIndexOutOfBoundsException

4. 初始化数组

　　初始化数组就是要使数组中的各个元素有确定的数值。数组元素的初始化有两种方式：默认初始化和列表初始化。

(1) 默认初始化。默认初始化是在数组被实例化后，数组中的每个元素即被自动初始化为系统默认的数据，如表 3-7 所示。

表 3-7 数组元素的默认初始化值

数组元素类型	初始值
byte、short、int 、long	0(long 为 0L)
float、double	0.0(float 为 0.0F, double 为 0.0D)
char	'\0'
boolean	false
引用类型	null

尽管数组元素在实例化后，被初始化为表 3-7 所示的缺省值，但在程序设计中，最好还是对数组元素进行显式的初始化。

(2) 列表初始化。若想在数组声明时直接给出数组的初值，可以用列表初始化。列表初始化是在数组声明的后面，加上由大括号括起来的初值列表，其格式如下：

  数据类型[ ] 数组名 = {初值 0，初值 1，…，初值 n}；

大括号里的初值会依序指定给数组的第 0、1、…、n 个元素。此外，声明时并不需要将数组元素的个数列出，编译器会根据所给初值的个数自动确定数组的长度。例如：

  int[ ] score = {90, 78, 89, 78, 67, 100};

  String[ ] name = {"ZhangHong", "LiJu", "ZhongKai", "ZouHua"};

3.5.2 【案例 3-4】 简单的计算器

1. 案例描述

编写一个简单的计算器程序，可以进行两个整数的加、减、乘、除运算。

2. 案例效果

案例程序的执行效果如图 3-8 所示。程序在执行时，操作数和运算符之间要用空格分隔。如果输入的数据格式不正确，则自动提示程序运行时的正确格式。

图 3-8 案例 3-4 的执行结果

3. 技术分析

本案例中的运算式由两个运算数据和一个操作符组成，因此要定义的类应该有 3 个私有成员，分别表示两个运算数据(operand1 和 operand2)和一个操作符(operator)。在该类中还要定义进行运算的方法和输出结果的方法。

通过前面的案例程序，大家比较熟悉程序中主函数 main 的参数是 String 类型的数组，即"String[ ] args"。该数组名为 args，其下标元素分别为 args[0]、args[1]、args[2]……args 数组的长度为 args.length，args.length 的值究竟为多少，要看程序在执行时从命令行输入的参数个数。在该程序中，要从命令行输入两个运算数和一个操作符，所以属性 args.length 的值应该为 3，即该程序中，args 数组只有 3 个元素 args[0]、args[1]和 args[2]。Java 语言规定命令行参数中输入的多个字符串要以空格分隔，该程序就可以利用命令参数输入运算式。

4. 程序解析

下面是案例 3-4 的程序代码。

```
01 //**********************************************************
02 //案例:3.4  程序名：SimpleCal.java
03 //功能:简单的计算器，可以进行两个整数的加、减、乘、除运算
04 //**********************************************************
05
06 class SimpleCal{
07     //operand1 和 operand2 保存两个运算数据
08     private int operand1,operand2;
09     //operator 保存运算符
10     private char operator;
11
12     SimpleCal( ){}
13
14     //初始化运算式的构造方法
15     SimpleCal(int operand1,char operator,int operand2){
16         this.operand1 = operand1;
17         this.operand2 = operand2;
18         this.operator = operator;
19     }
20
21     //求运算式的结果
22     private int cal( ){
23         int result = Integer.MIN_VALUE;
24         if(operator == '+')
25             result = operand1 + operand2;
26         else if(operator == '-')
```

```
27          result = operand1 - operand2;
28        else if(operator == '*')        //由于系统原因，得不到相乘结果，读者分析如何修改
29          result = operand1 * operand2;
30        else if(operator == '/'){
31            //分母为 0 时进行的处理
32            if(operand2 == 0){
33              System.out.println("分母不能为 0！ ");
34                  System.exit(-1);
35            }
36          result = operand1 / operand2;
37        }
38        else {
39            System.out.println("输入的运算符错误！ ");
40            System.exit(-1);
41        }
42        return result;
43    }
44
45  //输出运算式和运算结果
46  public void showResult( ){
47        System.out.println("运算结果： " + operand1 + operator + operand2 + " = " + cal( ));
48    }
49
50  public static void main(String[ ] args){
51      //输入运算式的格式不正确时，提示正确的操作格式，并结束程序运行
52      if(args.length != 3){
53            System.out.println("请使用格式：java SimpleCal 操作数 1 运算符  操作数 2");
54            System.out.println("例如：java SimpleCal 3 + 4 ");
55            System.out.println("注意：操作数和运算符之间要用空格分隔。 ");
56            System.exit(-1);
57      }
58
59      //根据命令行的参数，构造一个运算式对象 exp
60      SimpleCal exp = new SimpleCal(Integer.parseInt(args[0]),
61                                          args[1].charAt(0) ,
62                                          Integer.parseInt(args[2]));
63      //输出运算式和运算结果
64      exp.showResult( );
65    }
66 }
```

该程序的第 23 行给保存运算结果的变量 result 赋了一个最小的整数(即 Integer.MIN_ VALUE)，当然也可以赋其他的值，如赋 0。

第 34 行、40 行和 56 行在程序遇到问题不需要再继续执行时，使用了 Java 类库中 System 类提供的终止程序执行的静态方法 exit( )。根据惯例，非零的状态码表示程序异常终止，所以这里给出的参数为−1，其实其他的整数值也可以。

第 60 行和 62 行是将命令行参数提供的两个操作数使用 Integer.parseInt 方法将其转换成整数，61 行的 args[1].charAt(0)表示取命令行参数中的运算符。

3.5.3 【相关知识】 数组的高级操作

1. 数组拷贝

Java 语言的类库中提供了一个 System 类，该类包含了一些非常有用的字段(在很多资料中，将类的数据成员称为字段)和方法。用户在程序中不能实例化 System 类的对象，但由于 System 类定义的字段和方法都是静态的，因此可以在程序中直接使用(具体内容可查阅下一节介绍的 JDK 帮助)。

在 System 类中提供了一个特殊方法，用于拷贝数组中的元素，该方法名为 arraycopy。下面举例说明该方法的用法。例如，下面定义了两个数组 a 和 b:

```
int[ ]   a = { 1, 2, 3, 4, 5, 6 };
int[ ]   b = { 10, 9, 8, 7, 6, 5, 4, 3, 2, 1 };
```

执行下面的语句：

```
System.arraycopy(a, 0, b, 0, a.length);
```

则数组 b 的内容变为：1, 2, 3, 4, 5, 6, 4, 3, 2, 1。该行语句的含义是将 a 数组中从下标为 0 的元素开始，复制 a.length 个元素到 b 数组中，b 数组从下标为 0 的元素开始存放 a 数组中的元素。

方法 System.arraycopy 的使用格式可以总结如下：

```
System.arraycopy(src, srcPos, dest, destPos, length)
```

该方法从数组 src 的索引 srcPos 位置起，复制 length 个元素到数组 dest 的从索引 destPos 位置开始的地方。

注意 1: 目标数组必须在调用 arraycopy 方法之前分配内存。

注意 2: 目标数组的内存空间必须有足够的容量来容纳被复制的数据。

2. 数组类 Arrays

Java 语言类库的"java.util"包中，定义了一个数组类 Arrays，该类提供了一些方法用于数组中元素的排序、查找等操作，在编程时可以直接使用这些方法。

(1) 排序。在程序中，可以直接使用类 Arrays 提供的某个 sort 方法(sort 有重载的多个方法，见 JDK 帮助)来对数组排序。sort 方法常见的使用格式如下：

```
Arrays.sort(a)
```

该方法用快速排序法对指定的数组 a 进行排序，其中数组 a 是类型为 char、byte、short、int、long、float、double 或 boolean 的一个数组。如要对前面定义的数组 b 进行排序，其语句为：

```
Arrays.sort(b);
```

(2) 查找。如果要从数组中查找一个量，则可以使用 Arrays 提供的 binarySearch 方法。

其常用格式如下：

　　　　　Arrays.binarySearch(a , v);

该方法在指定的数组 a 中查找值为 v 的元素。其中数组 a 是类型为 char、byte、short、int、long、float、double 或 boolean 的一个数组，v 是一个数据类型与数组 a 的元素类型相同的数。

　　该方法如果在数组 a 中查找到值为 v 的元素，则返回该元素的下标；如果没有找到匹配的元素，则返回一个负值 r。r 值的意义是：位置$-(r+1)$为保持数组有序时，值为 v 的元素应该插入的位置。如要从数组 b 中查找 6，则语句为：

　　　　　Arrays.binarySearch(b , 6);

　　(3) 填充。可以用指定的数对一个数组进行填充，其语句的常用格式为：

　　　　　Arrays.fill(a, v);

该方法用指定的值 v 来填充数组 a，执行该方法的结果是数组 a 中所有元素的值都变成 v。其中数组 a 是类型为 char、byte、short、int、long、float、double 或 boolean 的一个数组。如要用 10 对数组 b 填充，可以使用下面的语句：

　　　　　Arrays.fill(b, 10);

　　注意：由于 Arrays 类在包 java.util 中，因此在使用该类时，要用下面的语句引入 Arrays 类：

　　　　　import java.util.Arrays;

或　　　　import java.util.*;

技能拓展

3.6　J2SDK 帮助文档的使用

　　Java类库中提供了很多编程时非常有用的类，这些类保存在Java的有关包中，由这些包构成了Java API(Application Program Interface)。学习Java语言时，除了要学习Java语言的基本编程知识外，另一个重要的内容就是要学习Java API的使用知识。由于Java API中的类非常多，而且还在不断发展中，书本上的内容很难将Java API中的类进行全面而详细的介绍，因此，在需要时查看J2SDK帮助文档(常简称为JDK帮助文档)是学习Java API类最有效、最直接的方法。本节将介绍J2SDK帮助文档的使用技巧。

3.6.1　J2SDK 帮助文档的获得

　　编程人员可以从Sun公司的网站上下载J2SDK帮助文档，下载后的文档为html格式的文档。从JDK1.5以后的版本，Sun公司也提供了中文版的帮助文档。现在，中文版的J2SDK帮助文档被Java编程人员编译成了chm格式的文档，使用起来非常方便，读者学习时可以从网上下载chm格式的帮助文档(本节讲解J2SDK帮助文档的内容就是这种格式的文档)，下载后的文档大小约为30多兆字节。

3.6.2　J2SDK 的使用技巧

　　图3-9是启动J2SDK帮助文档后的界面。下面以Integer类为例说明J2SDK帮助文档的使用方法。在左边"索引"选项卡的文本框中输入Integer，则会找到Integer类的帮助信息，如图3-9所示。

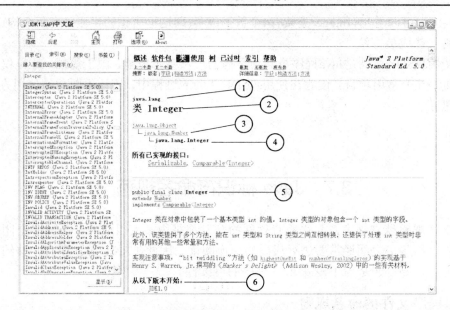

图 3-9　J2SDK 帮助界面

为了便于说明，在图3-9中标了一些数字编号，下面依次介绍它们的含义：

① 表示 Integer 类在 java.lang 包中。

② 表示当前帮助界面显示的是 Integer 类的帮助。

③ 表示 Integer 类的父类是 Number(父类的概念在第 5 章中介绍)。

④ 表示 Integer 类的长类名方式为 java.lang.Integer。

⑤ 表示 Integer 类定义的首部。

⑥ 表示 Integer 从 JDK1.0 版本就提供了该类的定义。

在图3-9右边显示帮助内容的窗口中，第3行前面的"摘要：嵌套|字段|构造方法|方法"表示当用鼠标单击"字段"、"构造方法"或"方法"链接时，可以显示Integer类定义的相关帮助内容。这里只提供简要的帮助，如单击"字段"链接点，将显示如图3-10所示的窗口。

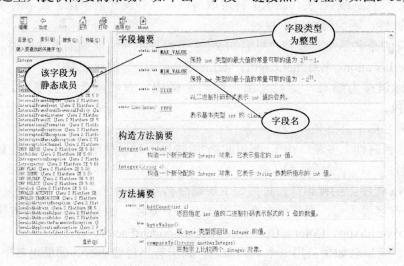

图 3-10　Integer 类的字段帮助界面

从图3-10中可以看出，Integer类共有4个数据成员(即这里所谓的字段)，有两个构造方法，还有其他的一些成员方法。

熟练使用J2SDK帮助是Java程序员必须掌握的一项基本技能，限于篇幅，这里仅介绍了J2SDK帮助的几个常用项目。读者在使用J2SDK帮助的过程中，应该不断总结使用方法，以提高操作速度。

工程规范

3.7　Java 标识符命名规范

当今软件规模越来越大，几乎所有软件的开发都是由多人组成的一个或多个团队协作完成的，所以程序员之间经常要进行代码的交换阅读。因此，Java 源程序有一些约定成俗的命名规定，主要目的是为了提高 Java 程序的可读性。

3.7.1　源程序文件的命名规则

如果在源程序中包含公共类的定义(即类的定义以 public class 开始，这样的类可以被其他的任何类使用)，则该源程序文件名必须与该公共类的名字完全一致，字母的大小写都必须一样。这是 Java 语言的一个严格规定，如果不遵守，在编译程序时就会出错。因此，在一个 Java 源程序中至多只能有一个公共类的定义。如果源程序中不包含公共类的定义，则该源程序文件名可以任意取名。

如果在一个源程序中有多个类定义，则在编译时将为每个类生成一个单独的字节代码文件，文件的名称为类名，扩展名为.class。

3.7.2　程序中标识符的命名规范

一个 Java 源程序中，有很多用户自定义的标识符，这些标识符除了要遵守 Java 语言的命名规则外(以字母、_或$开头，其他字符可以是以上三种或其他字母、数字的序列)。为了提高程序的可读性，还应遵守以下规则：

(1) 标识符的命名尽量要做到"见名知义"。可以使用含义明确的英文单词，如用类似于 isEmpty、getLocation、getLineLength、setLineSeparator 等的标识符。

(2) 如果标识符为缩写，则要使用一些约定俗成、有明确含义的缩写，如 URL、IOException、PI。

(3) 标识符名称不要过长。

(4) 对于"暂时性"变量，由于"即用即扔"的特性，可以使用类似于 i、j、k 的简单名称(如循环变量)。

具体在 Java 程序中的标识符，可按如下规则命名：

● 类名：首字母大写，通常由多个单词合成一个类名，要求每个单词的首字母也要大写，例如 HelloWorldApp、Color、ColorChooserComponentFactory 等。

● 变量名：变量名如果只用一个单词命名，则所有字母要小写，如果由多个单词组成，首个单词的字母全小写，其后每个单词的第一个字母要大写，如 length、firstName 等。

● 方法名：往往由多个单词合成，第一个单词通常为动词，首字母小写，中间的每个单词的首字母都要大写，如 balanceAccount、isButtonPressed、setPackageAssertionStatus 等。

● 常量名：基本数据类型的常量名为全大写，如果是由多个单词构成的，则可以用下划线隔开，如 YEAR、WEEK_OF_MONTH、LIGHT_GRAY 等。

● 包名：包名是全小写的名词，中间可以由点分隔开，例如：java.awt.event。

● 接口名：命名规则与类名相同。

注：接口的概念在后面章节中介绍。

基础练习

【简答题】

3.1 类中的数据成员可以使用哪些修饰符？举例说明 public、private、static 和 final 修饰符的使用方法。

3.2 Java 语言共有哪几种简单数据类型？

3.3 举例说明 this 关键字的使用方法。

3.4 简单数据类型对应的包装类有哪些？如何使用简单数据类型的包装类？

3.5 什么是包？Java 语言中为什么要引入包的概念？定义了包的程序如何编译？如何运行一个包中的程序？

3.6 字符串类 String 为什么叫常量字符串？String 类有哪些常用方法？

3.7 StringBuffer 与 String 类有什么不同？请举例说明。

3.8 每一个数组对象有一个保存其长度的属性，该属性如何使用？

3.9 举例说明 Java 语言中数组的声明和实例化过程，如何初始化一个数组？

【选择题】

3.10 下列的变量定义中，错误的是( )。

A) int i;　　　　　　　　　　　　B) int i =Integer.MAX_VALUE;

C) static int i=100;　　　　　　　　D) int 123_$;

3.11 若所用变量都已正确定义，则以下选项中非法的表达式是( )。

A) a != 4‖b==1　　B) 'a' % 3　　　C) 'a' = 1/2　　D) 'A' + 32

3.12 以下选项中，合法的赋值语句是( )。

A) a = = 1;　　　　B) ++ i;　　　　C) a=a + 1= 5;　　D) y = int (i);

3.13 以下变量定义语句中，合法的是( )。

A) float $_*5= 3.4F;　　　　　　B) byte b1= 15678;

C) double a =Double. MAX_VALUE;　　D) int _abc_ = 3721L;

3.14 以下字符常量中，不合法的是( )。

A) '‖'　　　　　B) '\"　　　　　C) "\n"　　　　　D) '我'

技能训练

【技能训练 3-1】 基本操作技能练习

从有关网站上下载 J2SDK 帮助文档，安装后查找 Math 类所定义的字段和主要方法。

【技能训练 3-2】　基本程序设计技能练习

编写一个程序将摄氏温度转换为华氏温度后输出。

【技能训练 3-3】　基本程序设计技能练习

仿照案例 3-1，编写一个解一元二次方程 $ax^2+bx+c=0$ 的程序。要考虑方程在各种情况下的解，包括实根和虚根等情况。

【技能训练 3-4】　基本程序设计技能练习

编写一个程序，从命令行输入一个合法的身份证号码，取出本人所在的地区代码(身份证的前 6 位表示地区代码)和出生年月。

【技能训练 3-5】　基本程序设计技能练习

编写一个程序，从命令行输入 5 个整数，保存在一个数组中，排序后输出这 5 个数(提示：排序使用 Arrays 类的 sort 方法)。

第 4 章　类的方法成员

- ☞ 掌握成员方法的声明;
- ☞ 学会使用重载技术设计程序;
- ☞ 理解 Java 语言中方法调用时参数的传递过程;
- ☞ 掌握 Java 语言中分支程序的设计;
- ☞ 掌握 Java 语言中循环程序的设计;
- ☞ 理解跳转语句 continue 和 break 的功能;
- ☞ 了解使用 Javadoc 工具制作帮助文档的方法;
- ☞ 理解 Java 程序的编写规范。

一个类由数据成员和方法成员组成。方法成员对类中的数据成员进行一些操作,它由一段程序代码组成。类中定义的方法与 C 语言中的函数类似,但在 Java 语言中不允许有单独的函数存在,函数只能定义在类中。所以,在面向对象程序设计中,一般将由一个名称标识、具有一定功能的程序段叫方法,而不叫函数(习惯上,有时候人们也将方法称为函数)。

一个方法由完成一定功能的语句组成。本章将介绍方法的设计技术和方法的主要组成语句。

4.1　方法的设计

一个方法在类中进行声明(或叫定义)之后,如果实例化了该类的一个对象,那么该对象就可以执行方法中定义的操作。下面介绍方法声明与方法调用的有关知识。

4.1.1　方法的声明与调用

1. 方法的声明

在一个类中,方法的声明格式如下:

```
[修饰符] 返回值类型 方法名(参数列表)
{
        方法体
}
```

修饰符是可选项，用在方法上的修饰符被称为方法修饰符，与第 3 章介绍的数据成员修饰符类似。方法修饰符主要有 public、private、protected、static、final 和 abstract 等(其中 public、private 和 static 在前面的章节中已经介绍过，protected、final 和 abstract 将在第 5 章中介绍)。它们的含义简要说明如下：

- public：用它修饰的方法，在任何包中的任何程序中都能被访问。
- private：用它修饰的方法，只能在定义该方法的类中被访问。
- protected：用它修饰的方法，可以被所在包中的类或者在任何包中该类的子类访问。
- static：用它修饰的方法称为类方法或静态方法，可以通过类名直接调用。
- final：可以用它定义最终方法，最终方法不能在子类中进行修改。
- abstract：可以用它定义抽象方法，抽象方法必须在具体的子类中实现。

方法可以返回一个值，返回值的类型要在方法名前面明确指出。方法可以返回简单类型(如返回 int 型)数据，也可以返回类类型(如返回 String 型)数据。若方法不返回值，则返回值类型要写关键字 void，并且不能省略。因此，除了第 2 章介绍的构造方法外，所有的方法都要求有返回值类型。

方法名可以是任何有效的 Java 语言标识符(具体命名规则可参考第 3.7 节)。

方法根据实际情况可以有参数列表，也可以无参数列表(即无参数方法)。参数的类型可以为任意类型，多个参数之间要使用“，”分隔。

方法体应该由 Java 语言中的有效语句组成。如果方法首部的返回值类型不是 void，则在方法体中就要有关键字 return。return 语句的格式很简单，在其后直接跟返回值的表达式即可。其格式如下：

　　　return　表达式；

要注意，表达式一定要保证方法能返回相应数据类型的值。

但对于有些程序，即使有正确的 return 语句，也不能保证程序的正确。例如：

```
01 public class TestReturn{
02     public static void main(String[] args){
03         System.out.println(test(3));
04     }
05     static int test(int a) {
06         if(a>0)
07             return a;
08         /*else
09             return −a;*/
10     }
11 }
```

该程序编译时，将发生“缺少 return 语句”的错误，因为方法 test 不能保证在任何情况下都有返回值(如果去掉注释，则可以编译成功)。

另外，当把 return 语句放在一个循环语句的循环体中时，也可能出现编译错误(案例 4-2 中将演示该错误)，因为编译时会认为这个循环体有可能不被执行(除非写成 do 循环或者无限循环的形式)。

注意：返回值类型为 void 的方法也可以使用 return 语句，这时 return 语句的功能是终止方法的执行并返回到该方法的调用者。这时，return 语句后不能出现表达式(即为空的 return 语句)。

2. 方法的调用

根据方法是否有返回值，可分为两种调用格式：

(1) 方法有返回值时的调用。如果方法返回一个值，则通常以表达式的方式调用。例如，java.lang 包中的数学函数类 Math 中，定义了求两个数中最大值的 max 方法，则通常按类似于下列的格式调用：

```
int larger = Math.max(3, 4) * 3;
System.out.println(Math.max(3, 4));
```

(2) 方法无返回值时的调用。如果方法返回类型为 void，即无返回值，则这时对方法以语句的形式调用。如 System 类中终止程序执行的方法 exit，只能按类似于下列的格式调用：

```
System.exit(1);
```

4.1.2 【案例 4-1】 累加器

1. 案例描述

编写一个类，以完成累加器的功能。要求可以对存放在整型数组或实型数组中的一批数进行累加运算。

2. 案例效果

案例程序的执行效果如图 4-1 所示。图中第 3 行为整型数组中元素的值及其累加和，第 4 行为实型数组中元素的值及其累加和。

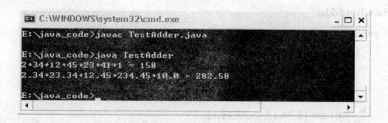

图 4-1 案例 4-1 的执行效果

3. 技术分析

该程序比较简单，技术分析略。

4. 程序解析

下面是案例 4-1 的程序代码。

```
01 //********************************************************
02 //案例:4-1 程序名：TestAdder.java
03 //功能:累加器程序，可以求整型数组或实型数组元素的累加和
```

```
04 //************************************************************
05
06 class Adder{
07
08    private Adder( ){ }
09
10    public static float sum(float[] f){
11        float temp = 0.0f;
12        for(int i = 0; i < f.length; i++){
13            temp = temp + f[i];
14        }
15        return temp;
16    }
17
18    public static int sum(int[] k){
19        int temp = 0;
20        for(int i = 0; i < k.length; i++){
21            temp = temp + k[i];
22        }
23        return temp;
24    }
25 }
26
27 class TestAdder{
28    public static void main(String[] args){
29        //Adder a = new Adder();
30
31        //下面是测试整型数组求和的程序段
32        int[] x = {2,34,12,45,23,41,1};
33        for(int i = 0; i < x.length; i++){
34            if(i == x.length - 1)
35                System.out.print(x[x.length-1] + " = ");
36            else
37                System.out.print(x[i] + "+");
38        }
39        System.out.println(Adder.sum(x));
40
41        //下面是测试实型数组求和的程序段
42        float[] y = {2.34f,23.34f,12.45f,234.45f,10f};
```

```
43              for(int i = 0; i < y.length; i++){
44                  if(i==y.length - 1)
45                      System.out.print(y[y.length-1] + " = ");
46                  else
47                      System.out.print(y[i] + "+");
48              }
49              System.out.println(Adder.sum(y));
50      }
51 }
```

该程序中，08 行定义了一个无参的构造方法"private Adder( ){ }"，该构造方法的修饰符为 private，说明在 Adder 类的外面不能使用构造方法创建一个该对象的实例。那么，Adder 类如何在程序中使用呢？在 Adder 类中，定义的求和的方法为静态的(static)和公有的 (public)，所以在其他类中可以直接使用 Adder 类中求和的成员方法。

注意，在 Adder 类中定义的两个方法名称都为 sum，只是参数类型和返回值类型不同，这就是在第 2 章中介绍过的方法重载。一般成员方法的重载与构造方法的重载类似，都是指两个方法具有相同的名称和不同的形式参数。方法名与形式参数一般合称为方法头标志。调用方法时，Java 系统能够根据方法头标志决定调用哪个方法。在 Java API 中有很多方法是重载的，如第 3 章介绍过的 Arrays 类，其 sort 方法就有十几个重载的版本。方法重载的优点是执行相似任务的方法可以使用相同的名称，可使程序清晰、易读。

注意：被重载的方法必须具有不同的参数形式。也就是说重载的方法，其方法名必须相同，参数必须不同(指参数的类型、个数或顺序不同)，不能通过返回值类型和方法的修饰符来区别重载的方法。如下面的三个方法不能进行重载(因为这三个方法的参数都是 int 型)：

```
public void m1(int a){ … }
public int m1(int b){ … }
int m1(int c) { … }
```

下面的两个方法可以进行重载：

```
public void m1(int a, float b){ … }
public void m1(float b, int a){ … }
```

4.1.3　【相关知识】　参数传递

在方法定义中列出的参数叫形式参数，简称为形参；在方法调用时给出的参数叫实在参数，简称为实参。Java 语言中，调用一个方法时将实参值拷贝给对应的形参。下面举例说明参数的传递情况。

1. 参数为简单类型时的传递情况

下面的程序中，其方法中的参数是简单类型的。请分析下面程序执行的结果。

```
01 class TestParam{
02      static void change(int a){
03          a = 12;
```

```
04      }
05
06      public static void main(String[] args){
07          int a = 1;
08          change(a);
09          System.out.println("a=" + a);
10      }
11 }
```

程序运行后，输出的 a 是多少？

分析该程序时要注意，从表面上看好像 a 的结果应该为 12。但其实该程序的执行过程是这样的，在 main 方法中定义了一个局部变量 a，a 的初值为 1，这个 a 只在 main 方法内有效，如图 4-2(a)所示。08 行调用 change 方法时，系统给 02 行方法 change 的形参 a 分配一个内存空间，并将主方法中 a 的值 1 拷贝给 change 方法的参数 a，如图 4-2(b)所示，这个形参 a 只是一个在 change 方法内有效的局部变量，拷贝过程完成后，参数的传递过程也随之结束，main 方法中的局部变量 a 和 change 方法中的局部变量 a 就没有关系了。所以，在 03 行改变的只是 change 方法中的局部变量 a 的值(将其改为 12)，如图 4-2(c)所示，对 main 方法中的变量 a 没有影响。当 change 方法执行完成后，程序返回到 main 方法时，change 方法中的局部变量 a 的生命周期结束，即分配的内存被系统回收，如图 4-2(d)所示，所以 09 行输出的还是 1。

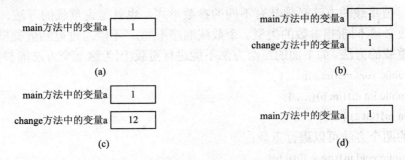

图 4-2 参数为简单类型时的传递过程

2. 参数为对象类型时的传递情况

下面程序中，其方法中的参数是数组对象。请分析下面的程序，看与上面的实例程序有什么不同。

```
01 import java.util.*;
02 class TestParam1{
03     static void change(int[] b){
04         Arrays.fill(b, 10);
05     }
06
07     public static void main(String[] args){
08         int[] a = {1, 2, 3, 4, 5, 6};
```

```
09          change(a);
10          for(int i = 0; i<a.length ; i++)
11              System.out.println(a[i]);
12      }
13 }
```

程序运行后，输出的数组元素值是什么？该程序的执行过程分析如下：

在 main 方法中定义了一个局部数组 a，并给 a 数组的元素提供了 1~6 的初值，如图 4-3(a) 所示(假设分配给数组对象 a 的内存地址从 0x1000 开始)。数组 a 由于在 main 方法中定义，因此其有效范围为 main 方法。09 行调用方法 change 时，将主方法 main 中的数组对象 a 作为参数，传递给 change 方法的形参对象 b(b 也是一个整型数组)，系统就会将数组对象变量 a 中存放的 0x1000(即引用)拷贝给方法 change 的参数 b，如图 4-3(b)所示。这时 main 方法中定义的局部数组 a 和 change 方法中定义的局部数组 b 指向了相同的内存区，即它们的引用相同。

04 行调用 Arrays 的 fill 方法时，对 change 方法中形参数组 b 的所有元素填充为 10，则相应内存中 main 方法中的局部数组 a 和 change 方法中的局部数组 b 指向的数据元素都被改为 10，如图 4-3(c)所示。

当方法 change 执行完成后，程序返回到 main 方法时，change 方法中局部数组 b 的生命周期结束，即从内存消失(分配给数组对象变量 b 的存放引用的内存单元被回收)，如图 4-3(d)所示。所以，最后 main 方法中局部数组 a 的所有元素被改变。

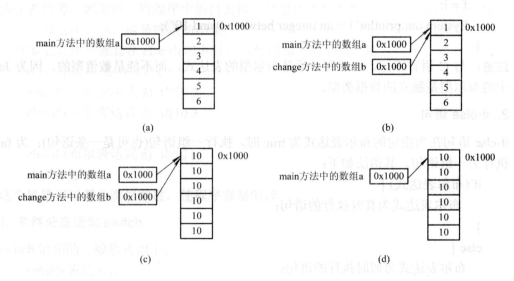

图 4-3　参数为对象(数组)时的传递过程

4.2　方法中的分支语句

在一个方法中，流程控制语句用来控制程序中各语句的执行顺序。Java 语言提供的控制语句分为分支语句和循环语句。

在使用 switch 语句时要注意以下问题：

● switch 后表达式的值必须是 byte、char、short 或 int 类型的，不能使用浮点类型或 long 类型，也不能为一个字符串，并且必须写在一对括号内。

● case 子句中常量的类型必须与表达式的类型相容，而且每个 case 子句中常量的值必须是不同的。

● default 子句是可选的，当表达式的值与任一个 case 子句中的值都不匹配时，就执行 default 后的语句。

● 如果没有使用 break 语句作为某一个 case 代码段的结束句，则程序的执行将继续到下一个 case，而不检查 case 表达式的值。

4.2.2 【案例 4-2】　计算偿还金

1. 案例描述

设计程序，根据年贷款利率、贷款年限和贷款额，计算偿还金额。本题中，假设只有三种贷款方式，即 3 年期、5 年期和 10 年期，其利率分别是：3 年期为 7%，5 年期为 8%，10 年期为 10%。

2. 案例效果

案例的执行结果如图 4-4 所示。

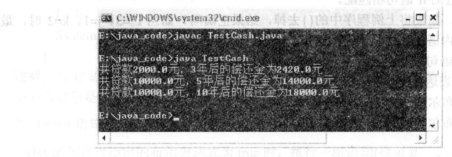

图 4-4　案例 4-2 的执行结果

3. 技术分析

该程序要使用 if 语句，根据不同的贷款年限来计算利息。

4. 程序解析

案例程序如下：

```
01 //**********************************************
02 //案例:4-2 程序名：TestCash.java
03 //功能:计算偿还金
04 //**********************************************
05
06 class Cash{
07     //lendAmount 为贷款数量
```

```
08    private float lendAmount;
09    //lendYear 为贷款年限
10    private int lendYear;
11
12    //下面 3 个常量为年利率
13    private final float THREE_YEAR_INTEREST_RATE = 0.07F;
14    private final float FIVE_YEAR_INTEREST_RATE = 0.08F;
15    private final float TEN_YEAR_INTEREST_RATE = 0.10F;
16
17    //有参数的构造方法
18    public Cash(float lendAmount, int lendYear){
19        this.lendAmount = lendAmount;
20        this.lendYear = lendYear;
21    }
22
23    //计算偿还金
24    private float compensateAmount(){
25        if(lendYear == 3)
26          return lendAmount*lendYear*THREE_YEAR_INTEREST_RATE + lendAmount;
27        else if(lendYear == 5)
28          return lendAmount*lendYear*FIVE_YEAR_INTEREST_RATE + lendAmount;
29        else if(lendYear == 10)
30          return lendAmount*lendYear*FIVE_YEAR_INTEREST_RATE + lendAmount;
31        else {
32            System.out.println("贷款年限只能是 3 年、5 年或 10 年!");
33            System.exit(-1);
34            return 0.0f;
35        }
36    }
37
38    //显示贷款信息和偿还金
39    public void showCompensateAmount(){
40      System.out.println("共贷款" + lendAmount + "元," + lendYear + "年后的偿还金为" +
    compensateAmount() + "元");
41    }
42 }
43
44 class TestCash{
45    public static void main(String args[]){
```

```
46          Cash    c1 = new Cash(2000.0f, 3);
47          c1.showCompensateAmount();
48
49          Cash    c2 = new Cash(10000.0f, 5);
50          c2.showCompensateAmount();
51
52          Cash    c3 = new Cash(10000.0f, 10);
53          c3.showCompensateAmount();
54      }
55 }
```

该程序的 13 行、14 行和 15 行定义了 3 个存放年利率的常量。注意，常量标识符一般用大写字母表示。

注意，第 34 行在程序中其实是多余的，但将其去掉，程序将不能正确编译。

4.2.3 【相关知识】 在方法中使用常量

在第 3 章介绍过，在类中 final 修饰的数据成员是常量成员，其值不能在程序中进行修改。在方法中，也可以用 final 说明局部常量，但与类中 final 说明的常量成员有一点不同。看下面的实例：

```
01 class TestFinal{
02     static final int b = 5;
03     public static void main(String[] args){
04         final int a;
05             a = 45;
06             //Temp.b = 34;
07             //a = 50;
08         }
09 }
```

第 02 行如给成员常量 b 不赋初值，则程序编译有错误，但第 04 行在方法中说明的局部常量 a，可以在以后赋值，但只能赋一次值。所以，程序的第 06 行和第 07 行均有错误。

4.3　方法中的循环语句和跳转语句

Java 语言与 C 语言类似，也有 3 种循环语句，即 for、do-while 和 while 循环。Java 程序中的跳转语句经常使用在循环中。

4.3.1　循环语句和跳转语句

循环结构的程序是在一定条件下，反复执行某段程序的流程结构，被反复执行的程序称为循环体。

1. while 语句

while 语句的语法格式如下：

```
while(布尔表达式){
    循环体
}
```

while 语句的循环条件是一个布尔表达式，它必须放在括号中。在循环体执行前，先计算布尔表达式，若结果为 true，则执行循环体；若结果为 false，则终止循环体的执行，程序转移到 while 循环后的语句执行。

2. do-while 语句

do-while 语句的语法格式如下：

```
do{
    循环体
}while(布尔表达式)
```

do-while 循环先执行循环体，再计算循环条件，若计算结果为 true，则执行循环体；若为 false，则终止 do 循环的执行。

while 循环和 do-while 循环的比较：

(1) while 循环先计算布尔表达式的值，再根据计算结果确定是否执行循环体，因此循环体有可能一次也不执行。

(2) do 循环先执行循环体，然后再计算布尔表达式的值，因此循环体要至少被执行一次。

因此，若循环体中的语句至少需要执行一次，建议使用 do 循环，否则可以使用 while 语句。

3. for 语句

for 语句的语法格式如下：

```
for(循环变量初始化; 循环条件; 循环变量调整语句){
    循环体
}
```

for 循环语句以关键字 for 开始，for 后面的括号中是 3 个由分号分开的控制元素，它们都以表达式的方式出现。循环条件用于控制循环体的执行次数，其结果应该为一个布尔值。循环体在花括号中，当然只有一条循环体语句时，可以不要花括号。为了使程序结构清晰，建议在任何情况下都写上花括号。

注意：for 循环一般使用在循环次数事先确定的情况下，而 while 和 do-while 循环一般用在循环次数事先不确定的情况下。

在 for 循环、while 循环和 do-while 循环的循环体中，都可以出现其他的循环语句，也就是说它们都可以嵌套。嵌套循环由一个外层循环和一个或多个内层循环组成。每当外层循环重复时，就重新进入内部循环，重新计算它的循环控制参数。

4. 跳转语句

跳转语句用来实现程序执行过程中流程的转移。Java 的跳转语句有三个：continue、break

和 return。其中 return 语句用于从被调用的方法中返回到调用方法中。下面主要介绍 **break** 和 continue 语句。

1) continue 语句

continue 语句用于循环结构中，表示终止当前这轮循环体的执行，直接进入下一**轮循环**。continue 语句通常有两种使用情况：

(1) 不带标号的 continue 语句：用来结束本次循环，即跳过循环体中 continue 语句后面的语句，回到循环体的条件测试部分继续执行。例如：

```
01 //测试不带标号的 continue 语句
02 public class TestCont1{
03    public static void main(String[] args){
04        int index = 0;
05        while(index <= 99){
06            index+=10;
07            if(index % 20 == 0)
08                continue;
09            System.out.println("The index is " + index);
10        }
11    }
12 }
```

第 07 行表示当 index 的值能被 20 整除时，循环回到 05 行的 while 语句处，进行下轮循环的条件测试，而不像正常处理那样去执行后面的 09 行输出语句。程序的运行结果如图 4-5 所示。

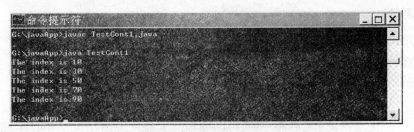

图 4-5　TestCout1.java 程序的执行结果

(2) 带标号的 continue 语句：用来跳过标号所指语句块中所剩的语句，回到标号所指语句块的条件测试部分继续执行(具体应用见本节案例程序)。

Java 语言中，标号常用于标识一个语句块或一个循环，标号用有效的标识符表示。一般将标号放在语句块的开头或某一循环的开头。

2) break 语句

break 语句用于从一个语句块中跳转出来，进入该语句块后面的语句继续执行程序。break 语句通常在 switch 语句和循环语句中使用。break 语句也有两种用法：

(1) 无标号的 break 语句：用于跳出 switch 语句或当前循环，但与 continue 语句不同的是，continue 语句将使循环进入下一次，而 break 语句将结束循环的执行。

(2) 带标号的 break 语句：用于结束标号标注语句块的执行。break 语句的标号应标注在一个语句块的开头。请分析下面程序的执行过程：

```
1 L1:{
2      a = 45;
3      L2:{        System.out.println("a=" + 2);
4                  if(a == 45) break L1;
5                  System.out.println("a=" + 12);
6          }
7      System.out.println("a=" + 3);
8      }
9  …
```

如果第 4 行的 break 语句后面不带标号 L1，则第 4 行的跳转语句只跳出 L2 语句块，因此第 7 行的输出语句还要被执行。但 break 带了标号 L1 后，如果第 4 行的条件成立，则第 7 行的语句不被执行，即程序跳出 L1 标号所指的语句块，即从第 9 行开始继续执行程序。

4.3.2 【案例 4-3】 求素数

1. 案例描述

给定一个大于 1 的正整数，求从 1 到该数之间的所有素数。

2. 案例效果

案例程序的执行效果如图 4-6 所示。

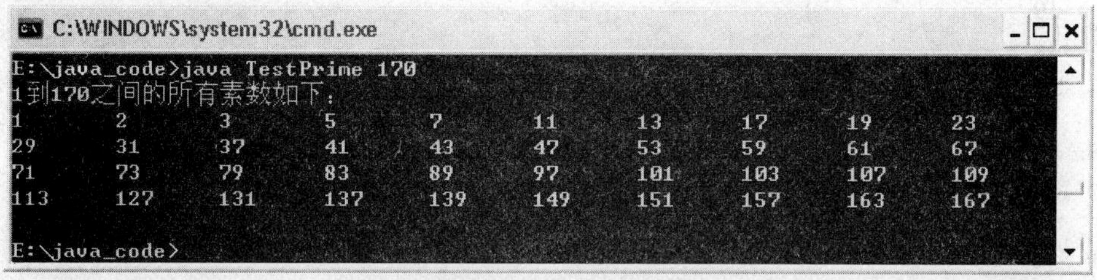

图 4-6 案例 4-3 的执行结果

3. 技术分析

可以根据素数的定义判断一个数是不是素数。如要判断 7 是不是素数，可以用 7 分别除以 2 到 6 之间的所有整数，如果都不能整除，则说明 7 就是素数。

求素数的算法描述如下：

```
for(i 从 1 循环到正整数 n){
    for(j 从 2 循环到 i−1){
        判断 i 能否被 j 整除；如果能整除就转到外循环，取下一个 i 执行程序
    }
    输出 i(如果 i 不能被 2 到 i−1 之间的数据所整除，则说明 i 是素数);
}
```

4. 程序解析

下面是案例 4-3 的程序代码。

```
01 //****************************************************************
02 //案例:4.3  程序名：TestPrime.java
03 //功能:求 1 到给定整数之间的所有素数
04 //****************************************************************
05
06 class Prime{
07     private int n;
08
09     Prime(int n){
10         this.n = n;
11     }
12
13     public void outputPrime(){
14         System.out.println("1 到" + n + "之间的所有素数如下：");
15         int lineControl = 0;
16         outer: for(int i = 1; i < n; i++)      {
17                 for(int j = 2;j < i; j++){
18                     if(i%j == 0) continue outer;
19                 }
20                 System.out.print(i + "\t");
21         }
22     }
23 }
24
25 class TestPrime{
26     public static void main(String args[]){
27         Prime p1 = new Prime(Integer.parseInt(args[0]));
28         p1.outputPrime();
29     }
30 }
```

该程序的第 16 行定义了一个语句标号 outer，第 18 行的功用是：当 i 能被 j 整除时，就跳出内循环，转到由标号 outer 标识的外循环，即执行第 16 行所指的外循环语句。第 20 行的功用是：当 i 不能被 2 到 i-1 之间的所有数整除时，输出素数 i。

读者可以对案例 4-3 所示的程序进行优化，以提高程序执行的速度。

4.3.3　【相关知识】　foreach 循环

在 JDK6.5 中新增了一个循环语句 foreach，它可以用来简化某些循环语句的书写。如有下面的数组定义：

```
float[]   a = {23.23f, 34.9f, 45.88f, 45.556f, 23.987f, 23.0f, 34.45f};
```

要输出所有数组元素值，可以使用下面的循环语句：

```
for(int i = 0; i < a.length; i++ ){
    System.out.println(a[i]);
}
```

对上面的程序段，在 Java 语言中还可以用下面的简单方式写出：

```
for(float k : a){
    System.out.println(k);
}
```

这里的 k 会按序自动取得数组 a 中的每个下标元素。Java 语言中将这种格式的 for 语句叫做 foreach 循环，但要注意，只能在 JDK5.0 以上的版本中使用。

技能拓展

4.4　使用 Javadoc 工具制作帮助文档

Javadoc 是一个用于从 Java 源代码的注释中自动提取有关信息以生成 HTML 帮助文档的工具。用 Javadoc 生成的帮助文档与 JDK 帮助文档的格式类似。Javadoc 作为 Java 软件开发包(SDK)的一个标准部分，与编译器 Javac.exe 和解释器 Java.exe 工具一样，位于安装目录下的 bin 文件夹中。Javadoc.exe 可执行文件为开发人员快速制作程序的帮助文档提供了一种非常有效的手段。下面举例说明 Javadoc 制作帮助文档的方法。

4.4.1　文档注释中使用的标记

1. 文档注释

在第 1 章介绍过，Java 的注释有 3 种方式，其中文档注释专门用于生成 HTML 格式的帮助文档。文档注释用"/**……*/"表示，即注释内容要写入"/**"和"*/"之间。文档注释的内容应该放在类、属性、构造方法、成员方法的前面，以解释和说明这些程序结构。

文档注释"/**……*/"可以跨行使用，但要求每一行要以"*"号开始。在注释的内容中，还允许使用 HTML 语言中的标记。例如，下面的注释中使用了 HTML 的标记<strong>：

```
/**
*This is a<strong> example </strong>document comment.
*/
```

由于文档注释中内容的第一句话会被 Javadoc 工具自动放在所生成 HTML 文件的开头，并将其作为对注释内容的一个总结，因此，该总结以*字符后的内容为起点，并结束于第一个句号之前。

2．文档注释中使用的标记

要使 Javadoc 工具正确理解用户注释的含义，可以在文档注释中使用一些 Javadoc 规定的标记。这些标记位于文档注释内，要求每个标记要另起一行，以一个"*"字符开始。表 4-1 是 Javadoc 工具常用的几个标记。

表 4-1　几个常用的 Javadoc 标记

标记名称	含　义
@author	用于类或接口前，指定软件作者
@version	指定软件版本
@param	将某个方法使用的参数罗列出来
@return	将某个方法的返回值列出来
@see	链接至一个含有更详细信息的描述文档中，see 后跟链接点

4.4.2　Javadoc 应用实例

下面是一个使用 Javadoc 文档生成器的实例：

```
01 /**
02 * This is a<strong> example </strong>document comment.
03 * @author Ren taiming
04 * @version v1.0
05 */
06
07 public class ExampleDocComment{
08
09    /**
10    *xx 是一个公有成员属性
11    */
12    public int xx = 0;
13
14
15    /**
16    *ExampleDocComment 是一个无参数的构造方法
17    */
18    public ExampleDocComment(){
19    }
20
21    /**
22    *setXx 方法用来给属性 xx 提供数值
23    *@param xx     参数 xx 是一个整型数值
24    */
```

```
25    public void setXx(int xx){
26         this.xx = xx;
27    }
28
29    /**
30    *getXx 方法取得公有成员 xx 的数据
31    *@return xx  返回整型数据
32    */
33    public int getXx(){
34         return xx;
35    }
36 }
```

使用下列 Javadoc 命令生成帮助文档：

```
javadoc  –version  –author  ExampleDocComment.java
```

执行该命令后，在源程序文件所在目录中生成十几个 HTML 格式的帮助文档，点击其中的 index.html 文件，则显示类似于图 4-7 所示的帮助文档窗口。该窗口与 JDK 帮助系统的风格是一致的，使用起来很方便。

图 4-7　Javadoc 工具生成的帮助文档窗口

注意，该程序所有的帮助都使用了文档注释的格式(/**　　　　　　　 */)。

第 02 行的<strong> example </strong>将使 example 加粗显示；第 03 行的@author Ren taiming 将在帮助文档中加上作者信息；第 04 行的@version 将帮助文档中加上版本信息，如图 4-7 所示。

每个成员变量前和每个方法前的文档注释将会被 Javadoc 工具自动生成的帮助所使用。

程序的第 23 行还使用了参数标记@param，在第 31 行使用了返回值标记@return，这样生成的帮助文档将对参数和返回值进行说明，如图 4-8 所示。

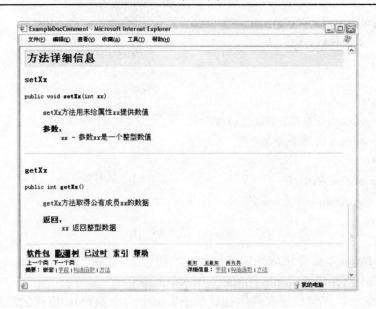

图 4-8 帮助文档中方法的详细说明

Javadoc 也可使用下面的简单格式：

    javadoc   ExampleDocComment.java

这时生成的帮助将忽略作者和版本信息。另外，Javadoc 还提供了很多有用的标记，具体情况可查看 Javadoc 的帮助。

工程规范

4.5 Java 程序的编写规则

一个软件开发团队中，每个人一般只负责所开发系统中的某个部分，在软件编码的最后阶段，要将这些部分集成起来，构建成一个最终的软件产品。因此，为了便于软件开发成员之间互相协作、交流和软件的集成，一个软件开发团队一般都会制定一些编码标准或软件开发规则，这些规则一般依据国家标准、行业标准或软件开发工具的特点等制定。本节介绍一些使用 Java 语言开发软件时常用的软件编写规则。

4.5.1 类的设计规则

下面是几点基本的类设计规则：

- 使用统一、一致的编码风格。
- 每个类的前面要有对该类的注释；
- 在包含 main 的类中，不要再设计其他的方法，即将 main 方法放在一个单独的类中；
- 要使用同一个包中的多个类时，尽量在 import 语句中使用 "*" 来代替多个类名；
- 一般不要使用 public 修饰成员变量；
- 程序中其值不变的量，尽量使用 final 修饰符来声明；

- 对于类中定义的成员变量,用构造方法进行初始化;
- 类中的成员属性,使用 setXXX 和 getXXX 设置或获取其值;
- 一个类的不同方法之间、不同性质的属性之间、属性与方法之间一般要空一行或两行;
- 一个方法或属性的注释放在紧接其代码的前面;
- 尽可能细致地加上注释,并用 Javadoc 注释文档语法生成自己的程序文档;
- 使类尽可能短小精悍,而且只解决一个特定的问题;
- 一个类要提供尽可能少的公用方法;
- 源程序中,每行的字符要保持在 80 个以内。

4.5.2 方法的设计规则

方法的主要设计规则是:
- 方法中尽量不要使用 continue 语句;
- break 语句一般只使用在 switch 语句中;
- 每个方法体应该都有 return 语句,返回值为 void 的方法,return 语句后不能有返回值,并且要将 return 语句放在方法的最后一行;
- 尽量不要使用 if 语句的多层嵌套,例如;

```
if(a > 0)
    if(b > 0)
        x = a*b;
...
```

可将 if 语句写为 "if((a>0) && (b>0))" 格式。
- 将对外提供服务的方法用 public 修饰,支持类中功能的方法用 private 修饰。

另外,关于标识符的命令规则和程序的书写规则已经在前面的 "工程规范" 中介绍过。读者在编写程序时应尽量养成好的设计习惯,即遵守一般的编程规则。

基础练习

【简答题】

4.1 什么是方法? 如何声明方法?

4.2 方法的调用有哪两种格式?

4.3 什么是方法重载? 举例说明。

4.4 final 修饰符用在成员变量前和用在一个方法的局部变量前有没有区别?

4.5 举例说明当参数是对象类型时的传递过程。

4.6 分支语句有哪几种类型? 它们的格式如何?

4.7 对于两个实数要进行的 "＝＝" 比较,将如何处理?

4.8 举例说明有些程序使用 switch 语句可以简化程序的编写。

4.9 说明 for、while 和 do-while 循环的格式,并对其进行比较。

4.10 举例说明 foreach 循环的使用方法。

4.11 说明使用 Javadoc 制作帮助文档的优点。

4.12 根据你的理解,说明你编写 Java 程序时要遵守的规则。

【选择题】

4.13 下列方法定义中，正确的是( )。

A) int x(int a,b) { return   (a − b); }   B) double x(int a, int b) { int w; w = a − b; }

C) double   x(a, b) { return   b; }   D) int   x(int a, int b) {   return   a − b; }

4.14 下列方法定义中，正确的是( )。

A) void x(int a, int b); { return (a − b); }   B) x(int a, int b) { return a − b; }

C) double   x { return   b; }   D) int   x(int a, int b) { return a + b; }

4.15 下列方法定义中，不正确的是( )。

A) float x(int a, int b) { return (a − b); }   B) int   x(int a, int b) { return a − b; }

C) int   x(int a, int b); { return a * b; }   D) int   x(int a, int b) { return 1.2*(a + b); }

4.16 下列方法定义中，正确的是( )。

A) int   x( ){ char ch='a'; return (int)ch; }   B) void   x( ){ ...return   true;   }

C) int   x( ){ ...return   true; }   D) int   x(int a, b){ return   a + b; }

4.17 下列方法定义中，方法头不正确的是( )。

A) public int x( ){ ... }   B) public static int x(double y){ ... }

C) void x(double d) { ... }   D) public static x(double a){ ... }

4.18 在某个类中存在一个方法：void getSort(int x)，以下能作为这个方法重载的声明是( )。

A) public getSort(int x)   B) int getSort(int y)

C) double getSort(int x, int y)   D) void get(int x, int y)

4.19 在某个类中存在一个方法: void sort(int x)，以下不能作为这个方法重载的声明是( )。

A) public float sort(float x)   B) int sort(int y)

C) double sort(int x, int y)   D) void sort(double y)

4.20 为了区分类中重载方法，要求( )。

A) 采用不同的形式参数列表   B) 返回值类型不同

C) 调用时用类名或对象名作前缀   D) 参数名不同

【填空题】

4.21 以下 fun 方法的功能是求两个参数之积。

　　int　fun (int a,　int b)　{　_____;　　　　}

4.22 以下 fun 方法的功能是求两个参数之积。

　　float　fun (int a,　double b)　{　_____;　　　　}

4.23 以下 fun 方法的功能是求两个参数中较大的一个值。

　　int　fun (int a,　int b)　{　_____;　　　　}

4.24 以下 m 方法的功能是求两个参数之积的整数部分。

　　int　m (float x,　float y)　{　_____;　}

技能训练

注意： 所有程序均要求按 Java 语言的编程规范完成。

【技能训练 4-1】 方法设计技能练习

设计一个类,该类中有两个静态方法(static),方法名都为 min,该方法可以求出两个 float 型或两个 int 型数中比较大的一个。(提示:使用方法的重载来实现。)

【技能训练 4-2】　　方法参数传递程序练习

设计一个类,可以对一个 int 型数组中的元素按升序进行排序;并设计一个测试类,从命令行中输入 5 个整数进行测试。(提示:从命令行输入的字符串可以使用 Integer.parseInt() 方法转化为整数。)

【技能训练 4-3】　　分支程序练习

将案例 4-2 的程序改为使用 switch 语句来实现。

【技能训练 4-4】　　分支与循环程序练习

编写一个类,该类可以输出 n 以内的所有完数,其中 n 是用户从键盘上输入的。(提示:如果一个数恰好等于它的因子之和,则这个数就是"完数"。例如 6 的因子是 1、2、3,而 6 = 1+2+3,因此 6 就是完数。)

【技能训练 4-5】　　循环程序设计练习

编写一个类,该类中的方法可以接收一个整数 n,计算并输出下列表达式的结果(其中 n 是用户输入的正整数)。

$$1-\frac{1}{2}+\frac{1}{3}-\frac{1}{4}+\cdots+(-1)^{(n-1)}\times\frac{1}{n}$$

【技能训练 4-6】　　综合程序设计练习

编写一个类,该类中有一个方法可以接受一个整型数组参数。该数组中保存了一个班级 40 名学生的 Java 语言程序设计成绩,该方法将按类似于如下的格式输出每个成绩区段的学生人数:

```
100       **
90～99    ********
80～89    *******************
70～79    *****************
60～69    ******
50～59    ******
40～49    ***
30～39    *
20～29    **
10～19
0 ～ 9    *
```

【技能训练 4-7】　　技能拓展练习

对上面技能练习中编写的某个程序,使用 Javadoc 制作帮助文档,并查看生成的 HTML 文件的特点,执行 index.html 网页文档,浏览其网页的结构。

第 5 章　类 的 继 承

- ☞　掌握面向对象程序设计中继承的概念；
- ☞　学会使用继承机制设计 Java 程序；
- ☞　了解 Java 语言中类的层次结构；
- ☞　掌握 super 关键字的使用方法；
- ☞　理解继承机制在软件开发中的优点；
- ☞　掌握 JCreater 编程工具的基本用法。

继承(inheritance)是一种由已有的类创建新类的机制，通过继承可以实现类的复用。继承是面向对象程序设计的主要特征之一。

基本知识

5.1　类 的 继 承

在第 1 章的案例 1-1 程序中，定义了一个人类(People)，其中定义了人的姓名(name)和年龄(age)两个属性，并定义了一个自我介绍的方法(introduceMyself)。现在，如果要开发一个学生管理系统，就需要定义一个学生类(Student)。我们知道，"学生也是人"，也就是说学生也具有人类的一般特性，如也有姓名和年龄。那么在学生管理系统中，能不能使用案例 1-1 中定义的人类来构建学生类呢？这就要使用 Java 程序设计中的继承来实现。本节介绍有关类继承的基本知识。

5.1.1　继承的基本知识

1. 继承

在设计学生管理系统时，定义的学生类(Student)只要继承人类(People)中已经定义的属性和方法，然后根据学生类的特点，添加一些学生所特有的属性和方法即可。这样，就可以简化学生类的定义，因为人类中已经定义好的属性和方法通过继承后，学生类便可以自动拥有。再如，在另外一个系统中，如果已经定义好了一个一般的汽车类，那么其他各种类型的汽车(如轿车、计程车和巴士)，都可以从汽车类中继承有关属性和方法，如图 5-1 所示。

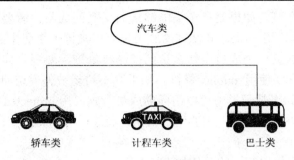

图 5-1　汽车类

在图 5-1 中，汽车类包含了所有汽车具有的公共属性和公共方法，再定义轿车类、计程车类和巴士类时，在这些类中分别添加各自特有的属性和方法，即可完成不同汽车类的定义。

图 5-1 中的汽车类在面向对象程序设计中叫超类、基类或父类。在父类中，通常定义了一些通用的状态与行为。图 5-1 中，不论轿车、出租车还是巴士，都是汽车，故属于汽车类的一种，这些类都继承了汽车类的属性与行为。在面向对象程序设计中，由继承而得到的类称为子类。

在使用继承机制设计程序时，可以先创建一个具有公有属性的一般类，根据一般类再创建具有特殊属性的新类，新类继承一般类的状态和行为，并根据需要增加它自己特有的状态和行为。因此，可以通过继承实现类的复用，通过类的复用来提高程序设计的效率。

注意：在 Java 语言中，不支持多重继承，即一个子类只能有一个父类。

2. 在程序中实现类的继承

在 Java 程序中，实现类的继承关系要使用 extends 关键字。通过继承关系定义一个子类的一般格式是：

```
class  子类名  extends  父类名 {
    子类类体
}
```

创建的子类将会继承父类的属性和方法，此外，我们还可以在子类中添加新的属性和方法。由于 Java 语言只支持单继承，因此关键字 extends 后只能写一个父类名。

3. 访问控制

一个子类是不是可以访问父类的所有属性和方法呢？当然不是。子类可以访问的父类成员属性和成员方法，决定于父类成员属性和成员方法在定义时所加的访问控制符。Java 语言中成员的访问控制共有四种类型，除了前面章节中已经介绍过的 public 和 private 修饰符外，还有 protected 修饰符和默认访问状态。

(1) public 修饰符。public 是公共的意思，被 public 修饰的成员可以被所有类访问。

(2) private 修饰符。类中被 private 修饰的成员，只能被这个类本身访问，其他类(包括同一个包中的类、其他包中的类和子类)都无法直接访问 private 修饰的成员。

(3) 默认访问状态。如果在类的成员前没有任何访问控制符，则该成员属于默认访问状态(default)。处于默认访问状态的成员，只能被同一个包中的其他类访问。因此，默认访问状态的成员具有包可见性。

(4) protected 修饰符。如果要让子类能够访问父类的成员，就要把父类的成员声明为 protected。另外要注意，用 protected 修饰的成员也可以被同一个包中的其他类访问。

在程序设计中，确定一个成员用什么访问控制符修饰，要视具体情况而定。如果是类中对外提供的接口，就要使用 public 修饰；如果是不希望被外界访问的成员变量和方法，应当用 private 修饰；如果是子类中可以访问的成员，则要用 protected 修饰；如果是该类所在包中的其他类可以访问的成员，则要用默认访问状态(一个成员一般应尽量少用默认访问状态)。

对上述访问控制符作用范围的总结如表 5-1 所示。

表 5-1   访问控制符的作用范围

访问修饰符	被本类访问	被同一包中的其他类访问	被不同包中的子类访问	被不同包中的非子类访问
private	允许	不允许	不允许	不允许
默认访问状态(package)	允许	允许	不允许	不允许
protected	允许	允许	允许	不允许
public	允许	允许	允许	允许

下面通过一个示例说明访问控制符的用法。如图 5-2 所示，定义了两个包，包名分别为 one 和 two，包 one 中有一个类 E，类 E 中定义了 4 个属性，分别用不同的访问控制符修饰。包 two 中定义了 4 个类，类 A 中定义了 4 个具有不同访问控制符修饰的属性，类 B 继承了同一个包中的类 A，类 C 继承了不同包中的类 E，类 D 中定义了一个主方法 main。

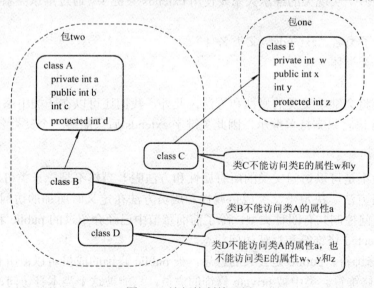

图 5-2   访问控制符示例

one 包中的类 E 定义如下：

01 //定义一个包 one

02 //程序名为 E.java

```
03 package one;
04 public class E{
05     private int w = 1;
06     public int x = 2;
07     int y = 3;
08     protected int z = 4;
09 }
```

two 包中定义的类 A、B、C 和 D 如下：

```
01 //定义一个包 two
02 //程序名为 D.java
03 package two;
04 import one.*;
05
06 class A{
07     private int a = 10;
08     public int b = 20;
09     int c = 30;
10     protected int d = 40;
11 }
12
13 class B extends A{ //类 B 继承了同一个包 two 中的类 A
14     void showA(){
15         //System.out.println(a); //a 是父类 A 的私有成员，子类不能访问
16         System.out.println(b); //b 是父类 A 的公共成员，子类可以访问
17         System.out.println(c); //c 是父类 A 的默认访问成员，可以被同一个包中的子类访问
18         System.out.println(d);//d 是父类 A 的保护成员，子类可以访问
19     }
20 }
21
22 class C extends E{ //类 C 继承了不同包中的类 E，类 E 在 one 包中
23     void showE(){
24         //System.out.println(w); //w 是父类 E 的私有成员，子类不能访问
25         System.out.println(x); //x 是父类 E 的公共成员，子类可以访问
26         //System.out.println(y); //y 是父类 E 的默认访问成员，不能被不同包中的子类访问
27         System.out.println(z); //z 是父类 E 的保护成员，子类可以访问
28     }
29 }
30 class D{
```

```
31        public static void main(String[] args){
32
33            A a1 = new A();//在类 D 中实例化一个同包中类 A 的实例
34            //System.out.println(a1.a);//a 是类 A 的私有成员，不能被其他类访问
35            System.out.println(a1.b); //b 是类 A 的公共成员，可以被其他类访问
36            System.out.println(a1.c); //c 是类 A 的默认访问成员，可以被同一个包中的类访问
37            System.out.println(a1.d); //d 是类 A 的保护成员，可以被同一个包中的类访问
38
39            B b1 = new B();
40            b1.showA();
41
42            C c1 = new C();
43            c1.showE();
44
45            E e1 = new E();//在类 D 中实例化一个不同包中类 E 的实例
46            //System.out.println(e1.w);//w 是类 E 的私有成员，不能被其他类访问
47            System.out.println(e1.x); //x 是类 E 的公共成员，可以被其他类访问
48            //System.out.println(e1.y); //y 是类 E 的默认访问成员，不能被不同包中的类访问
49            //System.out.println(e1.z); //z 是类 E 的保护成员，不能被不同包中的类访问
50        }
51 }
```

请读者仔细分析程序中语句的注释，用心体会访问控制符的功能。程序中，注释掉了类中不能被访问的其他类的属性。

用下列命令分别编译程序 E.java 和 D.java：

```
javac -d . E.java
javac -d . D.java
```

用下列命令执行编译后的程序：

```
java   two.D
```

仔细分析程序的运行结果，看与自己分析的结果是否一致。

5.1.2 【案例 5-1】 定义学生类

1. 案例描述

在开发一个学生管理系统时，要定义一个学生类。学生类除了有姓名和年龄属性外，还有学号和成绩等属性，学生类中要求有定义自我介绍的方法(即要有一个输出学生信息的方法)。

2. 案例效果

案例程序的执行效果如图 5-3 所示。

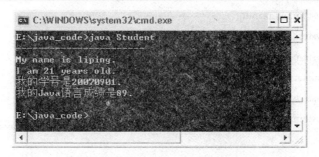

图 5-3　案例 5-1 的显示效果

3. 技术分析

在第 1 章案例 1-1 中定义的人类(People)已经有姓名(name)和年龄(age)两个属性，还定义了一个自我介绍的方法(introduceMyself)。因此，在定义学生类(Student)时，可以继承 People 类，这样只要在 Student 类中添加学生特有的属性和方法即可。

4. 程序解析

下面是学生类的定义，为了测试学生类，在学生类中定义了一个主方法(main)。程序如下：

```
01 //***********************************************
02 //案例:5-1
03 //程序名：Student.java
04 //功能:定义学生类
05 //***********************************************
06
07 class People{
08     String name;
09     int age;
10
11     void introduceMyself( ){
12         System.out.println("----------------------");
13         System.out.println("My name is "+name+".");
14         System.out.println("I am "+age+" years old.");
15     }
16 }
17
18 //学生类
19 class Student extends People{
20     String stuNo; //学号
21     int java; //java 语言成绩
22
23     void introduceMyself(){
```

```
24          System.out.println("-----------------------");
25          System.out.println("My name is "+name+".");
26          System.out.println("I am "+age+" years old.");
27          //super.introduceMyself();
28          System.out.println("我的学号是" + stuNo + ".");
29          System.out.println("我的 Java 语言成绩是" + java + ".");
30      }
31
32      public static void main(String[] args){
33          Student s1 = new Student();
34          s1.name = "liping";
35          s1.age = 21;
36          s1.stuNo = "20070901";
37          s1.java = 89;
38          s1.introduceMyself();
39      }
40  }
```

为了便于解释，在该程序代码中将案例 1-1 中定义的 People 类也写入了源程序中，其实，当 People 类和 Student 类在同一个包中时，源程序中只要定义 Student 类就可以了。

该程序的第 19 行定义了 Student 类，该类使用关键字 extends 继承了 People 类。在 20 行和 21 行定义了学生的两个属性：学号和 Java 语言成绩。在 23～30 行定义了一个方法 introduceMyself，该方法进行学生的自我介绍，其中方法的前 3 行与 People 类中定义的 introduceMyself 方法的功能完全相同。

32～39 行定义了一个测试 Student 的主方法，该方法的 33 行实例化了一个学生类型的对象 s1。34 行和 35 行中使用了从父类中继承而来的 name 属性和 age 属性。36 行和 37 行中的 stuNo 属性和 java 属性则是学生类中定义的新属性。38 行调用了在学生类中定义的方法 introduceMyself，用来输出学生的信息。

5.1.3 【相关知识】 类的修饰符

在定义类中的属性和方法时，根据需要可以加访问修饰符。在定义一个类时，根据需要也可以加修饰符。类的修饰符分 4 种情况：

● 类定义前面没有任何修饰符：这样的类只能被同一个包中的其他类访问，即类具有包(package)访问特性。

● public 修饰符：用 public 修饰的类可以被同一个包中的其他类或不同包的其他类访问。

● final 修饰符：用 final 修饰的类不允许被继承(在 5.3 节介绍)。

● abstract 修饰符：用 abstract 修饰的类不能实例化对象，只能用于继承(在第 6 章介绍)。

有时需要将 public 和 final 组合使用，如在 Java API 中有一个非常重要的类 java.lang.System，该类关系到系统的一些控制信息，如果被子类修改，则有可能造成错误。

所以，该类被定义成如下的格式：

```
public final class System extends Object{
    …
}
```

读者可以查看 JDK 帮助，System 类前面的 public 表示任何一个类可以访问该类(本书中的每个案例在输出信息时就使用了该类)，final 表示不能被继承(即该类没有其它子类)。

关于 public 修饰符要注意以下几个问题：

(1) 一个源程序文件里，只能有一个被 public 修饰的类。

(2) 当一个程序文件中定义了多个类时，文件名必须与 public 修饰的类名一致，并且文件名中字母的大小写也要与类名一样。

(3) 一个类要使用其他包中被 public 修饰的类时，应使用 import 语句引入该类；也可以使用长类名的方式，如 java.awt.Button，表示使用 java.awt 包中的 Button 类。

(4) 其他包中的非公共类是不能使用的。例如，下面是包 p1 中定义的 ClassA 类，程序名为 ClassA.java(注意 ClassA 是一个非公共类)：

```
package p1;
class ClassA{
    int a;
}
```

下面是引用 p1 包中 ClassA 类的 ClassB 类(注意，这两个类不在同一个包中)，程序名为 ClassB.java，ClassB 类在包 p2 中：

```
package p2;
import p1.ClassA;
class ClassB{
    ClassA a;
}
```

用下面的命令编译 ClassA 类：

```
javac –d . ClassA.java
```

ClassA 类可以被正确编译，然后用下面的命令编译 ClassB 类：

```
javac –d . ClassB.java
```

ClassB 类在编译时，出现如下的编译错误：

```
ClassB.java:2: p1.ClassA 在 p1 中不是公共的；无法从外部软件包中对其进行访问
import p1.ClassA;
              ^
1 错误
```

该错误信息的含义是，ClassB.java 程序的第 2 行发生错误，错误的原因是 p1.ClassA 类不是公共类，不能被不同的包引用。要修改以上编译错误，只要在 ClassA 的类定义前加 public 即可。

注意：在方法和属性前使用的修饰符 private 和 protected 一般不能用在类定义前，也就是说没有私有类和保护类。

5.2　属性的隐藏和方法的重写

子类是一个比父类更具体的类，如"学生是人"和"轿车是车"，这里的"学生"和"轿车"分别是对"人"和"车"的具体化，因此它们比父类"人"和"车"拥有更多的属性和方法，体现在程序设计中，就是一个类在继承父类时，常常要对父类进行如下的扩展：

- 添加新的成员属性(变量)；
- 添加新的成员操作(方法)；
- 隐藏父类的属性；
- 重写父类中的方法。

在案例 5-1 中，第 20 行和 21 行的学生类(Student)添加了两个新的属性，当然根据需要也可以添加新的方法。本节重点讨论属性的隐藏与方法的重写问题。

5.2.1　属性隐藏和方法重写的基本知识

1. 属性的隐藏

如果子类中定义了与父类中同名的属性，则在子类中访问这种属性时，在默认情况下引用的是子类自己定义的成员属性，而将从父类那里继承而来的成员属性"隐藏"起来了。因此，隐藏是指子类对从父类继承来的属性进行了重新定义。子类中，重新定义的属性数据类型可以与父类中的类型相同，也可以与父类中的类型不同。

属性的隐藏由于在子类中定义了与父类中同名的属性，因而可能会造成对程序理解上的混乱，况且属性的隐藏在实际软件开发中的用处不大，建议尽量避免使用。

2. 方法的重写(或叫方法的覆盖)

方法的重写指子类中重新定义了与父类中同名的方法，则父类中的方法被覆盖(Override)。方法的重写通常具有实际意义，如在案例 5-1 中，学生类的 23 行重写了与父类中同名的 introduceMyself 方法，因为学生自我介绍时，不但要介绍普通人具有的姓名和年龄，还要介绍学生所特有的学号和成绩等信息。通过方法重写可以将父类中的方法改造为适合子类使用的方法。被覆盖的方法在子类中访问时，将访问在子类中定义的方法，如案例 5-1 中的 38 行，将调用在 Student 类中定义的 introduceMyself 方法。

注意 1：方法的覆盖需要子类中的方法头和父类中的方法头完全相同，即应有完全相同的方法名、返回值类型和参数列表。

注意 2：在子类中也可以重载父类中已有的方法。子类中重载的方法应与父类中重载的方法具有相同的方法名和不同的参数形式。

注意 3：如果不希望子类对从父类继承而来的方法进行重写，则可以在方法名前加 final 关键字。

注意 4：覆盖方法不能比它所覆盖的父类中的方法有更严格的访问权限(访问权限可以相同)。下面举一个实例进行说明。如下的程序中定义了两个类 F 和 S，子类 S 继承了父类 F，F 类中定义了一个用 protected 修饰的属性 a 和一个用 protected 修饰的方法 showA()：

```
01 class F{
02     protected int a = 1;
03     protected void showA(){
04         System.out.println(a);
05     }
06 }
07
08 class S extends F{
09     private int a = 2;
10     void showA(){
11         System.out.println(a);
12     }
13 }
```

编译该程序时将出现如下错误：

S.java:10: S 中的 showA() 无法覆盖 F 中的 showA()；正在尝试指定更低的访问权限；为 protected

```
  void showA(){
      ^
```

1 错误

该错误发生在 showA()方法上。根据本章前面所学的知识我们知道，被 protected 修饰的成员(第 03 行的 showA()方法)可以"被不同包中的子类访问"，而包访问特性的成员(第 10 行的 showA()方法)只能被同一个包中的类访问，不能"被不同包中的子类访问"。由此，第 10 行定义的 showA()方法比 03 行定义的 showA()方法有"更严格的访问权限"，所以程序出现错误。该错误可按注意 4 的要求进行修改，即在第 10 行方法 showA 前面加 public 或 protected 修饰符，使其具有与父类中 showA 相同或更大的访问控制权限。但要注意，对于属性没有这样的要求，如子类中第 09 行的属性 a 隐藏了父类中 02 行定义的属性 a，父类中的 a 用 protected 修饰，而子类中的 a 用 private 修饰，这是允许的。

注意 5：覆盖方法不能比它所覆盖的方法抛出更多的异常(第 7 章介绍)。

3. 子类访问父类被重写的方法和被隐藏的属性

要在子类中访问被重写的方法和被隐藏的属性时，如果直接用被重写的方法名或被隐藏的属性名，则被访问的是子类中定义的方法和属性。如果要在子类中访问父类中被重写的方法和被隐藏的属性，则要使用关键字 super。

简单地说，super 表示当前对象的直接父类对象。因此，可以通过 super 关键词访问到父类中被重写的方法和被隐藏的属性。super 的使用有三种情况：

(1) 访问父类中被隐藏的成员变量，如：

super.变量名;

(2) 调用父类中被重写的方法，如：

super.方法名([参数列表]);

(3) 调用父类的构造方法，如：

  super([参数列表]);

  在案例 5-1 中，父类 People 中定义的 introduceMyself 方法可以输出一个人的姓名和年龄，因此子类中 23 行定义的 introduceMyself 方法，可以调用父类中 11 行已经定义好的 introduceMyself 方法。具体做法是将程序中的第 24 行、25 行和 26 行加上注释，而将 27 行的注释去掉，程序将得到相同的执行结果。

  在下面的程序片段中，第 6 行使用 super.x 访问父类中被隐藏的属性 x：

```
1 class X{
2     int x = 1;
3 }
4
5 class Y extends X{
6     int x = super.x + 2;
7 }
```

如何使用 super 调用父类的构造方法，将在下一节介绍。

5.2.2 【案例 5-2】 重写学生类

1. 案例描述

本节将按照面向对象的程序设计思想重写案例 5-1 的学生类。

2. 案例效果

见案例 5-1 的显示效果。

3. 技术分析

  在定义人类 Person 时，子类有权访问的属性应该用 protected 修饰；一个类的对外接口(即其他类可以访问的方法)应该用 public；子类在继承父类时，根据需要可以扩展某些方法的功能，即对某些方法进行覆盖。

4. 程序解析

下面是案例 5-2 的程序代码：

```
01 //***********************************************
02 //案例:5.2
03 //程序名：Student2.java
04 //功能:定义学生类
05 //***********************************************
06
07 class People2{
08     protected String name;
09     protected int age;
```

```java
10
11      public People2(){}
12
13      public People2(String name, int age){
14          this.name = name;
15          this.age = age;
16      }
17
18      public void introduceMyself( ){
19          System.out.println("----------------------");
20          System.out.println("My name is "+name+".");
21          System.out.println("I am "+age+" years old.");
22      }
23 }
24
25 //学生类
26 class Student2 extends People2{
27      private String stuNo;    //学号
28      private int java;    //java 语言成绩
29
30      public Student2(String name, int age, String stuNo, int java){
31          this.name = name;
32          this.age = age;
33          this.stuNo = stuNo;
34          this.java = java;
35      }
36
37      public void introduceMyself(){
38          super.introduceMyself();
39          System.out.println("我的学号是" + stuNo + ".");
40          System.out.println("我的 Java 语言成绩是" + java + ".");
41      }
42
43      public static void main(String[] args){
44          Student2 s1 = new Student2("liping", 21, "20070901",89);
45          s1.introduceMyself();
46      }
47 }
```

该程序比较简单，请读者自己分析。

5.2.3 【相关知识】 方法覆盖与方法重载的区别

"覆盖"与"重载"两种技术对 Java 语言的初学者而言很容易混淆。

所谓"重载"(Overload)，是在同一个类(或父类与子类)中定义了名称相同但参数个数或参数类型不同的方法，因此在调用方法时，系统便可依据参数的个数或类型来决定调用哪一个被重载的方法。

所谓"覆盖"(Override)，是在子类中定义了名称、参数个数与类型均与父类相同的方法，用以改写或扩展父类里方法的功能。

下面通过一个实例来说明方法重载与方法覆盖的区别：

```
01 class F{
02     protected void showA(){
03         System.out.println("F 类中的 showA 方法");
04     }
05 }
06
07 class S extends F{
08     protected void showA(){
09         System.out.println("S 类中的 showA 方法");
10     }
11
12     void showA(int a){
13         System.out.println(a);
14     }
15
16     public static void main(String[] args)    {
17         new S().showA(3);
18         new S().showA();
19     }
20 }
```

父类 F 中 02 行定义的 showA 方法与子类 S 中 08 行定义的 showA 方法是覆盖关系，而子类 S 中 12 行定义的 showA 方法与其中 08 行定义的 showA 方法是重载关系，因为它们的参数不同。

5.3 类之间的层次结构

一个子类继承了一个父类，同时该子类还可以是其他类的父类，这样就形成了一个类之间的继承关系图。本节介绍类层次关系图，以及父类对子类的影响等问题。

5.3.1 类的层次结构

类 A 如果有两个子类 AA 和 AB，类 AA 如果有一个子类 AAA，类 AB 如果有一个子类 ABA，它们之间的继承关系就构成了图 5-4 左边的部分。类似地，由 B 类及其子类构成了图 5-4 中间的部分，其他类之间也可以构成类似的关系。

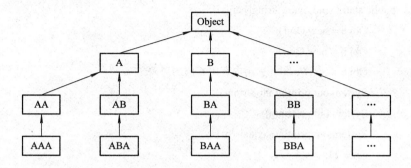

图 5-4　类的层次结构

1. Object 类

图 5-4 所示的树形结构中，类是分层次的，最顶层是 Object 类。在 Java 语言中，所有类都直接或间接地继承了在 Java API 中定义的 Object 类，Object 类位于 java.lang 包中。在一个类定义中，如果没有直接指出其父类，则 Java 语言默认其父类为 Object。例如，下面定义了一个类 Point：

```
class Point {
    float x;
    float y;
}
```

它与下面 Point 的定义是等价的：

```
class Point extends Object {
    float x;
    float y;
}
```

Java 语言中，所有类都是由 Object 类导出的，即所有类都直接或间接地继承了 Object 类。因此，在 Object 类中定义的 public 方法可以被任何一个 Java 类使用，也就是说，任何一个 Java 对象都可以调用这些方法。Object 类中常用的两个实例方法是：

● equals()：equals 方法等价于比较运算符(==)。比较运算符用来比较两个简单数据类型的值是否相等，或者判断两个对象是否具有相同的引用值。

● toString()：该方法返回代表这个对象的一个字符串表示。默认情况下，返回的字符串由该对象所属的类名、@符号和代表该对象的一个数组成。例如：System.out.println (myClinder)，输出类似 Cylinder@15037e5 的字符串，这些信息的意义不大，在编程中通常重写 toString 方法，使它返回一个代表该对象的易懂的字符串。

分析下面的示例程序(注意 equals()和 toString()在程序中的用法)：

```
01 class Obj{
02     int x = 12;
03 }
04
05 class TestObj{
06     public static void main(String[] args){
07         Obj a = new Obj();
08         Obj b = new Obj();
09         Obj c = b;   //c 和 b 引用内存中相同的对象
10         System.out.println(a.toString());
11         System.out.println(a);
12         System.out.println(a.equals(b));
13         c.x = 24;
14         System.out.println(b.equals(c));
15         System.out.println(b.x);
16     }
17 }
```

该程序执行后输出的结果如图 5-5 所示。

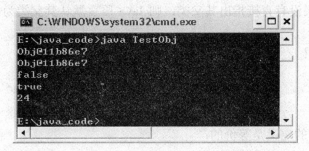

图 5-5 示例程序的运行结果

从图 5-5 中可以看出，如果调用含有对象参数的 System.out.println 方法(即输出的量为对象名称)，则系统就会自动调用 toString 方法打印出相应的信息。

2. 继承的传递性

继承具有传递性。也就是说，父类可以把一些特性传递给子类，而子类又可以把这些特性再传递它的子类(即子类的子类)，依次类推。因此，子类继承的特性可能来源于它的父类，也可能来源于它的祖先类。

分析下面的示例程序。

```
01 class A{
02     public int a1 = 1;
03     int a2 = 2;
04     protected int a3 = 3;
```

```
05 }
06
07 class B extends A{    //B 类继承了 A 类
08     public int b1 = 11;
09     int b2 = 22;
10     protected int b3 = 33;
11 }
12
13 class C extends B{    //C 类继承了 B
14     int c1 = 111;
15     void showC(){
16         System.out.println("clas A a1=" + a1);
17         System.out.println("clas A a2=" + a2);
18         System.out.println("clas A a3=" + a3);
19         System.out.println("clas B b1=" + b1);
20         System.out.println("clas B b2=" + b2);
21         System.out.println("clas B b3=" + b3);
22         System.out.println("clas C c1=" + c1);
23     }
24
25     public static void main(String[] args){
26         C objC = new C();
27         objC.showC();
28     }
29 }
```

该程序的执行结果如图 5-6 所示。

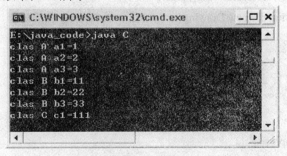

图 5-6　示例程序的执行结果

分析图 5-6 中输出的结果，弄清类之间的继承关系。

3. 对象的初始化

在 Java 语言中，对象的初始化非常重要。在使用对象之前，首要先初始化对象，这样做是为了保证对象处于安全状态。

一个子类对象既包含了从父类继承来的属性，也包含了它自己新定义的属性，因此在创建一个子类对象时，这些属性都要被正确的初始化。在 Java 语言中，对象初始化的原则非常简单，就是每个类要"自己照顾好自己"。按照这个原则，子类对象中从父类继承来的属性应该由父类的构造方法完成初始化，而子类新添加的属性应该由子类自己的构造方法完成初始化。因此，在子类的构造方法中，第一条语句应该是调用父类构造方法，完成对父类属性进行初始化的语句。调用父类构造方法的语句是：

    super([参数列表]);

其中，参数是可选的。如果没有参数，则 super()调用的就是父类无参的构造方法。

如果子类的构造方法中没有调用父类构造方法的 super 语句，则系统就会在子类构造方法执行时，自动调用父类无参构造方法，即执行一条 super()语句。该规则的用意是确保在子类构造方法执行之前，就调用了父类的构造方法，以完成对父类变量的初始化操作。尽管子类的构造方法可以自动调用父类的无参构造方法，但是为了养成良好的编程习惯，作者建议在编写子类的构造方法时，第一条语句应该是调用父类构造方法的语句。

根据以上说明，请读者自己分析下面示例程序的运行结果：

```
01 class Art{
02     Art(){    //Art 类的构造方法
03         System.out.println("Art Constructor.");
04     }
05 }
06
07 class Drawing extends Art{
08     Drawing(){    //Drawing 类的构造方法
09         System.out.println("Drawing Constructor.");
10     }
11
12     public static void main(String[] args){
13         Drawing d = new Drawing();    //创建一个 Drawing 类的对象
14     }
15 }
```

分析下面的程序有什么错误：

```
01 class Employee {
02     String name;
03     //public Employee(){}
04     public Employee(String n) {
05         name = n;
06     }
07 }
08
09 class Manager extends Employee {
```

```
10      String department;
11      //public Manager(){ }
12      public Manager(String s, String d) {
13         super(s);   //调用父类带一个参数的构造方法
14         department = d;
15      }
16  }
17
18  class TestManager{
19      public static void main(String[] args){
20          Manager m1 = new Manager();
21          Manager m2 = new Manager("ZhangFan","market");
22      }
23  }
```

程序的 20 行调用 Manager 类的默认构造方法初始化一个对象 m1，但由于在 Manager 类中已经定义了一个带参数的构造方法，系统就不会自动添加一个无参的默认构造方法，因此程序编译时将发生错误。如果给 Manager 类添加一个无参的构造方法，如第 11 行所示 (将 11 行的注释去掉)，程序编译时还会发生错误，这又是为什么呢？因为 Manager 类中已经添加了无参的构造方法，该构造方法要自动调用其父类 Employee 的无参构造方法，而父类 Employee 中没有定义无参的构造方法，并且由于在类 Employee 中已经定义了一个有参数的构造方法，因此系统也不会自动添加一个无参的构造方法。为了使该程序能被正确编译，还要给 Employee 类添加一个无参的构造方法，即将 03 行的注释去掉后编译程序，则不会发生编译错误。这个错误是初学者最常见的一个错误，防范的措施就是给每一个类都加上无参的构造方法。

注意 1：父类的构造方法的功能是完成父类属性的初始化，因此子类不能继承父类的构造方法。

注意 2：用 super 调用父类的构造方法时，该语句只能出现在子类构造方法的第一行。由于在一个类的构造方法中使用 this(见第 3 章)调用该类的其他构造方法时，也要将其放在第一行，因此在一个构造方法中，this 调用和 super 调用不能同时出现(请读者自己分析其中的原因)。

最后，将创建一个类的对象时对象初始化的顺序总结如下：

首先，将分配到的存储空间自动进行初始化(初始化的值，见表 3-7 所示)。

其次，进行显式初始化(即在类中声明的属性，如果赋了初值，就要进行显式初始化)。

第三，调用构造方法进行初始化。

4. 父类对象和子类对象之间的转换

子类是对父类的具体化，如我们说"狗是一种哺乳动物"，即就是说，在哺乳动物这个大类中，狗只是其中的一种哺乳动物(在 Java 语言中，就是说哺乳动物类(Mammal)是狗类(Dog)的父类)，这句话如果反过来说"哺乳动物就是一种狗"就不对了，因为哺乳动物还包括马、羊等。这个问题与 Java 语言中的下面两个问题有联系。

1) 一个子类对象可以直接赋给一个父类对象

这个问题可以用下面的程序加以说明。

定义一个哺乳动物类：

```
class Mammal{
    …
    }
```

狗是一种哺乳动物类，所以可以用下面的继承关系定义：

```
class Dog extends Mammal{
    …
    void run    …
    }
```

程序中说明了一个如下的动物类对象的引用：

```
Mammal    m;
```

程序中创建了一个狗类的实例：

```
Dog dog1 = new Dog();
```

如果有如下的赋值：

```
m = dog1;
```

这就好比说"狗是一种哺乳动物"，因此这种赋值是正确的。可以用下面的方式书写：

```
Mammal    m = new Dog();
```

这种赋值方式是将类继承层次结构的下层对象转化为上层对象，因此可以将父类的对象 m 叫做子类对象 dog1 的上转型对象。上转型对象会失去子类对象的一些特有属性，如我们说"狗是一种哺乳动物"时，就只指狗的哺乳动物类特性，而不是指狗所特有的属性。因此，一个上转型对象不能操作子类新增加的属性和方法。

上转型对象的本质是子类对象包含了父类对象的域，所以在创建一个子类对象时，也隐含地创建了一个父类对象(这也是子类对象实例化时，其构造方法首先要调用父类构造方法的原因)，因此子类对象可以赋给父类对象。也可以这样理解这个问题，父类对象的取值范围较大(如哺乳动物可以是马、狗、猫等)，而子类对象的取值范围较小(如狗只是哺乳动物中的一小类)，所以子类对象赋给父类对象是正确的(相当于简单数据类型中，可以将一个取值范围较小的量赋给一个取值范围较大的量，如将一个 byte 型量赋给一个 int 型量，这是正确的)。

注意 1：子类对象赋给父类对象时，会自动进行类型转换。

注意 2：因为 Java 语言中的所有类都直接或间接继承了 Object 类，所以任何一个类的对象都可以赋给 Object 类的对象，即 Object 类的对象可引用任何对象。

2) 一个父类对象不能直接赋给子类对象

如有下面的赋值：

```
Dog dog2 = new Mammal();
```

这就好像说"哺乳动物是狗"。我们知道哺乳动物很多，只能说狗是哺乳动物里的一种，而不能说哺乳动物都是狗。因此，在 Java 语言中这种赋值是不允许的。如果的确要进行这样的赋值，则只能进行强制类型转换：

　　　　Dog dog2 = (Dog)new Mammal();

　　注意：父类对象赋给子类对象时要使用强制类型转换。

　　父类对象不能赋给子类对象也可以这样理解，因为父类对象中不包含子类对象新增加的域，正是这些子类中新增加的域限制了子类对象，使其只能是父类中有这些属性的那一部分。所以，将一个父类对象赋给一个子类对象，相当于简单数据类型中，将一个取值范围大的量赋给一个取值范围小的量，这是错误的，除非使用强制类型转换。

5.3.2　【案例 5-3】　定义公司员工类

1. 案例描述

　　在开发一个公司管理信息系统的过程中，涉及到的人员有普通员工、公司经理等，现要求设计公司的有关员工类。

2. 案例效果

　　案例程序的执行效果如图 5-7 所示。

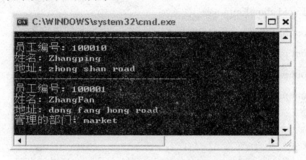

图 5-7　案例 5-3 的执行效果

3. 技术分析

　　一个公司的普通员工拥有员工号(employeeNumber)、姓名(name)、地址(address)等属性。公司的经理也是一名员工，只不过经理比普通员工拥有更多的权限和职责，如公司的经理有所管理的部门(department)等。通过以上分析可知，定义的普通员工类(employee)应该是经理类(manager)的父类(说明：该程序主要是为了说明类之间的继承关系以及 this 与 super 关键字在类中的用法。为了节省篇幅，这里给出的员工属性比较少)。

4. 程序解析

　　01 //***

　　02 //案例:5.2

　　03 //程序名：TestManager.java

　　04 //功能:定义公司员工类和经理类

　　05 //***

　　06

　　07 //公司员工类

```
08 class Employee {
09     protected String employeeNumber;
10     protected String name;
11     protected String address;
12
13     public Employee(){
14       this("", "", "");
15     }
16
17     public Employee(String employeeNumber, String name, String address) {
18       this.employeeNumber = employeeNumber;
19       this.name = name;
20       this.address = address;
21     }
22
23     protected void showEmployee(){
24       System.out.println("-----------------------------");
25       System.out.println("员工编号: " + employeeNumber);
26       System.out.println("姓名: " + name);
27       System.out.println("地址: " + address);
28     }
29 }
30
31 //公司经理类
32 class Manager extends Employee {
33     protected String department;
34
35     public Manager(){
36       this("", "", "", "");
37     }
38
39     public Manager(String employeeNumber, String name, String address,String department) {
40       super(employeeNumber,name,address);    //调用父类带 3 个参数的构造方法
41       this.department = department;
42     }
43
44     protected void showManager(){
45       super.showEmployee();
46       System.out.println("管理的部门: " + department);
```

```
47        }
48    }
49
50  //测试类
51  class TestManager{
52      public static void main(String[] args){
53          Employee e = new Employee("100010","Zhangping", "zhong shan road");
54          e.showEmployee();
55
56          Manager m = new Manager("100001","ZhangFan","dong fang hong road","market");
57          m.showManager();
58      }
59  }
```

在程序的 08～29 行定义了一个普通的员工类 Employee。09～11 行定义了员工的三个属性，都用 protected 修饰，表示同一个包中的其他类和子类可以访问这些属性。13～15 行定义了一个无参的构造方法，方法体中的一条语句为 "this("", "", "")"，表示调用 Employee 类中带 3 个参数的构造方法，这样做的目的是为了防止当使用无参的构造方法初始化对象时，将类中定义的 3 个属性都初始化为 null，在 Manger 类中定义的无参构造方法也有类似的功能。32～48 行定义的 Manager 类中，40 行表示调用父类带 3 个参数的构造方法，45 行表示调用父类的 showEmployee()方法。

5.3.3 【相关知识】 final 关键字与终止继承

在 Java 语言中，final 关键字有三种用法：修饰变量、修饰方法和修饰类。

1. 修饰变量

在第 3 章中曾讲过，如果一个变量被 final 关键字修饰，则该变量就是常量，只能进行一次赋值。

2. 修饰方法

一个方法如果不希望在子类中被重写，就要用 final 修饰，这种方法也叫终结方法。在这种情况下，子类只能使用从父类继承下来的方法，而无法对父类中的方法进行扩展。这种做法的好处是，可以防止子类对父类中的关键方法进行重写时而产生的错误，增加了代码的安全性和正确性。

用 final 修饰方法时，则方法不能被覆盖。看下面的示例程序：

```
01  class P{
02      final void print(){
03          System.out.println("a final method.");
04      }
05  }
06
```

```
07 class Q extends P{
08     void print(){
09          System.out.println("override a final method.");
10     }
11 }
```

该程序将产生如下的编译错误：

P.java:8: Q 中的 print() 无法覆盖 P 中的 print()；被覆盖的方法为 final

void print(){

^

1 错误

在父类 P 中，02 行定义了一个用 final 修饰的方法 print()。在其子类 Q 中，08 行中重写了该方法，这就会产生编译错误。

将一个方法声明为 final 的另一个原因是为了提高类的运行效率。在 Java 环境中执行一个方法时，首先在当前类中查找该方法，如果没有找到，则接着在其超类中查找，并一直沿着类层次结构向上查找，直到找到该方法为止。如果将方法声明为用 final 修饰的最终方法，则编译器可以将该方法的字节码直接放入调用它的程序中，因此提高了程序执行的速度。

3. 修饰类

如果一个类不希望被其他类继承，则可以在该类定义的前面加上 final 关键字，以终止继承，因此这种类也叫终结类。终结类不能有派生类。被 final 修饰的类通常有固定的功能，或完成一些标准的操作，要求在子类中不能进行修改以达到其他目的。在 Java API 中有很多用 final 修饰的类，如在程序中使用的 java.lang.String 类、java.lang.Math 类和 java.lang.System 类等。

有时，一个类声明为终结类的原因可能是出于安全考虑，如一个非终结类被别有用心的人派生了一个子类，而该子类与父类完成的功能可以大相径庭。Java 语言中有这样一条规则：可以使用父类的地方就可以使用子类(第 6 章介绍)，而这个子类可能会破坏或窃取系统机密。为了防止这种情况的发生，可以将一个类声明为用 final 关键字修饰的类。

下面是一个示例程序片段：

```
final class X{
    …
}
class Y extends X{
    …
}
```

该程序将产生如下编译错误：

Y.java:3: 无法从最终 X 进行继承

class Y extends X{

^

1 错误

5.4　JCreater

JCreater 是一个小巧的 Java 程序编辑与运行工具。由于它对机器的配置要求不高，且安装后只占几兆字节的硬盘空间，因此被广泛应用于 Java 程序设计的教学和一些简单的 Java 程序开发中。本节简要介绍一下 JCreater 的使用方法。

5.4.1　创建工作区、项目与类

图 5-8 是启动 JCreater 后显示的窗口。该窗口大致分为四个区域：文件视图区、包图区、工作区和输出区。

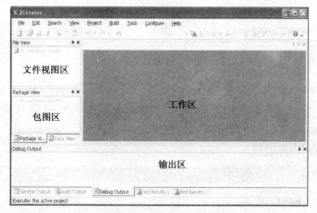

图 5-8　JCreater 窗口

1. 创建工作区

打开"File"菜单，选择其中的"New"菜单项，从"New"菜单的二级菜单中选择"Blank Workspace"，则弹出如图 5-9 所示的新建工作区对话框。在"Name"所指的文本框中输入新建的工作区名称，如"exercise"，在"Location"所指的文本框中输入工作区存放在磁盘上的位置，然后单击"Finish"，即可完成工作区的创建工作。

图 5-9　新建工作区对话框

2. 创建项目

打开"File"菜单，选择其中的"New"菜单项，从"New"菜单的二级菜单中选择"Project"，则弹出如图 5-10 所示的新建项目对话框。

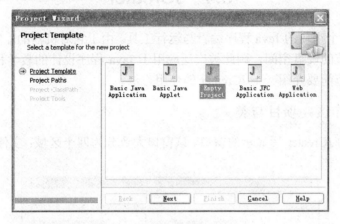

图 5-10　新建项目对话框

在如图 5-10 所示的新建项目对话框中，选择空白项目"Empty Project"，然后单击"Next"按钮，将弹出如图 5-11 所示的对话框。在"Name"文本框中输入新建项目的名称，如"inheritance_exercise"，单击"Finish"按钮，则在工作区"exercise"中创建了一个名为"inheritance_exercise"的项目。

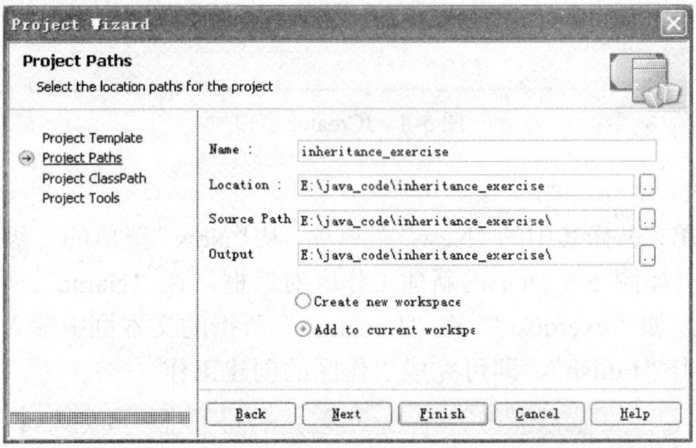

图 5-11　新建项目

注意： 在一个工作区中，根据需要可以创建多个项目，但当前只能有一个项目处于活动状态。可以通过右击项目名称，从快捷菜单中选择"Sets as Active Project"来设置当前的活动项目。

3. 创建类

打开"File"菜单，选择其中的"New"菜单项，从"New"菜单的二级菜单中选择"Class"，则弹出如图 5-12 所示的新建类对话框。在"Name"所指的文本框中输入新建类的名称，如"Shape"，在"Package"所指的位置输入包的名称，在这里输入"mypackage"(如果使用默认的包，则可以不输入包名称)。在多选项中将"Public"和"Generate default constructor"选中，分别表示生成一个公共类，并生成一个无参的构造方法。单击"Finish"按钮，完成类的创建，系统自动生成的程序将显示在窗口的工作区中。

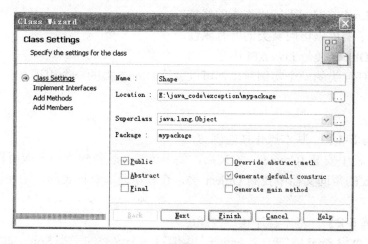

图 5-12 新建类对话框

再新建一个类 Rect，该类继承了 Shape 类，且是一个公共的、有默认构造方法和 main 主方法的类。创建过程为从"New"菜单的二级菜单中选择"Class"，在弹出如图 5-12 所示的新建类对话框后，在"Name"所指的文本框中输入"Rect"类名称，在"Superclass"所指的文本框中输入父类名称"Shape"，在"Package"所指的位置输入"mypackage"。将多选项中的"Public"、"Generate default constructor"和"Generate main method"选中，单击"Finish"按钮，完成类的创建，系统自动生成的程序将显示在工作区窗口中。用户可以根据需要对工作区窗口中的程序添加新的方法或属性。

5.4.2 编译与运行程序

从"Build"菜单中选择"Compile Project"，则可以对项目进行编译。如果选择"Compile File"，则可以以文件为单位进行编译。从"Build"菜单中选择"Execute Project"，则可以执行一个项目；选择"Execute File"，则可以执行一个类文件。

基础练习

【简答题】

5.1 什么是继承？举例说明 Java 语言中如何实现继承。

5.2 说明方法和属性的访问控制符有哪些。

5.3 final 修饰符用在属性、方法和类的前面各有什么不同？

5.4 什么是属性的隐藏和方法的覆盖？

5.5 方法的覆盖与方法的重载有什么不同？

5.6 说明 super 关键词的功能。

5.7 举例说明 Object 类的 toString 方法和 equals 方法的用法。

5.8 子类的对象和父类的对象是否可以直接相互赋值？

【是非题】

5.9 　(　)Java 语言中，所有类都直接或间接地继承了 Object 类。

5.10 　(　)Java 语言支持多继承机制。

5.11 　(　)final 关键词不能用作类的修饰符。

5.12 　(　)子类可以访问父类的所有属性。

5.13 　(　)Object 类是 Java API 中定义的一个类。

5.14 　(　)任何类的一个实例对象都可以赋给 Object 类的一个引用。

技能训练

【技能训练 5-1】 　基本操作技能练习

(1) 在计算机中安装 JCreater，安装后，使用该工具软件建立一个应用程序。

(2) 在 Java 的帮助文档中找到 Object 类，查看帮助中对该类的说明和该类提供的所有方法。

【技能训练 5-2】 　基本程序调试技能练习

(1) 编写一个用 final 修饰的类 Father，再编写一个该类的子类 Son。如果编译程序，则会出现什么样的错误提示？

(2) 上机调试图 5-2 所示的有关访问控制符的演示程序，对不同类中定义的属性分别将其修饰符去掉，加 public、protected 或 private 修饰符，观察程序编译和运行后的结果。

(3) 编写一个程序，在该程序中使用 super 调用父类的构造方法和父类的成员方法。

【技能训练 5-3】 　程序设计技能练习

编写一个程序，定义一个学生类 Student，该类继承自 Person 类。程序要求如下：

(1) Person 类中至少有姓名、性别、年龄三个属性；

(2) Person 类中至少定义两个构造方法；

(3) Student 类的属性至少要有姓名、性别、年龄、英语成绩、数学成绩；

(4) Student 类中至少定义两个构造方法，要求在 Student 类的构造方法中调用 Person 类的构造方法；

(5) Student 类中有输出学生信息的方法，要求使用 toString 方法实现该功能；

(6) Student 类中有求学生平均成绩的方法；

(7) 在测试类中定义一个 Student 类的数组，实例化每个数组元素，输出每个学生的有关信息。

第 6 章　多　态　性

- 理解 Java 语言多态性的概念;
- 掌握抽象类的概念和定义方法;
- 理解接口和接口的实现技术。

从字面意思来说, 多态(polymorphism)就是指"多种形态"。那么, 在 Java 中什么量可以有多种形态呢? 前面我们介绍的方法重载中, 同一个方法名根据需要在程序中可以定义多个不同的方法体, 这就是 Java 语言中多种形态的方法。因此, 简单地说, 多态就是指同名但形态(即功能)不同的方法。多态性提高了程序设计的抽象性和简洁性, 是面向对象程序设计的一个重要特征。本章介绍与实现多态有关的 Java 概念和技术, 主要内容有多态的概念、抽象类与多态、接口与多态。

基本技能

6.1　多态性的概念

在第 5 章介绍类的层次结构时我们说过, 一个父类的引用变量可以指向一个子类的实例对象, 而一个父类可能有多个子类。如我们说"狗是一种哺乳动物", 也可以说"马是一种哺乳动物", "猫是一种哺乳动物", 等等, 这里的"哺乳动物"是父类(如用 Mammal 表示), 而狗、马、猫等是"哺乳动物"的子类。有如下的类定义:

```
public class Mammal{
    …
}
class Dog extends Mammal{
    …
}
class Horse extends Mammal{
    …
}
class Cat extends Mammal{
    …
}
```

当我们说明了如下的一个"哺乳动物类"的引用 animal 时:

　　　　Mammal animal;

animal 可能在程序运行的不同时刻指向了 Mammal 子类的不同对象。例如，在某个时刻可能指向的是一个狗类(Dog)的实例对象，而在另外一个时刻可能指向的是猫类(Cat)的实例对象或马类(Horse)的实例对象。像 animal 这样在不同时段内可以指向不同类型对象的引用，就是多态性的引用。

　　Java 的多态性就是指方法的多态和引用的多态。下面介绍有关多态的基本知识。

6.1.1　多态的基本知识

　　在 Java 语言中，多态性分为两种类型。

1. 由方法多态引发的编译时多态性

　　编译时多态性是由方法重载实现的。前面介绍过，重载是指在同一个类(也可以是子类与父类)中，同一个方法名被定义多次，但所采用的形式参数列表不同(可能是参数的个数、类型或顺序不同)。在重载方法的编译阶段，编译器会根据所调用方法参数的不同，具体来确定要调用的方法。如下面的程序中定义了一个类 A：

```
class A{
    …
    A(){ … }
    A(int x){ … }
    A(int x, int y){ … }
    …
}
```

　　类 A 中定义了三个重载的构造方法，则在实例化一个对象时，会根据构造方法中实参的类型与个数确定调用类 A 中的哪个构造方法。如程序中有下面一条语句：

```
A a = new A(12);
```

则编译时，系统就可以确定该处要调用类 A 中有一个参数的构造方法。

2. 由引用多态引发的运行时多态性

　　由于子类继承了父类所有的属性，因此子类对象可以作为父类对象使用。程序中凡是使用父类对象的地方，都可以用子类对象来代替，因此，如果说明了一个父类的引用，则这个引用就是多态性的引用。

　　对于多态性的一个引用，调用方法的原则是：Java 运行时，系统根据调用该方法的实例来决定调用哪个方法。对子类的一个实例，如果子类重写了父类的方法，则运行时系统调用子类的方法；如果子类继承了父类的方法(未重写)，则运行时系统调用父类的方法。

　　编译时多态性比较简单，本章我们主要讨论运行时多态性。

6.1.2　【案例 6-1】　吃水果

1. 案例描述

　　一天，小明的妈妈买了一篮子水果(Fruit)，有香蕉(Banana)、苹果(Apple)和椰子

(Coconut)。小明在吃这些水果时，如果拿到了一个香蕉就要"剥了皮吃"，如果拿到了一个苹果就要"削了皮吃"，如果拿到了一个椰子就要"钻一个孔来喝"。现要求设计一个程序，模拟小明选择水果和吃水果的过程。

2. 案例效果

案例程序的执行效果如图 6-1 所示。

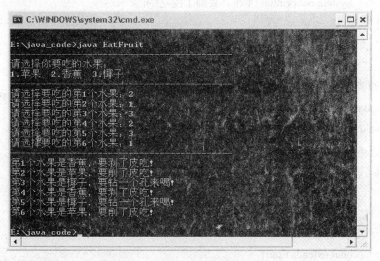

图 6-1 案例 6-1 的执行效果

3. 技术分析

该问题域中，香蕉(Banana)、苹果(Apple)和椰子(Coconut)是不同种类的水果(Fruit)，它们都是水果里的一个子类，因此这里的父类是水果类(Fruit)，子类是香蕉类(Banana)、苹果类(Apple)和椰子类(Coconut)。水果都可以吃，所以水果类中要定义一个"吃"水果(eat)的方法。

4. 程序解析

下面是该案例的程序代码：

```
01 //****************************************
02 //案例:6-1
03 //程序名：EatFruit.java
04 //功能: 模拟吃水果的程序
05 //****************************************
06
07 import java.util.Scanner;
08
09 //水果类
10 class Fruit{
11     void eat(){}
```

```
12 }
13
14 //苹果类
15 class Apple extends Fruit{
16     void eat(){
17         System.out.println("苹果，要削了皮吃!");
18     }
19 }
20
21 //香蕉类
22 class Banana extends Fruit{
23     void eat(){
24         System.out.println("香蕉，要剥了皮吃!");
25     }
26 }
27
28 //椰子类
29 class Coconut extends Fruit{
30     void eat(){
31         System.out.println("椰子，要钻一个孔来喝!");
32     }
33 }
34
35
36 class EatFruit{
37
38     //选择所要吃的水果
39     static void chooseFruit(Fruit[] f){
40         int fruitType;
41         Scanner sc = new Scanner(System.in);
42
43         System.out.println("------------------------------------------");
44         System.out.println("请选择你要吃的水果：\n1.苹果\t2.香蕉\t3.椰子");
45         System.out.println("------------------------------------------");
46
47         for(int i = 1; i <= f.length; i++){
48             System.out.print("请选择要吃的第" + i +"个水果：");
49
```

```
50              //如果选择的水果不正确，要重新选择
51              while(true){
52                  fruitType = sc.nextInt();
53                  if((fruitType == 1)||(fruitType == 2)||(fruitType == 3))
54                      break;
55                  else   System.out.print("请重新选择要吃的第" + i +"个水果：");
56              }
57
58              //根据所选择的水果，创建相应的实例
59              switch(fruitType){
60                  case 1: f[i-1] = new Apple();    break;
61                  case 2: f[i-1] = new Banana();    break;
62                  case 3: f[i-1] = new Coconut();    break;
63              }
64          }
65      }
66
67      //开始吃水果
68      static void startEating(Fruit[] f){
69          System.out.println("----------------------------------------");
70          for(int i = 1; i <= f.length; i++){
71              System.out.print("第" + i + "个水果是");
72              f[i-1].eat();
73          }
74      }
75
76
77      public static void main(String[] args){
78          Fruit[] f = new Fruit[6];
79          chooseFruit(f);
80          startEating(f);
81      }
82 }
```

该程序中，第 10～12 行定义了一个水果类 Fruit，在其后面定义的 Apple 类、Banana 类和 Coconut 类都继承了 Fruit 类，即这 3 个类都是 Fruit 类的子类，在每个子类中都重写了父类中的 eat 方法。父类中的 eat 方法体为空，因为 Friut 类中只知道每一种水果都可以吃，但具体要吃什么水果是不知道的，所以吃什么水果只能在子类中根据具体情况重新定义。

在本程序中，定义了一个吃水果的类 EatFruit。该类的代码显得比较复杂些，其中 39～65 行定义了一个选择所要吃水果的方法 chooseFruit，通过该方法可以将所选择要吃的水果

存放在一个数组中。该数组的每个元素是一个对象，具体根据所选择水果种类的不同可以是 Apple 类、Banana 类或 Coconut 类的实例对象,这个过程是由程序 59～63 行的一个 switch 语句来实现的。在该 switch 语句中根据所选择水果的不同，分别创建了 Apple 类、Banana 类或 Coconut 类的对象。

在 EatFruit 类中，最关键的是 68～74 行定义的吃水果的方法 startEating，正是该方法根据所选择水果的不同，调用了不同的吃水果的方法，完成了所谓多态性方法的调用。程序中 70～73 行是一个 for 循环语句，其循环体中的 "f[i-1].eat()" 语句，会根据数组元素 f[i-1] 中存放的引用对象是 Apple 类、Banana 类或 Coconut 类的实例，来调用其相应子类中定义的 eat()方法。这就是本节要重点介绍的内容。一个父类的引用，会根据当前所指向对象的不同，调用相应子类中被重写的方法，这就是所谓由引用多态引发的运行时多态性。运行时多态性在程序被编译时，不能确定一个多态引用所要调用的方法，只有在程序运行时才能根据引用所指向对象的类来确定被调用的方法。

EatFruit 类中定义的方法其下标都为"i−1"，是因为 for 循环中的循环变量 i 都从 1 开始，而一个数据的下标是从 0 开始的。

在 main 方法中，78 行定义了一个元素类型是 Fruit 类的数组 f, f 中共有 6 个下标元素。79 行调用 chooseFruit(f)方法将所选择的水果存放在 f 数组中,80 行调用 startEating(f)方法开始吃水果。要注意的是，这两个方法的参数都是数组 f，在调用 chooseFruit(f)方法前，f 数组中没有存放任何元素；当该方法执行完成后，将所选择的水果存放在 f 数组中，这样在调用 startEating(f)方法吃水果时，f 数组中已经存放了所选择的水果。

当数组中的元素类型为对象时，会令初学者比较困惑。下面对这个问题进行说明。程序中 78 行的语句是 "Fruit[] f = new Fruit[6]"，该语句执行后的情况如图 6-2 所示。

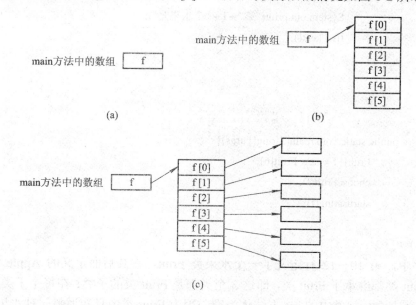

图 6-2　数组的元素为对象时的创建过程

该语句中的 "Fruit[] f" 声明只完成图 6-2(a)所示的内容，即只创建了一个数组型引用变量 f。"new Fruit[6]" 完成图 6-2(b)所示的内容，即为引用 f 在内存中创建 6 个指向 Fruit 型的数组元素，每个数组元素是一个 Fruit 型的对象。程序中 60～62 行的语句为创建每个数组元素对象(即下标变量)所指向的对象实例，如图 6-2(c)所示。

EatFruit 类中的方法为了在程序中不实例化对象就可以调用，所以都声明成了静态方法(static)。

6.1.3 【相关知识】 数据的输入与格式化输出

在一个程序中，经常要从键盘上给某些变量输入数据，输入的数据经过程序处理后，又要以某种格式进行输出。下面介绍 Java 语言中与数据输入和输出有关的知识。

1. 输入的数据

案例 6-1 程序第 39 行定义的 chooseFruit(Fruit[] f)方法中，在第 41 行使用了 Scanner 类。Scanner 类是 Java 5.0 在 java.util 包中新增加的一个类，该类用于输入数据，其数据来源可以是文件、字符串或键盘等。

使用 Scanner 类从键盘上输入数据的步骤是：

(1) 创建一个该类的对象，并指定输入源。

如果要从键盘上输入数据，常用类似于如下的格式：

```
Scanner sc = new Scanner(System.in);
```

其中，System.in 在 Java 语言中表示标准输入设备(另外，经常使用 System.out 表示标准输出设备，一般指显示器)，其实就是键盘，表示要从键盘上输入数据。

Scanner 对象一般使用空格符(包括空格、Tab 键和换行符)分隔输入的内容。

(2) 使用 Scanner 类提供的方法从数据源取得数据。

Scanner 类中定义的 nextXXX 方法将输入内容中的数据取出并转换为不同类型的值。常用的方法有：

- nextBoolean()：将扫描到的内容转换为一个布尔值，并返回该值；
- nextByte()：将扫描到的内容转换为一个 byte 类型的值，并返回该值；
- nextDouble()：将扫描到的内容转换为一个 double 类型的值，并返回该值；
- nextFloat()：将扫描到的内容转换为一个 float 类型的值，并返回该值；
- nextInt()：将扫描到的内容转换为一个 int 类型的值，并返回该值；
- nextLong()：将扫描到的内容转换为一个 long 类型的值，并返回该值；
- nextShort()：将扫描到的内容转换为一个 short 类型的值，并返回该值；
- nextLine()：读取一行内容，并以字符串的形式返回该值。

例如，以下代码可使用户从键盘上(System.in)读取一个整数，并将读到的数据保存在变量 i 中：

```
Scanner sc = new Scanner(System.in);

int i = sc.nextInt();
```

2. 格式化输出数据

程序中要输出的数据通常要按特定格式输出，如计算出的商品总价要以货币格式输出，产品的合格率要以百分数格式输出等。在 Java 语言的 java.text 包中，提供的 DecimalFormat

类可以将数据按要求的格式进行输出。下面举例说明 DecimalFormat 类的用法。

(1) 创建输出格式类的对象，并指定输出格式。

使用 DecimalFormat 类格式化输出数据时，先要创建一个 DecimalFormat 类的对象，并在构造方法的参数中以字符串的形式说明输出数据的格式(这个说明输出数据格式的字符串也叫掩码)。例如：

```
DecimalFormat df1 = new DecimalFormat("￥0.00");
```

掩码"￥0.00"中的￥表示输出数据的最前面要加一个货币符号￥，"0.00"表示小数点的左边至少要有一位数字，而小数点的右边有且只能有两位数字。如果小数点后面的数字多于两位，则将小数点后的第 3 位数字四舍五入；如果小数点后面的数字少于两位，则用 0 补齐。

下面创建的格式化输出对象 df2 将在输出数据的前面加"产品的合格率为："字符串，并将数据以百分数的格式输出：

```
DecimalFormat df2 = new DecimalFormat("产品的合格率为：0.00%");
```

下面创建的格式化输出对象 df3 将在输出数据的小数点后面保留 3 位小数，"#"表示将为输出的数据保留位置，但会取消所有的前导 0，小数点前面的数据每 3 位用"，"分隔，并在小数点前面至少要有一个数字：

```
DecimalFormat df3 = new DecimalFormat("#,##0.000");
```

(2) 使用 DecimalFormat 类的 format 方法将数据按指定格式输出。

如要将 345.3789 按 df1 格式输出，则可以写成：

```
System.out.println(df1.format(345.3789));
```

也可以将按 df1 格式输出的数据赋给一个字符串变量：

```
String s = df1.format(345.3789);
```

如要将 345.3789 按 df2 格式输出，则可以写成：

```
System.out.println(df2.format(345.3789));
```

下面是格式化输出的一个示例程序：

```
01 import java.text.DecimalFormat;   //引入格式化输出类
02 class DataFormat{
03     public static void main(String[] args){
04         DecimalFormat df1 = new DecimalFormat("￥0.00");
05         DecimalFormat df2 = new DecimalFormat("产品的合格率为：0.00%");
06         DecimalFormat df3 = new DecimalFormat("#,##0.000");
07         String s = df2.format(0.72341);
08         System.out.println(df1.format(234.237234));
09         System.out.println(df2.format(0.876767));
10         System.out.println(df3.format(234523450.237234));
11         System.out.println(s);
12     }
13 }
```

程序的执行结果如图 6-3 所示。

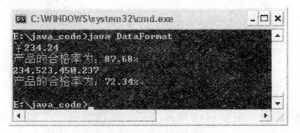

图 6-3　示例程序格式化输出的结果

6.2　抽　象　类

案例 6-1 中的 Fruit 类定义了一个名为 eat 的方法，水果可以吃，但不同的水果有不同的吃法，因此 Fruit 类中不能确定吃水果的具体方法，只能在 Fruit 类的子类中具体定义。Fruit 类中定义 eat 方法的目的只是告诉 Fruit 类的子类，对父类的 eat 方法要根据具体情况进行重写。像这样一个方法在定义时，不能确定其方法体的具体内容，在 Java 语言中可以定义为抽象方法。如果一个类中有抽象方法，则这个类应该定义为抽象类。本节介绍抽象方法与抽象类的概念，并说明抽象类与多态的关系。

6.2.1　抽象类的基本知识

1. 抽象方法

像 Fruit 类中的 eat 方法，其方法体为空，这样的方法只是告诉编译器在子类中要重写该方法，这时可将该方法定义为抽象方法。

在 Java 语言中，抽象方法要用 abstract 关键字来修饰，一个抽象方法没有方法体，只有方法的声明部分(即方法头)。抽象方法的定义格式是：

　　abstract　返回类型　抽象方法名([参数列表]);

注意：抽象方法在参数列表的后面使用 "；" 代替了方法体。

一个子类继承了父类时，父类中定义的抽象方法要在子类中实现。子类中实现父类定义的抽象方法时，其方法名、返回值和参数类型要与父类中抽象方法的方法名、返回值和参数类型相一致。由于一个父类可能有多个子类，而每个子类对父类中的同一个抽象方法给出了不同的实现过程，这样就会出现同一个名称、同一种类型的返回值在不同的子类中实现的方法体不同的情况，这正是实现多态的基础。

注意 1：由于抽象方法在子类中要重新定义，因此不能将其声明为静态方法，即不能用 static 修饰。

注意 2：一个类的构造方法不能声明成抽象方法。

2. 抽象类

在 Java 语言中，如果一个类中定义了抽象方法，则这个类一定要定义成抽象类。一个抽象类用 abstract 关键字修饰。定义抽象类的格式如下：

```
abstract class  抽象类名{
    ...
}
```

抽象类必须被继承，抽象方法必须在子类中被重写，除非这个子类也是一个抽象类。

注意 1：抽象类中可以包含非抽象的方法。

注意 2：一个抽象类不一定要包含抽象方法，即使没有一个抽象方法的类，也可以声明成抽象类。

注意 3：若类中包含了抽象方法，则该类必须定义为抽象类。

注意 4：抽象类不能用来实例化对象。

在学习了抽象类以后，案例 6-1 中的 Fruit 类应该定义为一个抽象类，定义方法如下：

```
abstract class Fruit{
abstract void eat();
}
```

要注意，方法 eat 应以分号结束。将 Fruit 类改为抽象类以后，案例 6-1 的执行结果不变。因为 Fruit 类为抽象类，不能用来实例化对象，所以程序中不能有类似于如下的语句：

```
Fruit f = new Fruit();
```

在 Fruit 类的子类 Apple、Banana 和 Coconut 中，重写的方法名 eat 之前不能再使用 abstract 修饰，否则会出现编译错误。

抽象类处在类层次结构的较高层，其优点是可以概括某类事物的共同属性，在子类中只需简单地描述其特有的内容即可，这样可以简化程序的设计。

3. 抽象类的继承

抽象类只能作为基类使用，因此必须被子类继承。如果一个类继承的是一个抽象类，则该类中要实现抽象类中的抽象方法。当然，对于抽象类中的非抽象方法也可以在子类中进行覆盖。当子类对父类中的抽象方法不进行重写时，这个子类就只能成为一个抽象类，这种情况比较少。

下面是一个抽象类继承的示例程序：

```
01 abstract class A{
02     abstract void f();
03     A(){
04         System.out.println("A constructor");
05     }
06 }
07
08 abstract class B extends A{
09     B(){
10         System.out.println("B constructor");
```

```
11    }
12 }
13
14 class C extends B{
15    C(){
16        System.out.println("C constructor");
17    }
18    void f(){
19        System.out.println("method f() of class C.");
20    }
21 }
22
23 class TestAbstractClass{
24    public static void main(String[] args){
25        A a = new C();
26        a.f();
27    }
28 }
```

程序中定义了一个抽象类 A，类 A 中定义了一个抽象方法 f()和一个无参的构造方法 A()。类 B 继承了类 A，但是没有实现基类 A 中的抽象方法 f()，所以类 B 只能定义成一个抽象类。类 C 继承了类 B，并且实现了类 B 从父类 A 中继承的抽象方法 f()，类 C 定义成了一个非抽象的类，它可以用来实例化对象。25 行声明了一个 A 类的引用，但实例化成了其间接子类 C 的对象。26 行调用了 f()方法。该程序的输出内容如下：

A constructor

B constructor

C constructor

method f() of class C.

从该例可以看出，在程序中可以声明一个抽象类的引用，但一定要将其实例化成子类的一个对象。由于一个抽象类可能有多个子类，因此抽象类的引用可以指向不同子类的对象，这样抽象类的这个引用就是一个多形态的引用。这个引用在调用子类中被重写的方法时，会根据该引用当前所指向对象类型的不同而调用不同类中的那个方法。这就是由抽象类引起的多态。

注意：抽象类的构造方法不能是抽象的。

6.2.2　【案例 6-2】　定义平面几何形状类

1. 案例描述

在一个数学软件包的开发过程中，要求软件包中有求常见平面图形(如三角形、圆、矩形和正方形等)面积的功能，编写程序实现该功能。

2. 案例效果

该案例程序的执行结果如图 6-4 所示。

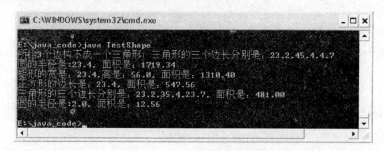

图 6-4　案例 6-2 的执行结果

3. 技术分析

各种平面图形都可以求出其面积，但对于不同的形状，其求面积的方法不同，因此可以定义一个平面图形形状类 Shape。Shape 类中有一个求面积的抽象方法(area)，之所以定义为抽象方法，是因为不同的平面图形其求面积的方法不同。圆(Circle)、矩形(Rectangle)和三角形(Triangle)是不同的形状，它们都是 Shape 的子类，而正方形(Square)是矩形(Rectangle)中的一种特殊类型，因此正方形是矩形的子类，如图 6-5 所示。抽象类的类名在类图中要用斜体表示，以区别于普通的类。

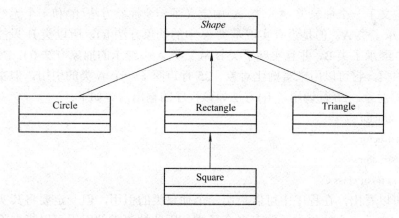

图 6-5　几何形状的类层次结构

4. 程序解析

下面是案例 6-2 的程序代码：

```
001 //***********************************
002 //案例: 6-2
003 //程序名：TestShape.java
004 //功能: 求各种形状的面积
005 //***********************************
006
```

```
007 import java.text.*;
008
009 //形状抽象类
010 abstract class Shape{
011     public abstract double area();
012 }
013
014 //圆类
015 class Circle extends Shape{
016     private double r;
017
018     public Circle(double r){
019         this.r = r;
020     }
021
022     public double area(){
023         return 3.14 * r * r;
024     }
025
026     public String toString(){
027         return "圆的半径是:" + r ;
028     }
029 }
030
031 //三角形类
032 class Triangle extends Shape{
033     private double a,b,c;
034
035     Triangle(double a, double b, double c){
036         this.a = a;
037         this.b = b;
038         this.c = c;
039     }
040
041     public boolean isTriangle(){
042         return (a + b > c) && (a + c > b) && (b + c > a);
043     }
044
045     public double area(){
```

```
046          double s = 0.5 * (a + b + c);
047          return Math.sqrt(s * (s - a) * (s - a) * (s - c));
048     }
049
050     public String toString(){
051          return "三角形的三个边长分别是：" + a + "," + b + "," +c;
052     }
053  }
054
055  //矩形类
056  class Rectangle extends Shape{
057     protected    double width, height ;
058
059     public Rectangle(double width, double height){
060          this. width = width;
061          this. height = height;
062     }
063
064     public double area(){
065          return    width * height;
066     }
067
068     public String toString(){
069          return "矩形的宽是：" + width + ",高是：" + height;
070     }
071  }
072
073  //正方形类
074  class Square extends Rectangle{
075     Square(double width){
076          super(width, width);
077     }
078
079     public double area(){
080          return super.area();
081     }
082
083     public String toString(){
084          return "正方形的边长是：" + width;
```

```
085        }
086    }
087
088    //测试类
089    public class TestShape{
090        public static void main(String[] args){
091            Shape[] shapes = new Shape[6];
092            shapes[0] = new Triangle(23.2,45.4,4.7);
093            shapes[1] = new Circle(23.4);
094            shapes[2] = new Rectangle(23.4,56.0);
095            shapes[3] = new Square(23.4);
096            shapes[4] = new Triangle(23.2,35.4,23.7);
097            shapes[5] = new Circle(2.0);
098
099            DecimalFormat df = new DecimalFormat("#0.00");
100
101            for(int i = 0; i < shapes.length; i++){
102                if(shapes[i] instanceof Triangle){
103                    Triangle t = (Triangle)shapes[i];
104                    if(!t.isTriangle()){
105                        System.out.println("所给 3 个边构不成一个三角形！" + shapes[i]);
106                        continue;
107                    }
108                }
109                System.out.println(shapes[i] + "，面积是：" + df.format(shapes[i].area()));
110            }
111        }
112    }
```

在案例的 010～012 行定义了一个抽象类 Shape，该类中定义了一个抽象方法 area，表示任何一个平面几何形状都可以求其面积。015～071 行定义了形状类的 3 个子类，分别表示一种具体的几何形状，这些子类中都重写了父类 Shape 中的抽象方法 area，并在每个子类中重写了 Object 类的 toString 方法。

程序中 074～086 行定义的正方形类 Square 继承了矩形类 Rectangle。075 行定义的构造方法 Square(double width)调用了父类的构造方法，但要注意，由于正方形只需知道边长即可，因此正方形的构造方法只有一个参数(即边长)。076 行的 super(width, width)表示调用父类 059 行定义的构造方法，但长和宽使用了相同的参数。080 行的 super.area()表示调用父类中 064 行求面积的方法。

在测试类 TestShape 的 091 行定义了一个形状类的数组，该数组有 6 个元素。由于 Shape是一个抽象类，尽管在程序中可以声明抽象类的引用(在这里就是每个下标变量)，但绝对不能创建一个抽象类的实例对象，即在程序中不能有类似于如下的语句：

```
Shape[] shapes = new Shape[6];
 shapes[0] = new Shape();
shapes[1] = new Shape();
    ⋮
```

这是因为抽象类只能用于继承，不能实例化对象。

程序的 099 行创建了一个格式化输出对象 df，其中的参数#0.00 表示小数点后有两个数字，且小数点前至少有一位数。在输出每种形状的面积时，使用该格式输出对象。

程序的 101～110 行是一个循环语句，在循环体中计算并输出了存放在数组 shapes 中的每个具体形状的面积。其中 102 行的 shapes[i] instanceof Triangle 用于测试 shapes[i]中保存的对象是否为一个三角形(Triangle)，如果是三角形，就要调用三角形类中 041 行定义的判断三个边能否构成三角形的方法 isTriangle，如果所给三个边不能构成一个三角形，则不能求面积，用 106 行的 continue 语句进行下一次循环。

该案例中，多态性就体现在 109 行的 shapes[i].area()方法调用上，当 i 取不同的值时，shapes[i]表示不同形状的对象，因而系统会自动根据 shapes[i]中所保存对象的所属类，调用相应类中求面积的方法，从而实现了多态性。

6.2.3 【相关知识】 Object 类的 toString 方法

在第 5 章介绍过，Object 类是 Java 语言中所有类的直接或间接父类，因此在 Object 类中定义的方法会被所有类继承。Object 类中定义的 toString 方法常常用来输出类中的一些信息，如在案例 6-2 的每个子类中都重写了 Object 类的 toString 方法，用来输出与每个子类有关的形状信息。

toString 方法的最大优点是：如果调用了含有对象参数的 println 方法，则系统会自动调用 toString 方法打印出相应的信息。正因为如此，一个类中常常将 Object 类的 toString 方法进行覆盖，并在 toString 方法的方法体中以字符串的方式返回要输出的信息，然后在 println 方法中直接以对象名为参数输出返回的字符串信息，如案例 6-2 的 105 行和 109 行 println 中的 shapes[i]。

6.3 接   口

在 Java 语言中，组成程序的基本构件有两种：一种是前面介绍的类；另一种是本节要介绍的接口。如果在一个源程序(即扩展名为.java 的文件)中定义了多个类，则程序在编译后，每一个类对应地要生成一个字节代码文件(即扩展名为.class 的文件)。接口在 Java 语言中是一种与类相似的构件，一个接口在编译后也要生成一个字节代码文件，但接口中只包含常量和抽象方法的定义。下面介绍有关接口的知识。

6.3.1 接口的基本知识

接口(interface)将抽象类的概念更深入了一层。从形式上看，一个接口可以当作是一个"纯"抽象类，即接口中的方法只规定了方法名、参数列表以及返回类型，不定义方法主体，并且所有方法默认为是公共的和抽象的(相当于用 public 和 abstract 修饰)。接口中也可以包含基本数据类型的数据成员，但它们都默认为用 public、static 和 final 修饰，即均为常量。

1. 接口的定义

接口不同于类，因此不能用 class 关键字标识，定义一个接口要使用 interface 关键字。下面是定义一个接口的常用语法：

```
[访问权限]  interface  接口名称 {
    [public][static][final] 类型 名称 = 常量值;
    [public][abstract] 返回值类型 方法名(参数列表);
}
```

接口的访问权限(即 interface 前的修饰符)只有两种：public 和缺省状态。如果没有修饰符(即缺省状态)，则表示此接口的访问只限于同一个包中的类。如果使用修饰符，则只能是 public 修饰符，表示此接口是公有的，可以被不同包中的类访问。

接口体中只包含方法声明和常量定义。由于在默认情况下接口中的方法是公共的和抽象的，因此接口中的数据都是常量。下面是一个简单的接口定义实例：

```
//程序名：Printable.java
public interface Printable{
    int MAX_LINE_OF_PAGE = 40;
    int MAX_LINE_SIZE = 80;
    void print();
}
```

该接口中定义了两个整型常量和一个方法。

注意 1：根据 Java 语言命名规则，基本数据类型为常量(即 static final 修饰)时，常量名全部采用大写字母(用下划线分隔单个标识符里的多个单词)。

注意 2： 因为接口中的数据成员全是常量，所以在定义接口的时候必须给这些常量赋值，否则会产生编译错误。

使用下列命令编译该接口：

```
javac Printable.java
```

编译后，用 JDK 自带的工具软件 javap 对生成的字节代码文件进行反编译。该命令的用法为：

```
javap Printable
```

反编译后的结果为：

```
public interface Printable{
    public static final int MAX_LINE_OF_PAGE;
    public static final int MAX_LINE_SIZE;
    public abstract void print();
}
```

由此可知，即使定义接口时在方法前面不加 public 和 abstract，编译系统也会自动加上这两个修饰符，并在数据成员的前面自动加 public、static 和 final 三个修饰符。因此，在定义一个接口时，方法和数据成员一般不写修饰符。

接口与类一样，可以通过继承(extends)技术来产生新的接口，这与类的继承类似，但一个子接口可以继承多个父接口(而类的继承只能是单继承)。接口的继承也使用关键词 extends，其格式如下：

　　　　[访问权限]　interface　子接口名称　extends 父接口 1，父接口 2，…，父接口 n{
　　　　　　…
　　　　}

子接口将继承父接口中定义的所有方法和常量。

2. 使用接口的原因

在实际软件开发中，多个不相干的类如果存在相同的属性和类似功能的方法，就可以将这些属性和方法单独组织起来，定义成一个单独的程序模块，这个模块可以使用接口来定义。例如，在开发一个仓库管理系统时，系统涉及到很多种物品类，如有汽车配件类、家用电气类等，这些物品类都要具有打印出相关物品信息的功能，那么就可以定义一个如上的 Printable 接口，其中包含了打印输出时每行的最大字符数 MAX_LINE_SIZE(80 个字符)和每页最多打印的行数 MAX_LINE_OF_PAGE(40 行)，还包含一个用于打印物品信息的 print 方法。由于不同的库存物品要打印输出的内容差别很大，因此 print 方法中的操作内容只能在具体类中定义。

为什么不将 Printable 接口定义为一个抽象类呢？因为如果将一个接口定义成抽象类，那么继承该抽象类的子类与抽象的父类之间应该有"特殊与一般"的关系，如 6.2 节介绍的 Rectangle 子类继承了抽象类 Shape，它们之间就存在着"特殊与一般"的关系，即"矩形是一种形状"。而接口与实现该接口的类之间没有这种关系，如我们不能说"汽车配件是一种打印"，这不符合客观事实和人们的思维逻辑。

接口中只定义了人们关心的功能，并不考虑这些功能是如何实现的以及哪些类要实现这些功能。如我们定义了一个如下的接口：

```
public interface CanFly {
    void fly();
}
```

实现了这个接口的类表示可以飞行。鸟能飞，所以鸟类可以实现这个接口，飞机也能飞，所以飞机可以实现这个接口，其它可飞的东西也可以实现这个接口。

在实际软件开发中，假如你是一个项目经理，需要管理多个开发人员，如果你希望开发的某些类要具有某种功能，最简单的做法就是由你定义一个接口，然后指示开发人员在设计类时实现这个接口。因此，接口也定义了一种能力，实现了这个接口的类，可以说就具有了这个接口所规定的能力。Java 系统类库中标准接口的命名大都以 able 结尾(表示具有完成某功能的能力)，比如 Comparable、Cloneable、Runable 等。在 Comparable 接口中就定义了一个名叫 CompareTo 的方法，所有实现了 Comparable 接口的类都可以使用该方法进行两个对象之间的比较。

可以将接口总结为：接口定义了一个类对外提供服务的规范，一个类可以按照这种规范来实现规范中包含的功能，其它的类也可以按照这种规范来使用功能。

3. 实现接口

一个类可以实现一个或多个接口，实现接口的类要在 implements 关键词后指出所实现接口的名称。其语法如下：

```
class  类名  implements  接口名 1, 接口名 2…  {
    类体
}
```

实现了接口的类，一般要重写接口中的所有抽象方法，且方法名前要加 public。下面是一个示例程序：

```
01 interface CanSwim{
02    void swimming();
03 }
04
05 interface   CanRun{
06    void running();
07 }
08
09 class Turtle implements CanSwim, CanRun {
10    public void swimming(){
11      System.out.println("Turtle is swimming.");
12    }
13
14    public void running(){
15      System.out.println("Turtle is running.");
16    }
17 }
18
19 class Fish implements CanSwim {
20    public void swimming(){
21      System.out.println("Fish is swimming.");
22    }
23 }
24
25 class TestInterface {
26    public static void main(String[] args){
27    Turtle t = new Turtle();
28    t.swimming();
29    t.running();
30    Fish f = new Fish();
```

```
31      f.swimming();
32   }
33 }
```

该示例程序中定义了 CanSwim 和 CanRun 两个接口，实现了 CanSwim 接口的类表示能游泳，实现了 CanRun 接口的类表示能跑，龟(Turtle)既能游泳又能跑，所以实现了 CanSwim 和 CanRun 两个接口。一般的鱼(Fish)只会游泳，所以只实现了 CanSwim 接口。在 Fish 类与 Turtle 类中，对所实现接口中声明的方法进行了具体的定义，并且方法一定要用 public 修饰，否则会出现编译错误。这是因为 Java 语言中规定，在类中实现接口中定义的方法时，不能比接口中定义的方法有更低的访问权限。接口中定义的方法都是公共的，所以这些方法在实现接口的类中定义时，只能定义成公共的。

注意：一个类只能有一个父类，但可以实现多个接口。如定义了一个动物类：

```
class Animal {
    …
}
```

则龟(Turtle)类可以定义为：

```
class Turtle extends Animal implements CanSwim, CanRun {
    …
}
```

即 Turtle 类继承了 Animal 类，实现了 CanSwim 和 CanRun 两个接口。

注意：如果一个类中没有实现接口中声明的所有方法，则这个类只能定义为一个抽象类。

为了简单起见，Java 语言不支持多重继承，即一个类不能有多个父类。如果在程序中确实要实现多重继承的机制，可以借助于接口来实现，因为一个类可以实现多个接口，如上例中的 Turtle 类。

初学者在程序中使用接口时，应注意以下问题：
- 避免接口中所有的方法都用 public abstract 修饰。
- 避免接口中所有的数据成员都用 public static final 修饰(即为常量)。
- 接口中的数据成员在定义时必须有初值。
- 在类中实现接口中定义的方法时，必须用 public 修饰。
- 接口和抽象类一样，都不能用来创建实例对象。

由于接口中定义的数据成员都是静态的和公共的常量，而静态数据成员属于类成员，因此在实现了接口的类中，可以直接以"接口名.常量名"的方式引用接口中定义的数据成员。

6.3.2 【案例 6-3】 可以飞行的类

1. 案例描述

定义具有可飞行特性的类。该案例的目的是为了说明接口在程序中的应用和接口是如何实现多态性的。

2. 案例效果

案例程序的执行效果如图 6-6 所示。从图中可以看出，鸟可以在空中飞行，飞机也可以在空中飞行。

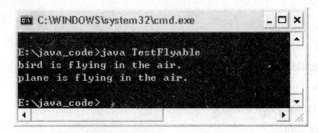

图 6-6 案例 6-3 的执行效果

3. 技术分析

飞行并不是某类所专有的特性，鸟可以飞行，飞机也可以飞行，而鸟和飞机是两个互不相干的类，只不过它们都具有可飞行的特性。因此，可以定义一个具有"可飞行(Flyable)"功能的接口，在定义鸟类和飞机类时分别去实现"可飞行"这个接口。

4. 程序解析

案例程序如下：

```
01 //****************************************
02 //案例: 6-3
03 //程序名：TestFlyable.java
04 //功能:定义可以飞行的类
05 //****************************************
06
07 interface    Flyable{
08     public void fly();
09 }
10
11 class Bird implements Flyable{
12     public void fly(){
13         System.out.println("bird is flying in the air.");
14     }
15 }
16
17 class Plane implements Flyable{
18     public void fly(){
19         System.out.println("plane is flying in the air.");
20     }
21 }
```

```
22
23 class TestFlyable{
24     static void flying(Flyable f){
25         f.fly();
26     }
27
28     public static void main(String[] args){
29         Bird b = new Bird();
30         Plane p = new Plane();
31         flying(b);
32         flying(p);
33     }
34 }
```

程序的 07～09 行定义了一个表示可飞行的接口 Flyable，在可以飞行的接口中声明了一个表示飞行的方法 fly()，11～15 行定义的 Bird 类实现了 Flyable 接口，17～21 行定义的 Plane 类也实现了 Flyable 接口。在 Bird 类和 Plane 类中，都提供了对 Flyable 接口中 fly()方法的具体实现。

程序的 23～34 行定义了一个测试类 TestFlyable，该类用于对可飞行的类进行测试。在 TestFlyable 类中，定义了一个静态的 flying 方法，该方法的参数是一个接口，调用该方法时，实参应为实现了 Flyable 接口的实例对象。由于不同的类可以实现相同的接口，因此 flying 方法的参数可以是不同类的对象。但由于这些不同类的对象都实现了相同的接口，因此它们都可以完成接口中定义的功能。故我们可以得出这样的结论：当用接口变量调用接口中声明的方法时，就通知相应实现了接口的类的对象调用被类中所实现的那个方法。接口正是利用这个特点来实现多态性的。所以该程序中，在调用 24 行定义的 flying 方法时，如果实参是一个鸟类的对象，则 25 行就表示调用鸟类中所实现的 fly()方法，即表示鸟在空中飞翔；如果实参是一个飞机类的对象，则 25 行就表示调用飞机类中所实现的 fly()方法，即表示飞机在空中飞翔。

注意：与抽象类相似，在方法的参数列表中和变量的声明中可用接口作数据类型，但这种类型的变量必须指向一个实现了该接口的类的实例对象。

6.3.3 【相关知识】 抽象类与接口的比较

抽象类和接口的有些特性是相似的，如：

● 抽象类和接口都不能用来实例化对象。

● 可以声明抽象类和接口的变量，但对抽象类来说，要用抽象类的非抽象子类来实例化该变量；对接口来说，要用实现了该接口的非抽象子类来实例化该变量。

● 一个子类如果没有实现抽象类中声明的所有抽象方法，那么该子类也是一个抽象类；一个类如果没有实现接口中声明的所有方法，那么该类也是一个抽象类。

● 抽象类和接口都可以实现程序的多态性。

尽管抽象类和接口有些相似的特性，但它们在本质上是有很大区别的：

● 抽象类在 Java 语言中体现的是一个"父与子"的关系，即抽象类与子类之间必须存在"子类是父类中的一种"的关系，如抽象类"水果"与子类"苹果"之间就存在"苹果是一种水果"的关系。而接口与接口的实现者之间不必有"父与子"的关系，接口的实现者只是具有接口中定义的行为而已。

● 抽象类中可以定义非抽象的方法，而接口中的所有方法都是抽象的。

● 接口中的数据成员只能是常量。

● 在抽象类中增加一个方法并赋予其默认的行为(即增加一个非抽象的方法)时，并不一定要修改子类，但如果接口被修改了，即增加或去掉了某个功能，则所有实现了该接口的类一定要重新修改。

下面举一个例子加以说明。比如说在一个简单的商品管理系统中，可以定义一个抽象的商品类：

```
abstract class Goods{
    protected double cost;
    abstract public void setCost(double cost);
    abstract public double getCost();
}
```

每种商品都有价格 cost，都可以设置(setCost)与取得(getCost)商品的价格。

有些商品有过期日期(如食品类商品)，有些商品没有过期日期(如文具等商品)，对于有过期日期的商品，希望能在过期前的一定时间内进行过期通知。显然，对于每种商品来说，并不是都具有过期这种行为，因此，可以将过期行为定义为一个接口：

```
public interface Expiration{
    void setExpirationDate(Date date);
    void expire();
}
```

其中，setExpirationDate 方法用于设置过期日期，expire 方法用于过期日期的通知。

那么，对服装类商品可以定义如下：

```
class Clothes extends Goods{
    …
}
```

而将食品类可以定义为：

```
class Food extends Goods implements Expiration {
    …
}
```

技能拓展

6.4 jar 文档

在安装 Java 后，会在安装目录的 lib 文件夹中建立一些扩展名为 .jar 的文件。jar 文件是 Java 中非常有用的一种文件格式，它的一种压缩文件格式类似于 Windows 中常见的 ZIP 文件。用 Java 语言开发的应用程序可以使用 jar.exe 工具(在 JDK 安装目录的 bin 文件夹中)压缩后进行发布；另外，为使用方便起见，用户常用的一些类也可以压缩成 jar 文件。

6.4.1 创建可执行的 jar 文件

使用 jar.exe 工具可以将应用程序及其涉及到的类压缩成一个 jar 文件，然后可以使用 Java 程序的解释器 java.exe 来执行这个压缩文件。当然，在执行 jar 文件时需要使用-jar 参数。下面举例说明创建一个可执行 jar 文件的步骤：

(1) 准备要压缩的字节代码文件。如在 D:\java 目录中定义了如下的 A 类(文件名为 A.java)：

```
public class A{
 public void show(){
      System.out.println("class A.");
 }
}
```

在 D:\java 目录中又定义了一个使用 A 类的 B 类(文件名为 B.java)：

```
public class B{
 void show(){
      System.out.println("class B.");
 }
 public static void main(String[] args){
      A a = new A();
      B b = new B();
      a.show();
      b.show();
 }
}
```

编译 A.java 和 B.java 这两个源程序，在 D:\java 目录中生成 A.class 和 B.class 两个字节代码文件。

(2) 编写配置文件。使用文本编辑器创建一个具有如下内容的文件：

```
Main-Class: B
```

表示主类名为 B(即包含 main 主方法的类)。该文件名可以任意取，如这里取名为 myJar。

注意，在"Main-Class:"与"B"之间要有一个空格，在该行之后要留一个空行，否则生成的 jar 在执行时会有错误发生。

(3) 生成可执行的 jar 文件。假如要生成名为 Test.jar 的可执行 jar 文件，可以使用如下的 jar 命令格式：

```
jar  cfm  Test.jar  myJar  A.class  B.class
```

这里的"cfm"参数表示以指定的配置文件创建指定名称的可执行 jar 文件。该命令正确执行后，在当前目录下创建一个名为"Test.jar"的文件。

(4) 执行 jar 文件。可以使用如下的命令执行 Test.jar 文件：

  java　–jar　Test.jar

jar 文件在 Windows 下的文件类型是 Executable Jar File。如果将 jar 文件在操作系统下与 Java 程序解释器 java.exe 进行了关联，则可以在 Windows 下通过双击来执行 jar 文件。需要注意，字符界面的程序将一闪而过，但 GUI 程序会显示出程序界面。

6.4.2　将多个类压缩成一个 jar 文件

可以将一些在开发软件时常用的类通过 jar.exe 工具压缩成一个 jar 文件，然后将这个 jar 文件放在 JDK 安装目录的 jre\lib\ext 文件夹中，以后就可以在其他程序中直接使用这个 jar 文件中的类了。创建类压缩文件的过程如下：

(1) 准备要压缩的字节代码文件。如要将 X.class、Y.class 和 Z.class 压缩成一个 jar 文件 (注意这些类一般应为 public 类)。

(2) 编写一个字节代码清单文件。在字节代码清单文件中包含如下的内容：

  Class: X Y Z

保存该文件。如这里保存的文件名为 list。

(3) 生成 jar 文件。使用如下的命令生成 jar 文件：

  jar　cfm　XYZ.jar　list　X.class　Y.class　Z.class

(4) 在其他类中使用 jar 文件中的类。如下面的类 XX 使用了 XYZ.jar 文件中的类 X：

```
class XX{
    void f(){
        X x = new X();
    }
}
```

6.4.3　查看和更新 jar 文件

要查看一个 jar 文件中的内容，可以使用参数 t 和 f。如要查看前面创建的 Test.jar 文件，则可以使用如下的命令：

  jar　tf　Test.jar

使用 x 和 f 参数可以解压一个 jar 文件，如：

  jar　xf　Test.jar

使用 u 和 f 参数可以更新一个 jar 文件。如使用如下的命令可以将 A.class 文件添加到 Test.jar 中：

  jar　uf　Test.jar　A.class

【基础练习】

【简答题】

6.1　在 Java 语言中，多态性有哪两种情况？

6.2　说明 Scanner 类的功能。Scanner 类提供了哪些用于数据输入的方法？

6.3　举例说明 DecimalFormat 类如何实现数据的格式化输出。

6.4　什么是抽象类？一个抽象类和一个非抽象类有什么不同？

6.5　什么是抽象方法？一个抽象方法能否出现在非抽象的类中？

6.6　什么是接口？接口与抽象类有什么不同？

6.7　一个类如何实现接口？实现接口的类是否一定要重写该接口中的所有抽象方法？

【是非题】

6.8　（　）多态性是面向对象程序设计语言的一个重要特性。

6.9　（　）不能声明一个抽象类的引用。

6.10　（　）抽象类不能用来实例化对象。

6.11　（　）抽象类只能用于继承。

6.12　（　）一个抽象类中一定要有抽象方法。

6.13　（　）一个抽象类中的所有方法都是抽象的。

6.14　（　）接口中的所有方法都是公共的、抽象的。

技能训练

【技能训练 6-1】　调试并运行案例 6-1 所示的程序，从键盘上输入你选择吃水果的顺序，查看并分析程序的运行结果。

【技能训练 6-2】　编写一个程序，从键盘上输入某种商品的名称、单价的折扣率，输出该商品打折后的价格。要求使用 Scanner 类进行数据输入，对结果进行格式化输出。

【技能训练 6-3】　定义一个立体几何形状类，定义该类的子类圆球类、正方体类和圆柱体类。参考案例 6-2，实例化一些立体几何形状，求出其体积。程序要求如下：

(1) 立体几何形状类要定义成抽象类，其中要声明一个求体积的方法；

(2) 声明一个立体几何形状类的数组，并使用其子类的对象对数组元素赋值；

(3) 程序要体现 Java 语言中的多态性。

【技能训练 6-4】　调试并运行案例 6-3 所示的程序。

第 7 章 异 常 处 理

- ☞ 掌握 Java 语言中异常的概念；
- ☞ 了解异常的处理机制；
- ☞ 了解 Java 语言中的异常类；
- ☞ 掌握 try、catch 和 finally 语句的用法；
- ☞ 学会自定义异常类。

程序设计属于逻辑思维的范畴，即使是一个非常有经验的程序员，也难免会出现编程错误。因此，为了使程序即使在有"问题"的时候也能正常运行，往往要耗费程序设计人员很大的精力。Java 语言为软件开发人员提供了一种非常方便与有效的异常处理机制，利用这种机制可以将程序的功能代码与异常处理代码有效分开，使程序结构清晰，易于维护。本章介绍 Java 语言中异常处理的概念、异常的处理机制和设计异常处理类的方法。

7.1 异 常 处 理

在第 1 章调试 Java 程序的基本技能中介绍过，程序中的错误可分为三类：编译错误、运行时错误和逻辑错误。编译错误是由于没有遵循 Java 语言的语法规则而产生的，这种错误要在编译阶段排除，否则程序无法运行。发生逻辑错误时，程序编译正常，也能运行，但结果不是人们所期待的。举一个简单的例子来说，如果程序要求 a 与 b 两个数的和，但因表达式写错，而求出的结果是 a 与 b 两个数的差。对于程序逻辑上的这种错误，要靠程序员对程序中的逻辑进行仔细分析来加以排除。而运行时错误是指程序运行过程中出现了一个不可能执行的操作。运行时错误有时也可以由逻辑错误引起。

异常处理的主要目的是，即使在程序运行时发生了错误，也要保证程序能正常结束，避免因错误而使正在运行的程序中途停止。

7.1.1 异常的有关概念与异常处理机制

1. 异常

程序运行过程中出现的非正常情况通常有两类：

- 错误(Error)：是致命性的，如程序运行过程中内存不足等，这种严重的不正常状态不能恢复执行。

● 异常(Exception)：是非致命性的，如数组下标越界、表达式的分母为 0 等。这种不正常状态可通过恰当的编程而使程序继续运行。异常有时也称为例外。

致命性的错误一般很少出现，即使出现了这类错误，在程序中也不进行处理。一般程序中需要处理的主要是非致命性错误，即异常。那么一个程序出现异常情况时，会有什么现象呢？看下面一个简单的实例程序：

```
1 public class Zero{
2      public static void main(String[] args){
3              System.out.println(10/0);
4              System.out.println("程序运行结束！");
5      }
6 }
```

该程序的第 3 行要求"10/0"表达式的结果，由于分母为 0，因而该式无法正常运算。程序执行后输出如下结果：

```
Exception in thread "main" java.lang.ArithmeticException: / by zero
          at Zero.main(Zero.java:3)
```

由于程序中没有处理异常情况的代码，因此当程序出现异常时将终止执行，同时系统自动输出一条有关此异常的描述信息。注意，该程序的第 4 行前已经出现了错误，所以第 4 行输出字符串的语句将永远得不到执行。

上面输出的第 1 行信息说明，在 main 方法中出现了类型为"java.lang.ArithmeticException"的异常(表示一个算术运算异常)，异常的原因为"/ by zero"，即用 0 做除数。第 2 行表示调用 Zero.main 方法时产生了异常(在程序 Zero.java 的第 3 行)。

以上异常的传统纠正方法是在进行除法运算之前，先判断除数是否为 0，然后根据判断情况进行适当的处理。如果一个程序有很多这样的处理代码，则会使程序的处理逻辑显得杂乱无章，甚至会引入一些其他错误。如果使用 Java 的异常处理机制，则可以将异常处理代码从程序中分离出来，并可以将异常根据情况进行分类，对不同的异常集中编写相应的处理程序，从而保证了程序的安全性。

2. Java 语言中处理异常的机制

作为一种面向对象的程序设计语言，Java 语言中的异常与其他语言要素一样，也是用对象来表示的。

Java 语言的设计者将 Java 语言程序中可能出现的各种错误与异常进行了归纳与总结，并将归纳与总结的结果定义成了一个个表示错误与异常的类。每个类代表了一种运行错误，类中包含了代表该运行错误的信息和处理错误的方法等。

在 Java 程序的运行过程中，如果发生了一个运行错误，则当系统识别到这个运行错误正好与已经定义好的某个异常类相对应时，系统就会自动生成一个与该异常类对应的实例对象(其中包含了该异常事件的类型和异常发生时程序的运行状态)，这时我们就说系统产生了一个异常。一旦在执行某个方法时产生了一个异常类对象，运行时系统就在该方法中查找异常处理程序，如果没有找到，就查找调用了该方法的方法中是否有异常处理程序，这样一直找下去，直到找到异常处理程序为止。这样就可以确保不会发生死机、程序运行中断等情况。

下面介绍 Java 语言中预定义的异常类及其类的层次结构。

3. 异常类

在 Java 编程语言中，异常类及其子类的层次结构如图 7-1 所示。

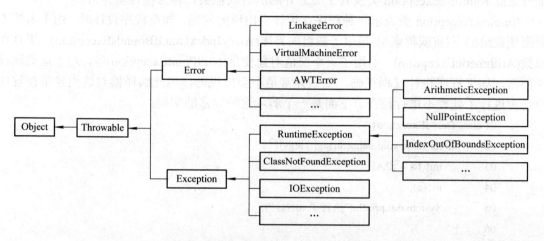

图 7-1　异常类及其子类的层次结构

从图 7-1 中可以看出，Throwable 类是 Java 语言中所有错误或异常的超类，只有当对象是此类(或其子类之一)的实例时，才能通过 Java 虚拟机对其进行异常处理。Throwable 类位于 java.lang 包中，其他大多数定义具体异常的子类均放在各自的功能包中，如输入/输出异常类 IOException 及其子类就位于 java.io 包中。

1) Throwable 类

Throwable 类主要用于描述异常发生的位置和异常的内容，它有 Error 和 Exception 两个基本子类。Throwable 类中定义的成员方法均为公共的(public)，因此所有异常类都可以使用这些成员方法。Throwable 类的常用构造方法是：

　　Throwable(String message)

该构造方法以 message 的内容作为错误信息串(即对错误信息的描述)来创建 Throwable 对象，并记录异常发生的位置。

Throwable 类定义的常用方法有：

● public String getMessage()：本方法返回字符串变量 message 的内容，该内容是对异常的描述信息。

● public String toString()：若当前对象包含错误信息，则本方法返回由三部分组成的字符串，即当前对象的类名、一个冒号和一个空格、错误信息字符串；若当前对象未包含错误信息，则仅返回当前对象的类名。

● public void printStackTrace()：该方法输出的第一行是当前对象 toString( )的返回值，其余各行输出异常发生的地点和方法调用的顺序。

2) Error 类

Error 类描述致命性的系统错误，如 Java 的内部错误、资源耗尽等情况。这类异常由 Java 系统直接处理，用户程序不用理会这类异常。

3) Exception 类

程序运行时产生的所有非致命性异常都是 Exception 类的子类。可以将 Exception 类的子类分为两个部分：一部分是 RuntimeException 类及其子类，称为非检查型异常；另外一部分是除 RuntimeException 类及其子类之外的所有其他类，称为检查型异常。

RuntimeException 类表示一种程序在设计中出现的问题。如在程序设计时，由于考虑不周而使数组的下标(或称索引)超出了数组的界限(ArrayIndexOutOfBoundsException)，用 0 做除数(ArithmeticException)，引用了一个空值对象变量(NullPointException)等，对于这类运行时异常，如果程序设计过程正确，则该异常是不会出现的，因此编译器对这类异常在程序中是否进行了处理不进行检查。下面是一个演示这种异常的实例：

```
01 class DemoException{
02     public static void main(String[ ] args){
03         int[ ] a = {2,4};
04         m1(a);
05         System.out.println("执行了 m1(a) ");
06     }
07     static void m1(int[ ] b){
08         m2(b);
09     }
10     static void m2(int[ ] c){
11         System.out.println(c[2]);
12     }
13 }
```

程序中没对异常进行任何处理，程序能正确编译，但在运行时出现了如下的异常信息：

```
Exception in thread "main" java.lang.ArrayIndexOutOfBoundsException: 2
        at DemoException.m2(DemoException.java:11)
        at DemoException.m1(DemoException.java:8)
        at DemoException.main(DemoException.java:4)
```

程序的第 03 行定义了一个有两个元素的数组。第 04 行调用了静态方法 m1，调用 m1 方法的实参是数组 a。第 07 行的 m1 方法又调用了第 10 行定义的 m2 方法，调用 m2 方法的实参是数组 b，m2 方法的第 11 行输出数组中下标为 2 的元素值。由于该数组只有两个元素，最大下标只能是 1，因而程序执行时输出如上的运行时异常信息。该信息表明程序中出现了一个 ArrayIndexOutOfBoundsException 类的运行时异常，该异常由 m2 方法的第 11 行引发。其方法的调用顺序是，在 main 方法的第 4 行调用 m1 方法，在 m1 方法的第 8 行调用 m2 方法。

对于非检查型异常，要求程序员在调试程序时进行详细分析，并加以排除。程序中对这类异常一般不进行处理(如果需要的话也可以进行处理)，而由系统检测并输出异常的内容。

下面是几个常见的非检查型异常类的含义：

● ArithmeticException：在整数进行除法运算时，如果除数为 0，就会产生该类异常。例如：

```
int i =10 / 0;
```

● NullPointerException：当对象没被实例化时，访问对象的属性或方法就会产生该类异常。例如：

```
String[] a = new String[2];          //声明一个包含两个字符串的数组
System.out.println(a[0].length());          //a[0]字符串还没有创建，就调用求其长度的方法
```

● NegativeArraySizeException：创建带负维数大小的数组时，就会产生该类异常。例如：

```
int[] a = new int[-2];
```

● ArrayIndexoutofBoundsException：访问超过数组大小范围的一个下标元素时，就会产生该类异常。如上面的实例。

如果一个方法可能产生除 RuntimeException 类及其子类之外的其他检查型异常，则在 Java 程序编译时要对这类异常是否进行了处理进行检查。当编译器检查到程序中没有对这类异常进行处理时，就会产生编译错误。

下面介绍 Java 中对异常进行处理的方法。

4. 异常的处理

对于检查型异常，Java 要求程序中必须进行处理。具体处理方法有两种：声明抛出异常和捕获异常。

1) 声明抛出异常

如果在当前方法中对产生的异常不想进行处理，或者不能确切地知道该如何处理这一异常事件时，可以使用 throws 子句将异常抛出，交给该方法的调用者进行处理，当然调用者也可以继续将该异常抛出。

声明抛出异常是在一个方法声明中用 throws 子句指明的。例如：

```
public int read() throws java.io.IOException{

    ...

}
```

表示 read 方法对 IOException 异常不进行处理。IOException 异常类是 Java 程序中要输入或输出信息时引发的异常。

在 throws 子句中，同时可以指明多个要抛出的异常，多个异常之间用逗号隔开。例如：

```
public static void main(String args[]) throws java.io.IOException, IndexOutOfBoundsException {

    ...

}
```

表示 main 方法抛出 IOException 和 IndexOutOfBoundsException 异常。如果在 main 方法中也选择了抛出异常，则 Java 虚拟机将捕获该异常，在输出相关异常信息后，中止程序的运行。

注意: 子类中如果重写了父类中的方法，则子类方法中可声明抛出的异常类只能是被重写方法中 throws 子句所抛出异常类的子集，也就是说，子类中重写的方法不能抛出比父类中方法更多的异常。例如：

```
1 class Father{
2   void f() throws java.io.IOException {}
3 }
4 class Son extends Father{
5       void f() throws Exception {}
6 }
```

该程序的子类 Son 在重写父类的 f 方法时，声明抛出的异常比父类第 2 行中 f 方法声明抛出的异常范围要大(因为 Exception 异常类是 IOException 异常类的父类)，所以在编译该程序时就会产生编译错误。如果将第 5 行的 Exception 改为 java.io.FileNotFoundException，则程序不会出现编译错误，因为 FileNotFoundException(文件没有找到异常)类是 IOException 异常类的子类。

2) 在方法中捕获并处理异常

在一个程序中，应对异常更积极的方法是将其捕获并进行处理。在方法中捕获并处理异常要使用 try/catch 语句。try/catch 语句的语法格式如下：

```
try {
    //在此区域内可能发生异常;
}
catch(异常类 1    e1) {
    //处理异常 1;
}
    …
catch(异常类 n    en) {
    //处理异常 n;
}
finally {
    //不论异常是否发生都要执行的部分;
}
```

一个 try 块后根据需要可以跟一个或多个进行异常处理的 catch 块，finally 块是可选的。在设计程序时，要将可能发生异常的程序代码放置在 try 语句块中，将发生异常时的处理程序放在 catch 语句块中。程序在正常运行过程中，后面的各 catch 块不起任何作用。如果 try 块内的代码出现了异常，则系统将终止 try 块代码的执行，自动跳转到与产生异常相匹配的 catch 块中，执行该块中的代码。例如：

```
1 try{
2       c = a / b;
3       System.out.println("try 语句块执行结束");
4 }
```

```
5 catch(ArithmeticException e){
6        System.out.println("除数为 0，a/b 的结果无法求出!");
7 }
```

如果 b 为 0，则 try 块中的程序产生 ArithmeticException 类的异常，第 3 行的输出语句不会被执行，程序自动转到第 5 行所指的 catch 块中执行异常处理程序。

当有多种类型的异常需要捕获时，一个 try 块可以对应多个 catch 块。如果一个 try 块对应多个 catch 块，当 try 块中产生异常时，究竟会执行哪个 catch 块中的异常处理程序呢？这决定于 try 块中产生的异常对象能与哪个 catch 块中要捕获的异常类相匹配。如果多个 catch 块中要捕获的异常类有子类与父类的关系，或有子类与祖先类的关系，则 catch 块中异常类的顺序要放置合理，否则程序在出现异常时，可能不能正确运行。在 catch 块中，应将特殊的异常类处理程序(即 catch 块)放在前面，将一般的异常类处理程序放在后面。在异常类层次结构树中(如图 7-1 所示)，一般的异常类在顶层(图 7-1 中靠左边的类)，特殊的异常类在底层(图 7-1 中靠右边的类)。如果一个异常类的顺序放置不合理，则该 catch 块中的语句可能永远也不会被执行，例如：

```
try{
    //可以引起异常的程序代码
}
catch(Exception e){
    //异常处理 1
}
catch(ArithmeticException e){
    //异常处理 2
}
```

如果在该程序的 try 块中产生 ArithmeticException 类的异常，则首先被第一个 catch 块捕获，因为 Exception 类是 ArithmeticException 类的间接父类。正确的顺序是将 ArithmeticException 异常类放在前一个 catch 块中。

finally 语句块是个可选项，如果包含有 finally 语句块，则无论 try 块是否产生异常，finally 语句块内的代码必定被执行。由于 try 块内的语句在发生异常时，产生异常之后的代码不会被执行，因此，如果程序中有些语句无论如何均要被执行，则可以将这样的代码放在 finally 块中。

7.1.2 【案例 7-1】 用异常处理机制重写计算器程序

1. 案例描述

见第 3 章案例 3-4。

2. 案例效果

案例程序的执行效果如图 7-2 所示。

图 7-2　案例 7-1 的执行效果

3．技术分析

该案例中，从键盘上输入的运算式可能发生的错误有如下几种情况：

● 输入的表达式不完整，如图 7-2 的第 1 行。一个表达式由两个操作数和一个运算符组成，程序中这三个部分分别保存到了 args[0]、args[1]和 args[2]，当式子不完整时，使用 args[0]、args[1]和 args[2]就会出现下标元素越界的异常 ArrayIndexOutOfBoundsException。

● 输入的运算数不是整数，如图 7-2 的第 3 行。如果输入了其他的非整数数据，则在使用 Integer.parseInt()方法进行数据格式转换时就会产生 NumberFormatException 异常。

● 输入的表达式中除数为 0，如图 7-2 的第 5 行。除数为 0 时就会产生 ArithmeticException 异常。

● 输入的表达式运算符不正确，如图 7-2 的第 7 行。对于这种情况，系统没有预定义的异常类，如果发生了这种情况，则在程序中生成一个异常。

所有这些异常可以在程序中进行统一处理，即将可能产生异常的语句放入 try 块中，在其后进行捕获并处理这些不同的异常。

4．程序解析

下面是该案例的程序代码：

```
01 //********************************************************************
02 //案例: 7-1 程序名：SimpleCal2.java
03 //功能: 简单的计算器，可以进行两个整数的加、减、乘、除运算
04 //********************************************************************
05
06 class SimpleCal2{
07     //operand1 和 operand2 保存两个运算数据
08     private int operand1,operand2;
09     //operator 保存运算符
10     private char operator;
```

```
11
12     SimpleCal2(){ }
13
14     //初始化运算式的构造方法
15     SimpleCal2(int operand1,char operator,int operand2){
16          this.operand1 = operand1;
17          this.operand2 = operand2;
18          this.operator = operator;
19     }
20
21     //求运算结果
22     private int cal() throws ArithmeticException,Exception{
23          int result = Integer.MIN_VALUE;
24          if(operator == '+')
25             result = operand1 + operand2;
26          else if(operator == '-')
27             result = operand1 - operand2;
28          else if(operator == '*')
29             result = operand1 * operand2;
30          else if(operator == '/'){
31             result = operand1 / operand2;
32          }
33          else {
34               throw new Exception("输入的运算符错误！");
35          }
36          return result;
37     }
38
39     //输出运算式和运算结果
40     public void showResult() throws ArithmeticException,Exception{
41          System.out.println("运算结果：" + operand1 + operator + operand2 + " = " + cal());
42     }
43
44     public static void main(String[] args){
45          int p1,p2;
46          try{
47               p1 = Integer.parseInt(args[0]);
48               char op = args[1].charAt(0);
49               p2 = Integer.parseInt(args[2]);
```

```
50              SimpleCal2 exp = new SimpleCal2(p1,op,p2);
51              exp.showResult();
52          }
53          catch(NumberFormatException e1){
54              System.out.println("输入的运算数不是整数!");
55          }
56          catch(ArrayIndexOutOfBoundsException e2){
57              System.out.println("输入的运算式不完整!");
58          }
59          catch(ArithmeticException e3){
60              System.out.println("除数为 0，不能进行除法运算!");
61          }
62          catch(Exception e4){
63              e4.printStackTrace();
64          }
65      }
66 }
```

该程序第 22 行定义的 cal()方法，在进行算术运算时如果除数为 0，则可能产生 ArithmeticException 类的算术运算异常。用 cal()方法进行运算时，如果运算符不是所要求的运算符，则第 34 行在程序中主动生成并抛出一个 Exception 类的异常，由 throw new Exception("输入的运算符错误!")语句完成该功能(该知识点下面介绍)，异常信息为 Exception 构造方法中参数所给的内容。对 cal()方法中产生的这两种异常并没有进行捕获与处理，所以在 cal()方法中声明抛出这两种异常，由调用该方法的程序进行处理。

在第 40 行定义的 showResult()方法体中调用了 cal()方法，因此，在该方法中应该处理由 cal()方法声明抛出的异常。但该方法也没有进行异常捕获与处理，而是将这两种异常继续声明抛出"throws ArithmeticException,Exception"。

在主方法 main 中调用了 showResult()方法，因此对于 showResult()方法声明抛出的异常一定要进行处理，如果不进行处理，则只能在发生异常时中断程序的运行。

在 main 方法中，将可能产生异常的语句放入了第 46～52 行的 try 块中，第 53～64 行是对各种异常的处理程序。第 63 行调用异常类 printStackTrace()方法输出异常发生的信息和方法调用的先后次序。注意，一定要将 Exception 异常的处理语句放在 catch 块的最后，否则其他的异常将无法被捕获。

7.1.3 【相关知识】 用户创建并抛出系统预定义异常

在一个程序中产生并抛出异常有两种情况：一是当程序中产生了一个系统可以识别的、预定义的异常类时，由虚拟机生成并抛出异常对象，如 ArithmeticException、ArrayIndexOutOfBoundsException 等异常类；另一种情况是在程序中主动产生一个异常对象(而非系统产生)，然后使用 throw 语句抛出该异常对象，在方法中对这类异常也要进行捕获并处理。例如案例 7-1 程序代码的第 34 行。又如：

IOException e=new IOException();

throw e ;

要注意，可以抛出的异常必须是 Throwable 类或其子类的实例。

技能拓展

7.2 用户自定义异常类

在程序中除了经常用到的系统预定义异常类，如用 0 作除数、下标越界、数据格式错误、输入/输出错误等异常外，在具体开发一个软件时还可能会用到系统中没有定义的异常，如成绩管理软件中学生的成绩只能在 0～100 分之间(假如使用百分制计成绩)，如果超过这个范围，则成绩数据肯定有误。对于这种情况，程序员可以根据实际需要自己设计异常类。

7.2.1 设计异常类

1. 自定义异常类的格式

在 Java 程序设计中，程序员可以自己定义一些异常类，称之为用户自定义异常类。用户自定义的异常类必须继承自 Throwable 类或其子类，比较常用的是继承 Exception 类。其一般格式为

```
class  自定义异常类名  extends  Exception {
    // 异常类体;
}
```

自定义异常类如果继承了异常类 Exception，则 Java 就会将自定义的异常类视为检查型异常。在一个方法中如果有这类异常产生，就一定要声明抛出(throws)，让该方法的调用者处理，或者在该方法中直接捕获并处理，否则程序在编译时就会产生错误，提示用户没有声明或处理异常。下面的示例定义了一个简单的自定义异常类：

```
1 class MyException extends Exception{
2    MyException(){
3    }
4
5    MyException(String msg){
6        super(msg);
7    }
8 }
```

程序的第 2 行定义了一个无参的构造方法，第 5 行定义了带一个字符串参数的构造方法，该方法在第 6 行调用了父类带一个参数的构造方法。在自定义的异常类中，一般要声明两个构造方法：一个是不带参数的构造方法；另一个是以字符串为参数的构造方法。带字符串参数的构造方法以该字符串参数表示对异常内容的描述，如果使用 getMessage()方法，则可以返回该字符串。

由于自定义异常类继承了 Exception 类，也就拥有了 Throwable 类的除构造方法以外的其它方法，因此在本章第 1 节中介绍的 Throwable 类中定义的方法都可以在自定义异常类中使用。

2. 创建与抛出自定义异常

如果程序中发生了系统预定义的异常类，则 Java 虚拟机会自动生成并抛出该异常类的对象。而用户自定义异常则要由用户在程序中根据具体情况创建并抛出，才可以在程序中进行捕获和处理。

自定义异常的创建就是使用已定义好的异常类生成该类的一个实例。例如对于 MyException 异常类，可以使用如下的语句创建一个该类的异常：

```
MyException e = new MyException("这是自定义的一个异常类实例");
```

创建好的异常类对象，只有抛出后才可以被程序捕获。抛出创建的异常 e 时，要使用 throw 语句：

```
throw e;
```

如果要抛出的异常只被使用一次，则可以将以上两步用如下的简单格式书写：

```
throw new MyException("这是自定义的一个异常类实例");
```

7.2.2 　【案例 7-2】　统计学生成绩分布情况

1. 案例描述

设计一个程序，从键盘上输入学生的成绩，然后统计学生成绩的分布情况。要求统计出 0～9 分，10～19 分，20～29 分，…，90～99 分，100 分各区段的成绩个数。

2. 案例效果

案例 7-2 的部分执行结果如图 7-3 所示。第 7 行的字母 "n" 表示结束成绩的录入过程。

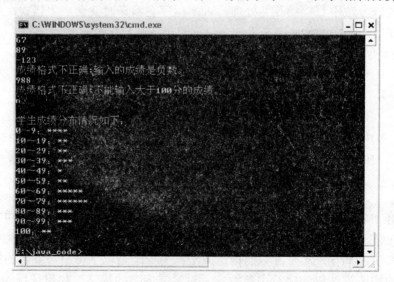

图 7-3　案例 7-2 的执行结果

3. 技术分析

如果从键盘上输入的学生成绩小于 0 或者大于 100 分，就认为是异常的成绩。程序中若遇到异常成绩，该如何处理呢？在没有学习异常处理知识之前，我们只能对成绩判别后分情况进行处理，程序结构比较混乱。在本案例中，我们可以单独设计一个表示学生成绩异常的类(ScoreException)，如果遇到成绩小于 0 或者大于 100 分的情况，则生成并抛出一个异常，然后在异常处理程序块(即 catch 块)中单独进行处理。

4. 程序解析

下面是案例 7-2 的程序代码：

```
01 //***********************************************************
02 //案例: 7-2 程序名：TestScoreException.java
03 //功能: 统计学生的成绩分布情况
04 //***********************************************************
05
06 import java.util.Scanner;
07
08 class ScoreException extends Exception{
09     private int score;
10
11     public ScoreException(){ }
12
13     public ScoreException(String msg, int score){
14         super(msg);
15         this.score = score;
16     }
17
18     public String toString(){
19         if(score < 0)
20            return getMessage() + ":输入的成绩是负数。";
21         else
22            return getMessage() + ":不能输入大于 100 分的成绩。";
23     }
24 }
25
26 class TestScoreException{
27     public static void main(String[] args){
28         int[] s = new int[11];
29         input(s);
30         print(s);
31     }
```

```
32
33      //输出成绩分布情况
34      static void print(int[] s){
35          System.out.println("\n 学生成绩分布情况如下：");
36          for(int i = 0; i < s.length; i++){
37              if(i<10)
38                  System.out.print(i*10 + "～" + (i*10 + 9) + "：");
39              else
40                  System.out.print(i*10 + "：");
41              for(int k = 0; k < s[i]; k++){
42                  System.out.print("*");
43              }
44              System.out.println();
45          }
46      }
47
48      //录入成绩，并将各区段学生的人数存放在数组 s 中
49      static void input(int[] s){
50          Scanner sc = new Scanner(System.in);
51          int temp;
52          System.out.println("请输入成绩后回车，结束输入时按非数字键！");
53          while(sc.hasNextInt()){
54
55              try{
56                  temp = sc.nextInt();
57                  if((temp>100)||(temp<0))
58                      throw new ScoreException("成绩格式不正确", temp);
59                  s[temp/10]++;
60              }
61              catch(ScoreException e1){
62                  System.out.println(e1);
63              }
64          }
65      }
66 }
```

　　在程序中要使用 Scanner 类的实例输入成绩，第 06 行引入 java.util 包中的 Scanner 类。第 08～24 行定义了一个用户异常类 ScoreException，该类继承了 Exception 异常类。在 ScoreException 类中定义了一个私有数据成员和两个构造方法。数据成员 score 中存放学生的成绩信息(其实该成绩是一个不在 0～100 范围的非法成绩)。两个构造方法中，一个是无参的构造方法，另一个是带两个参数的构造方法。在带两个参数的构造方法中，第 1 个参

数是对异常的描述,第 2 个参数是录入的成绩。第 14 行调用了父类带一个参数的构造方法。第 18 行重写了父类的 toString 方法,在第 62 行的输出中,参数使用 ScoreException 类的一个对象名时,会自动调用该方法。

第 26～66 行定义了 TestScoreException 类,该类的功能是输入成绩,并统计各区段的成绩个数。第 28 行定义的整型数组 s 共有 11 个下标变量,这 11 个下标变量与 0～9 分,10～19 分,20～29 分,…,90～99 分,100 分共 11 个分数段对应,分别用于存放各区段的分数个数。第 29 行调用 input 方法输入学生成绩,并将各区段成绩的个数存入参数数组 s 中。第 30 行调用 print 方法将参数 s 数组进行输出。

在第 49～65 行定义的 input 方式中,第 50 行创建了一个 Scanner 类的实例 sc,使用"System.in"作构造方法的参数,表示要从键盘上输入数据,第 53 行调用 Scanner 类中定义的 hasNextInt 方法,该方法表示输入信息中的下一个标记可以解释为整数时,hasNextInt 方法返回 true,只要输入一个非整数的值,hasNextInt 方法就返回 false,该程序就是利用 hasNextInt 方法的这个特点来控制成绩输入的。当最后一个成绩输入完成后,只要按键盘上的任一个字母键后回车,则成绩的输入过程结束(在图 7-3 中按下了字母 n)。第 56 行通过 sc.nextInt()方法取得从键盘输入的一个整数,经过第 57 行判别后,如果输入的成绩不在 0～100 之间,则第 58 行创建一个自定义异常类 ScoreException 的实例,构造方法的第 1 个参数"成绩格式不正确"是对异常的描述信息,第 2 个参数 temp 是录入的成绩。在异常类 ScoreException 中定义一个成绩字段的原因,是在 toString 方法中要根据非法成绩是负数还是大于 100 的数生成返回的异常描述信息,见第 19 行至 22 行。

7.2.3 【相关知识】 finally 之后的程序段是否可以被执行的讨论

在 finally 块之后的语句在一般情况下都会被执行。在一些特殊情况下,虽然 finally 块中的语句可以正常执行,但在 finally 块之后的语句可能永远也执行不了。下面举例说明。

1. 在 catch 块产生了异常,但没有被捕获与处理

看下面的示例程序:

```
01 class DemoException{
02     public static void main(String[ ] args){
03         int[] a={2,4};
04         try{
05             a[2] = 1;
06             System.out.println("try block.");
07         }
08         catch(Exception e)   {
09             System.out.println("catch block.");
10             a[0] = 1/0;
11         }
12         finally{
13             System.out.println("finally block.");
```

```
14          }
15          System.out.println("out.");
16      }
17 }
```

该程序执行后的结果为：

catch block.

finally block.

Exception in thread "main" java.lang.ArithmeticException: / by zero

　　at DemoException.main(DemoException.java:10)

程序中 finally 块之后的第 15 行语句没有被执行。这种情况是由于在 catch 块中的第 10 行产生了一个分母为 0 的异常，但并没有在该 catch 块中对该异常进行捕获与处理，因此将中断 main 方法的执行。注意，该程序中 try 块中的第 06 行也没有被执行。

要避免这种情况的发生，可以在 catch 块中嵌套 try-catch 语句，将 catch 块中产生的异常也捕获，并进行处理。

2. try 块中产生的异常，没有相应的 catch 块捕获

看下面的示例程序：

```
01 class DemoException2{
02      public static void main(String[ ] args) {
03          int[] a={2,4};
04          try{
05            a[2] = 1;
06             System.out.println("try block.");
07          }
08          catch(ArithmeticException e)    {
09             System.out.println("catch block.");
10          }
11          finally{
12             System.out.println("finally block.");
13          }
14          System.out.println("out.");
15      }
16 }
```

程序执行后的结果为：

finally block.

Exception in thread "main" java.lang.ArrayIndexOutOfBoundsException: 2

　　at DemoException2.main(DemoException2.java:5)

finally 后的语句也没有被执行，因为 try 块中第 05 行产生了一个 IndexOutOfBoundsException 类的异常，而第 08 行 catch 块捕获的是 ArithmeticException 类的异常，因此，程序在产生

IndexOutOfBoundsException 异常后，finally 块中的语句还要被执行，之后就中断程序。

为避免这种情况的发生，可以在 catch 块之后再加一个捕获"超级异常"(所谓超级异常，就是指 Throwable 或 Exception 类的异常，因为这两个类一般是其他异常类的父类)的 catch 块，即使用类似于如下的语句：

```
catch(Exception e){   …   }
```

这样，try 块中的异常总可以被捕获。

3. 在 try 块或 catch 块中有 System.exit()调用时的情况

如果在 try 块中有 System.exit()调用，则执行 System.exit()调用后由于程序被中断，因此 finally 块和 finally 块之后的语句都不会被执行。在 catch 块中有 System.exit()调用情况与之类似。

综上所述，在一个方法中如果有异常处理，则可以将无论什么情况下都要执行的语句(如关闭文件等操作)放在 finally 块，这样处理是比较安全的。另外，在程序中要尽量避免使用强制中断程序执行的 System.exit()调用。

基础练习

【简答题】

7.1　什么是异常？说明 Java 语言中异常的处理机制。

7.2　说明 Throwable 类提供的三个主要方法的功能。

7.3　什么是检查型异常？什么是非检查型异常？它们有什么不同？

7.4　Error 类和 Exception 类有什么不同？

7.5　说明 try/catch/finally 语言的使用格式。

7.6　在一个方法中，当有多个异常需要捕获时，catch 语句应该注意什么问题？

7.7　在方法中如何捕获并处理异常？

7.8　用户如何生成并抛出一个系统预定义的异常？

7.9　举例说明用户如何自定义一个异常类，自定义的异常类如何在程序中使用？

技能训练

【技能训练 7-1】　基本程序调试技能练习

调试案例 7-1 中的程序，分析程序可能出现的异常情况与处理结果。

【技能训练 7-2】　基本程序设计技能练习

有一个数组 a[ ]={12，3，14，10，45}和一个数组 b[ ]={2,3,4,0}，编写一个程序，求出数组 a 和 b 中对应元素的商，并将商保存在 c 数组中(即 $c[i]=a[i]/b[i]$)。捕获程序中可能发生的异常，并输出异常提示信息。

【技能训练 7-3】　基本程序设计技能练习

调试并运行案例 7-2 中的程序，参考该程序定义一个异常类，该异常类表示学生年龄的错误(如年龄不可能为负数或大于 80 岁)。编写一个程序，从键盘上输入学生年龄，并进行异常处理。

第 8 章 Applet 程序

- ☞ 理解 Applet 程序的概念；
- ☞ 掌握 Applet 程序的编写方法；
- ☞ 了解 Applet 程序的生命周期；
- ☞ 学会在 Applet 程序中绘制图形和设置字体；
- ☞ 了解 Applet 多媒体程序的设计。

Java 技术之所以如此热门，其根本原因在于 Java 具有"让 Internet 动起来"的能力。具体来说，就是 Java 能创建一种被称做"小应用程序"(Applet)的特殊类型程序，使具备运行 Java 程序的 Web 浏览器可以从网络上下载这种程序，然后在浏览器窗口中运行。尽管，目前的 Java 与其刚刚问世的时候相比有多种技术可以实现动态网页技术，但由于小应用程序是一种全功能的程序，因此它仍然具有应用前景。

8.1 Applet 程序的基本概念

前面各章介绍的程序都是在单机上可以单独运行的 Java 程序，这种程序叫 Java 应用程序(Aapplication)。Java Applet 程序是一种在网络环境下，嵌入网页执行的 Java 程序。本节介绍有关 Applet 程序的设计知识。

8.1.1 Applet 程序

Applet 程序也叫"Java 小应用程序"，它是一种能够嵌入到一个 HTML 页面中，并且可以由支持 Java 的 Web 浏览器来解释执行的一种 Java 类。Applet 程序的工作过程可以用图 8-1 表示。

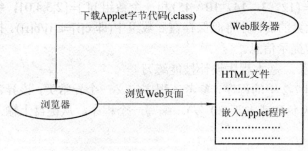

图 8-1 Applet 程序的工作过程

当浏览器打开一个含有 Applet 程序的 Web 页面时，Applet 程序就被从 Web 服务器下载到浏览器中，浏览器读取到 Applet 程序的字节代码文件后，自动启动 Java 解释器将字节代码转化为本地机器指令，并在浏览器窗口中运行，运行结果将显示在浏览器窗口中。读者要注意的是，IE 6 等版本的浏览器在没有安装 Java 之前，不能运行网页中所嵌入的 Applet 程序，只要安装 Java JDK 时选择安装运行 Java 程序的解释器插件(Java Plug-in)，就可以解决该问题。

由于 Applet 在 Web 浏览器环境中运行，因此它并不直接由键盘输入的一个命令来启动。使用 Applet 时，必须创建一个 HTML 文件，将 Applet 字节代码文件嵌入 HTML 文件中，用来告诉浏览器需装载哪个 Applet 字节代码文件。在 HTML 网页中嵌入 Applet 字节代码的标记是：

        \<APPLET CODE="applet 字节代码文件名.class"　WIDTH="窗口宽度"　HEIGHT="窗口高度"\>
        \</APPLET\>

其中，WIDTH 和 HEIGHT 分别表示 Applet 程序在浏览器中所显示窗口的宽度和高度。

一个 Applet 程序在浏览器中的执行步骤是：

- 浏览器装入 URL；
- 浏览器下载 HTML 文档；
- 浏览器装入 Applet 类；
- 启动 JVM 运行 Applet。

8.1.2　Applet 程序的结构与生命周期

1. Applet 程序的结构

由于 Applet 程序是嵌入网页中被执行的特殊 Java 程序，因此 Applet 程序的结构与 Application 程序的结构有较大的不同。根据人们浏览网页的特点，Java 语言的设计者已经为 Applet 程序设计好了程序结构，并将其放到了一个名叫"Applet"的类中，Applet 类在"java.applet"包中。因此，要创建一个 Applet 程序，必须继承 Applet 类，一般的创建格式如下：

```
import java.applet.Applet;
public class HelloWorld extends Applet {
    …
}
```

Applet 程序类必须为公共的(public)，且它的程序文件名称必须与类名一致。如类名为"HelloApplet"时，源程序的文件名则必须为"HelloApplet.java"。

2. Applet 类的主要方法与 Applet 的生命周期

Applet 类提供了使 Applet 程序在浏览器上执行的骨干结构，主要由 init、start、stop 和 destroy 这四个方法所构成。利用 Applet 类提供的这些方法可以构造任意的 Applet 程序。在实际应用中，用户可以通过重写这些方法来构造自己的 Applet 程序，根据需要可以重写这四个方法中的个别方法，或全部重写。

Applet 的生命周期有四个状态：初始状态、启动状态、停止状态和消亡状态，这四种状态分别与 init、start、stop 和 destroy 这四个方法的执行对应，如图 8-2 所示。

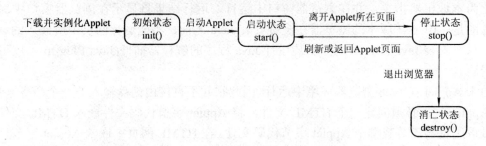

图 8-2　Applet 程序的生命周期

另外，如果要在 Applet 程序中显示字符串或绘图，则还要使用 Applet 的 paint 方法。

1）init 方法

当小应用程序第一次被支持 Java 的浏览器加载时，在浏览器中运行 Java 时系统会自动创建该 Applet 程序类的一个实例，并调用该实例的 init 方法。在小应用程序的生命周期中，该方法只执行一次，因此可以在其中进行一些只执行一次的初始化操作，如初始化变量、加载图像和声音文件等。

2）start 方法

系统在执行完 init 方法之后，将自动调用 start 方法。另外，每当浏览器从图标恢复为窗口时，或者用户离开包含该小应用程序的主页后又返回该页面时，系统都会再执行一遍 start 方法。start 方法在小应用程序的生命周期中可能被调用多次，以启动小应用程序的执行，这一点与 init 方法不同。该方法是小应用程序的主体，在其中可以执行一些需要重复执行的任务，例如开始播放动画或声音等。

3）paint 方法

在 start()方法执行后，就会自动执行 paint 方法；或者在将覆盖 Applet 程序窗口的其他窗口移开时(即窗口需要重绘)，paint 方法也会被自动调用。在 Applet 程序中要显示一些信息或进行图形绘制时，这些操作通常放在 paint 方法中。

4）stop 方法

与 start()方法相反，当用户离开小应用程序所在页面或浏览器变成图标时，会自动调用 stop()方法。因此，该方法在小应用程序的生命周期中也被多次调用。这样使得在用户并不注意小应用程序的时候，停止一些耗用系统资源的工作，以免影响系统的运行速度。如果一个小应用程序中不包含动画、声音等程序，通常不必重写该方法。

5）destroy 方法

浏览器正常关闭时，Java 自动调用 destroy 方法。destroy 方法用于释放系统资源。如果这个小应用程序仍然处于活动状态，则 Java 会在调用 destroy 方法之前先调用 stop 方法。

8.1.3　一个简单的 Java Applet 程序

下面通过一个简单的 Applet 程序来了解 Applet 程序的执行过程。该程序在浏览器上显示"Hello，Applet！"的字样。程序代码如下：

```
01 //实例 8-1：一个简单的 Applet 程序(HelloApplet.java)
02 import java.awt. Graphics; //引入图形类 Graphics
03 import java.applet.Applet;   //引入 Applet 类
04 public class HelloApplet extends Applet {
05     String s;
06     public void init() {   //init()方法是 Applet 首先执行的方法
07       s= "Hello，Applet！";   //将 s 初始化
08     }
09     public void paint(Graphics g){
10       g.drawString(s, 70, 80);   //在坐标为(70，80)的地方显示字符串 s
11     }
12 }
```

该程序的 02 行引入 09 行定义的 paint 方法参数中要使用的 Graphics 类，该类在 java.awt 包中。03 行引入 Applet 类，07 行在方法 init 中将字符串 s 进行了初始化，09 行重写了 paint 方法，10 行调用图形类 Graphics 的 drawString 方法在指定位置输出字符串 s。

在网页中嵌入该 Applet 的方法是：

(1) 将该 Applet 程序编译成字节代码文件。

Applet 程序编写完成后，用 Java 编译器(javac.exe 程序)将其编译成扩展名为.class 的字节代码文件。

(2) 在 HTML 文件中嵌入 Applet 字节代码。

编译好的 Applet 程序字节代码文件要嵌入 HTML 文件中才能被执行。将该例中 Applet 程序嵌入 HTML 文件 HelloAppletd.html 中的代码如下：

```
<HTML>
<APPLET CODE="HelloApplet.class" WIDTH=200 HEIGHT=100>
</APPLET>
</HTML>
```

(3) 在浏览器上执行 HTML 文件。

在资源管理器中双击"HelloAppletd.html"文件，即可在浏览器上看到 Applet 程序的执行结果。另外，为了方便调试程序，JDK 中还提供了一个工具程序 appletviewer.exe，该程序专门用来调试与执行 Applet 程序。其应用格式如下：

```
appletviewer  文件名.html
```

其实，要快速调试 Applet 程序还有一种方法，就是将上述 HTML 文件以注释的形式加到 Applet 源程序的开始处。其格式如下：

```
//<HTML>
//<APPLET CODE="HelloApplet.class" WIDTH=200 HEIGHT=100>
//</APPLET>
//</HTML>
import java.awt. Graphics; //引入图形类 Graphics
  …
```

然后在 DOS 状态下，用如下的命令执行即可：

  appletviewer HelloApplet.java

这种方法可以不用单独编写一个 HTML 文件去调试 Applet 程序。

最后要说明一点，用户在程序中并没有创建一个上例中 HelloApplet 类的实例，那么该程序是如何被执行的呢？其实，在浏览器载入 Applet 程序时，就自动创建了一个该 Applet 的实例，浏览器运行 Java 时，系统就会根据前面介绍的 Applet 的生命周期，自动调用相应的方法。paint 方法有个 Graphics 类型的参数，该方法在被系统自动调用时，也会由系统自动生成一个 Graphics 类型的实例作为该方法的实参，该实例就代表 Applet 程序在浏览器上的窗口。

8.1.4 【相关知识】 Applet 程序与 Application 程序的比较

Applet 程序与 Application 程序的比较如表 8-1 所示。

表 8-1 Applet 程序与 Application 程序的比较

Applet 程序	Application 程序
Applet 是通过扩展 java.applet.Applet 类创建的	应用程序则不受这种限制
Applet 通过 appletviewer 或在支持 Java 的浏览器上运行	应用程序使用 Java 解释器运行
Applet 的执行从 init()方法开始	应用程序的执行从 main()方法开始
Applet 须至少包含一个 public 类,否则编译器就会报告一个错误。在该类中不一定要声明 main()方法	对于应用程序，public 类中必须包括 main()，否则无法运行

有时需要实现这样一个 Java 程序文件，它既可作为应用程序运行，又可作为小应用程序运行。我们可以设计一个程序，使其具有 Applet 程序与 Application 程序的双重身份。设计思想是创建一个小应用程序，而这个小应用程序包含一个 main 方法，如实例 8-2 所示。

```
01 //实例 8-2：具有双重身份的 Applet 程序(AppletApp.java)
02 //<HTML>
03 //<APPLET CODE="AppletApp.class" WIDTH="200" HEIGHT="100">
04 //</APPLET>
05 //</HTML>
06 import java.applet.Applet;
07 import java.awt.Graphics;
08 public class AppletApp extends Applet {
09      static String s1 = new String("这是 Application 程序运行的结果！");
10      static String s2 = new String("这是 Applet 程序运行的结果！");
11   public static void main (String args[]) {
12      System.out.println(s1);
13   } //main 函数结束
14   public void paint (Graphics g) {
15      g.drawString(s2, 25, 25);
16   }
17 }
```

实例的第 11～13 行是 Java 应用程序的 main()函数，在 main()函数中输出了该类定义的静态字符串 s1。第 14～16 行重写了 paint 方法，该方法的 15 行在浏览器窗口中输出该类定义的静态字符串 s2。该实例的运行结果如图 8-3 所示。其中，8-3(a)图是以 Application 方式运行的结果，8-3(b)图是以 Applet 方式运行的结果。

　　　　　　　(a)　　　　　　　　　　　　　　　　　　　　　(b)

图 8-3　实例 8-2 运行的结果

8.2　在 Applet 程序中绘图

在 Applet 程序中可以绘制一些简单的图形。本节介绍一些在程序中绘图的基本知识和与图形绘制有关的 Graphics 类的用法。

8.2.1　与绘图有关的类

1. 屏幕坐标

在计算机显示器上绘图时，首先要确定图形在平面坐标系中的位置。与传统的坐标系有所不同，一般在程序设计中将显示器的左上角定义为坐标原点，且在这个坐标系中所有可见的区域内，坐标都是正数，如图 8-4 所示。

在 Java 程序中，每个点用一对整型数据表示，如图 8-4 所示的点 P(x, y)。屏幕左上角的坐标原点为(0, 0)，x 轴的方向向右，y 轴的方向向下。坐标的单位是像素。

图 8-4　屏幕坐标

2. Graphics 类

Graphics 类是 Java 类库中提供的一个用于图形绘制的类。在屏幕上绘图就要使用 Java 的图形环境，Graphics 类的对象就是专门用来管理图形环境的，并提供了各种图形绘制的方法。

由于 Java 语言是一种跨平台的语言，在各种不同的平台上运行的 Java 程序其绘图环境差别很大，因此无法定义一个具体的绘图类。正因为如此，Graphics 类被定义成了一个抽象类，该抽象类中主要定义了一些绘制图形(如画线、矩形、圆等)的方法，这些方法给程序员提供了一个统一的与平台无关的绘图接口。而这些方法则由不同平台上的 Java 运行时环境来实现。在需要绘图时，Java 运行时环境会创建一个 Graphics 类的子类的实例来实现绘图功能，而用户不需要关心这个过程。

若要在 Applet 程序中使用 Graphics 类进行图形绘制，则可以使用 Applet 类提供的

getGraphics()方法取得一个绘图类对象。但要注意，由于 Graphics 类是一个抽象类，因此不能在程序中直接创建该类的对象。

Graphics 类中定义的图形绘制方法，主要可以绘制如下几种图形：

- 绘制直线；
- 绘制矩形；
- 绘制椭圆；
- 绘制圆弧；
- 绘制多边形。

1) 绘制直线——drawLine

绘制直线的方法为：

```
public abstract void drawLine(int x1, int y1, int x2, int y2);
```

该方法在图形坐标系统中，使用当前颜色在点(x_1, y_1)和点(x_2, y_2)之间画一条线，如图 8-5(a)所示。

2) 绘制矩形——drawRect

绘制矩形的方法为：

```
public void drawRect(int x, int y, int width, int height);
```

该方法绘制指定矩形的边框，矩形的左边和右边位置分别是 x 和 x+width，顶边和底边位置分别是 y 和 y+height，如图 8-5(b)所示(图中 width 用 w 表示，height 用 h 表示)。

如果要用当前颜色填充指定的矩形，则要使用 fillRect 方法，该方法与 drawRect 方法的参数相同。该矩形左边和右边位置分别是 x 和 x+width−1，边和底边位置分别是 y 和 y+height−1，得到的矩形覆盖区域宽度为 width 个像素，高度为 height 个像素。

3) 绘制圆角矩形——drawRoundRect

绘制圆角矩形的方法为：

```
public abstract void drawRoundRect(int x, int y, int width, int height, int arcWidth, int
    arcHeight);
```

圆角矩形的左边和右边位置分别是 x 和 x+width，顶边和底边位置分别是 y 和 y+height，arcWidth 表示 4 个角弧度的水平直径，arcHeight 表示 4 个角弧度的垂直直径，如图 8-5(c)所示(图中 aw 表示 arcWidth，ah 表示 arcHeight)。

4) 绘制椭圆——drawOval

绘制椭圆的方法为：

```
public abstract void drawOval(int x, int y, int width, int height);
```

该方法可以绘制一个圆或椭圆，它恰好位于由 x、y、width 和 height 参数指定的矩形内，如图 8-5(d)所示。

如果要用当前颜色填充指定的椭圆，则要使用 fillOval 方法，该方法与 drawOval 方法的参数相同。

5) 绘制圆弧——drawArc

绘制圆弧的方法为：

```
public abstract void drawArc(int x, int y, int, int, int startAngle, int arcAngle);
```

该方法绘制由 startAngle 角度开始，到 arcAngle 角度为止的一个弧线。该弧线的外切矩形左上角坐标是(x, y)，宽和高分别为 width 和 height，0 角度位于水平方向，角度为正值表示逆时针旋转，为负值表示顺时针旋转，如图 8-5(e)所示。

可以使用 fillArc 方法绘制一个实心扇形区域。

6) 绘制多边形——drawPolygon

绘制多边形的方法为：

　　　public abstract void drawPolygon(int[] xPoints, int[] yPoints, int nPoints);

该方法绘制一个由 x 和 y 坐标数组定义的闭合多边形，每对(x, y)坐标定义了一个点，如图 8-5(f)所示。

可以使用 fillPolygon 方法绘制一个实心多边形。

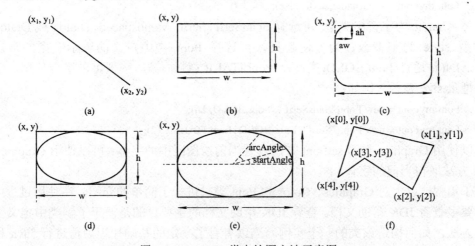

图 8-5　Graphics 类中绘图方法示意图

3. Color 类

在绘制各种图形时，为了使色彩丰富，可以使用 Java 类库中 java.awt 包里定义的 Color 类。该类中主要定义了一些颜色常量和与颜色操作有关的一些方法。常用的一些颜色常量为：

static Color BLACK：黑色

static Color BLUE：蓝色

static Color CYAN：青色

static Color DARK_GRAY：深灰色

static Color GRAY：灰色

static Color GREEN：绿色

static Color LIGHT_GRAY：浅灰色

static Color ORANGE：桔黄色

static Color PINK：粉红色

static Color RED：红色

static Color WHITE：白色

static Color YELLOW：黄色

Color 类提供的主要构造方法是：

Color(int r, int g, int b)

表示用指定的红色、绿色和蓝色值(在 0～255 范围内)创建一种不透明的颜色对象，例如：

Color c = new Color(255, 0, 0);

创建了一种红色对象。

可以使用 Graphics 类的 setColor 方法设置当前的绘图颜色；可以使用 Graphics 类的 getColor 方法取得当前的绘图颜色。

4．Font 类

通过 Font 类可以设置组件或所画对象的字体，Font 类在 java.awt 包中。创建 Font 类对象的语法为：

Font myFont = Font(name, style, size);

字体名 name 为字符串类型，可选择 ScanSerif、Serif、Monospaced、Dialog 或 DialogInput 等。字型 style 为整型数，为方便起见，可选择 Font 类中定义的表示字型的常量，如 Font.PLAIN(普通)、Font.BOLD(黑体)、Font.ITALIC(斜体)等，字型可以组合使用。字体大小用整型量 size 表示。例如：

Font myFont = new Font("SansSerif ", Font.BOLD, 16);

Font myFont = new Font("Serif", Font.BOLD+Font.ITALIC, 12);

可以使用 Graphics 类的 setFont 方法设置当前绘图区中的字体；可以使用 Graphics 类的 getFont 方法取得当前的字体。

限于篇幅，以上对 Graphics、Color 和 Font 类只进行了简单的介绍，在使用过程中，读者一定要多查看 JDK 帮助文档。查看 JDK 帮助文档的主要目的是便于了解类中定义了哪些属性和方法，如何构造该类的一个实例。当读者有了一定的基础知识后再进行 Java 程序设计时，主要应依靠 JDK 帮助文档。

8.2.2 【案例 8-1】 画一个"雪人"

1．案例描述

设计一个 Applet 程序，画一个卡通"雪人"。

2．案例效果

案例 8-1 的执行效果如图 8-6 所示。

图 8-6 案例 8-1 的执行效果

3. 技术分析

要在 Applet 程序中进行绘图，则有关绘图的方法只能在 paint 方法中调用。在调用 paint 方法时，以当前 Applet 在浏览器中的窗口为绘图对象，可以使用该绘图对象的各种方法画出如图 8-6 所示的卡通人物。

画面颜色的设计要使用 Color 类，设置绘图对象的颜色时可以使用 setColor 方法。

Applet 中字体的显示要使用 Font 类，设置字体时可以使用 setFont 方法。

4. 程序解析

下面是案例 8-1 的程序代码：

```
01 //*****************************************
02 //案例:8-1
03 //程序名：Snowman.java
04 //功能:画雪人
05 //*****************************************
06
07 import java.applet.*;
08 import java.awt.*;
09 public class Snowman extends Applet{
10
11     public void paint(Graphics g){
12         final int MID = 150;
13         final int TOP = 50;
14         Font myFont = new Font("华文彩云", Font.BOLD+Font.ITALIC, 18);
15
16         //设置 Applet 窗口的背景色
17         setBackground(Color.CYAN);
18
19         g.setFont(myFont);
20         g.drawString("这是我堆的雪人！",80,20);
21
22         //用蓝色画表示地面的矩形
23         g.setColor(Color.BLUE);
24         g.fillRect(0,175,300,100);
25
26         //用红色画表示太阳的圆
27         g.setColor(Color.RED);
28         g.fillOval(-40,-40,80,90);
29
30         //画身躯
```

```
31        g.setColor(Color.WHITE);
32        g.fillOval(MID-20,TOP,40,40);        //头部
33        g.fillOval(MID-35,TOP+35,70,50);      //身躯中部
34        g.fillOval(MID-50,TOP+80,100,60);     //身躯下部
35
36        //画眼睛
37        g.setColor(Color.BLUE);
38        g.fillOval(MID-10,TOP+10,5,5);        //左眼
39        g.fillOval(MID+5,TOP+10,5,5);         //右眼
40
41        g.setColor(Color.BLACK);
42        g.drawArc(MID-10,TOP+20,20,10,190,160);   //嘴
43        g.drawLine(MID-25,TOP+60,MID-50,TOP+40);   //左臂
44        g.drawLine(MID+25,TOP+60,MID+55,TOP+40);   //右臂
45
46        //帽子
47        g.drawLine(MID-20,TOP+5,MID+20,TOP+5);
48        g.fillRect(MID-15,TOP-20,30,25);
49    }
50 }
```

8.2.3　【相关知识】　使用 Graphics 2D 类绘图

在 Java 1.2 API 中还提供了功能更强大的二维图形处理能力。与二维图形有关的类分布在 Java 的不同包中，大部分位于 java.awt.geom 包中。这些类可以完成任意宽度直线的绘制，还具有用渐变颜色和纹理来填充图形的功能等。

在前面介绍的实例中，绘图时 paint 方法要传入一个 Graphics 类型的参数 g，然后在 paint 方法中通过调用 g 的各种方法来绘制图形，因此，Graphics 类型的对象 g 就成了一个"画笔"。同样，为了处理二维图形，在 Java 1.2 API 中定义了一个新的 Graphics2D 类，Graphics2D 类继承了 Graphics 类。如果把 Graphics2D 类的对象作为一个"画笔"来绘画，则要有一个该类的对象。一般在 paint 方法中通过如下的强制类型转换来取得一个 Graphics2D 类的对象：

```
public void paint(Graphics g){
Graphics2D g2d = (Graphics2D)g;
…
}
```

在使用 Graphics2D 类绘图时，把将要绘制的图形作为一个对象来处理，因此，在绘制图形之前先要创建一个所要绘制图形的对象，这与 Graphics 类直接进行绘图是不同的。对于创建好的绘图对象，可以使用 Graphics2D 类的 draw 方法绘制在 Applet 窗口中，draw 方法的参数为创建好的绘图对象。常用的绘图对象有：

1) 直线对象

要绘制一条直线，就要创建一个 java.awt.geom 包中 Line2D 类的对象。如果点的坐标是以双精度数指定的，则要用 Line2D.Double 类创建该对象：

　　　Line2D　line = new Line2D.Double(12.2d, 12.34d, 100.3d, 90.49d);

表示创建一个从(12.2d, 12.34d)点到(100.3d, 90.49d)点的直线对象。

2) 矩形对象

要绘制一个矩形，就要创建一个 java.awt.geom 包中 Rectangle2D 类的对象。如果点的坐标是以双精度数指定的，则要用 Rectangle2D.Double 类创建该对象：

　　　Rectangle2D　rect = new　Rectangle2D.Double(12.2d, 12.34d, 100.3d, 90.49d);

表示创建一个左上角坐标为(12.2d, 12.34d)，宽为 100.3d，高为 90.49d 的矩形对象。

3) 椭圆对象

创建一个椭圆对象时，要使用 java.awt.geom 包中的 Ellipse2D.Double 类：

　　　Ellipse2D　rect = new　Ellipse2D.Double(12.2d, 12.34d, 100.3d, 90.49d);

表示创建一个椭圆对象，椭圆对象包含在左上角坐标为(12.2d, 12.34d)，宽为 100.3d，高为 90.49d 的矩形中。

4) 二次曲线对象

如果要创建一个二次多项式 $y(x)=ax^2+bx+c$，就要使用 java.awt.geom 包中的 QuadCurve2D.Double 类：

　　　QuadCurve2D curve = new　QuadCurve2D.Double(12, 12, 10, 40,100,90);

表示过(12, 12)点和(100,90)点及控制点(10, 40)创建一条二次曲线对象。

5) 三次曲线对象

如果要创建一个三次多项式 $y(x)=ax^3+bx^2+cx+d$，就要使用 java.awt.geom 包中的 CubicCurve2D.Double 类：

　　　CubicCurve2D curve = new　CubicCurve2D.Double(50, 30, 10, 10,100,100,50,100);

表示过(50, 30)点和(50,100)点及控制点(10, 10)和(100,100)创建一条三次曲线。

下面是一个图形类的应用实例：

```
01 import java.awt.*;

02 import java.applet.*;

03 import java.awt.geom.*;

04

05 public class Test2D extends Applet{

06     public void paint(Graphics g){

07         Graphics2D g2d = (Graphics2D)g;

08         Line2D    line = new Line2D.Double(10,10,100,100);

09         QuadCurve2D curve = new    QuadCurve2D.Double(10,10,100,100,200,10);

10         CubicCurve2D cubic = new    CubicCurve2D.Double(10,150,80,80,160,210,200,150);

11         g2d.draw(line);

12         line.setLine(100,100,200,10);

13         g2d.draw(line);
```

```
14          g2d.drawString("控制点(100，100)", 65,115);
15          g2d.draw(curve);
16          g2d.draw(cubic);
17     }
18 }
```

该程序的运行结果如图 8-7 所示。

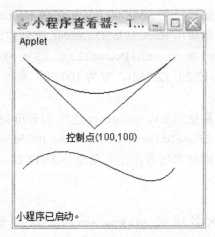

图 8-7　2D 图形绘制实例

关于 Java 2D 图形更多的内容，读者可参考有关资料或 JDK 帮助文档。

技能拓展

8.3　Applet 多媒体程序的设计

在 Applet 程序中还可以显示图像与播放音乐。本节将举例说明设计 Applet 多媒体程序的方法。

8.3.1　在 Applet 程序中显示图像

在 Applet 多媒体程序中，为了确定一个资源所在的位置(如一个图片的位置等)，要使用 URL(即统一资源定位符，可在网络中唯一标识一个资源的地址)。Java 提供的 java.net.URL 类描述了 Internet 中使用的 URL。在 Applet 类中有两个方法可以返回 URL 的值：

● getDocumentBase()：返回一个描述当前浏览器中带有 Applet 标记的 HTML 文件所属页面目录的 URL 对象。

● getCodeBase()：返回一个描述 Applet 类文件本身源目录的 URL 对象。它通常与 HTML 文件目录相同。

得到一个 URL 对象后，可以将该 URL 位置处的资源通过 Applet 程序载入网页，这样就可以在一个网页中显示图像和播放音乐了。

在 Applet 程序中显示一个图像文件的主要过程是：

(1) 用 Applet 类的 getCodeBase()方法获得图像的地址(URL)。

(2) 用 Applet 类的 getImage()方法取得可以在屏幕上绘制的图像(Image)对象。

(3) 在 paint()方法中用 Graphics 类的 drawImage()方法显示图像。

下面是一个将当前程序所在位置的 bird.jpg 图像显示出来的 Applet 程序:

```
01 //实例 8-3: 在 Applet 程序中显示图片(ImageDemo.java)
02 import java.applet.*;
03 public class ImageDemo extends Applet {
04     Image img;
05     public void init() {
06         img = getImage(getCodeBase(), "bird.jpg");
07     }
08     public void paint(Graphics g) {
09         g.drawImage(img, 20, 20, this);
10     }
11 }
```

程序的 04 行声明了一个图像类的变量 img,用于存放将要显示的图像。06 行在 init 方法中对 img 进行了初始化,即载入图像。09 行表示图像在窗口的左上角位置是(20, 20)。

8.3.2　在 Applet 程序中播放音乐

在 Applet 程序中播放一个声音文件的主要过程是:

(1) 用 Applet 类的 getAudioClip(URL base, String target)方法装入一段要播放的音乐。该方法的返回值是 java.applet.AudioClip 类型的一个实例,AudioClip 类型是一个专门用于声音播放的接口。例如:

AudioClip sound = getAudioClip(getDocumentBase(), "bark.au");

(2) 使用 AudioClip 接口中的 play 方法可以将已装入的音乐播放一遍。例如:

sound.play();

(3) 使用 AudioClip 中的 loop 方法重复播放。例如:

sound. loop();

(4) 要停止一段正在播放的音乐,可用 AudioClip 中的 stop 方法。例如:

sound. stop();

下面是一个循环播放音乐的 Applet 程序实例:

```
01 //实例 8-4: 在 Applet 中播放音乐(AudioTest.java)
02 import java.awt.Graphics;
03 import java.applet.*;
04 public class AudioTest extends Applet {
05     AudioClip sound;
06     public void init() {
07         sound = getAudioClip(getDocumentBase(), "2.au");
08     }
```

```
09    public void paint(Graphics g) {
10       g.drawString("Audio Test", 25, 25);
11    }
12 public void start() {        //有些系统由于设置问题，可能播放不出声音
13       sound.loop();
14    }
15    public void stop() {
16       sound.stop();
17    }
18 }
```

8.3.3 【相关知识】 向 Applet 程序传递参数

如同 Java Application 可以使用命令行来接收用户参数一样，它也可以向 Applet 传递参数。不过在 Applet 中，这个任务要通过 HTML 文件来完成。本节举例说明从 HTML 文件向 Applet 程序传递参数的方法。

向 Applet 程序传递参数时，首先要在 HTML 文件中使用 PARAM 标记的 name 属性设置参数的名称(即变量名)，并使用 value 属性设置参数的值。然后在 Applet 程序中使用 getParameter()方法取得参数的值，但取得的参数值只能是一个 String 类型的量，如果要取得的参数值是一个整数或实数，则还需要使用 Integer.parseInt()或 Float.parseFloat()等方法将其转换为所需要的数据类型。

以下是一个从 HTML 文件向 Applet 传递三个参数的程序：

```
01 //实例 8-5：向 Applet 程序传递参数(AppletParam.java)
02 //<HTML>
03 // <applet code ="AppletParam.class"        width = 300   height = 200>
04 //    <PARAM name = vstring   value = "我是来自 HTML 的参数">
05 //    <PARAM name = x   value = 50>
06 //    <PARAM name = y   value = 100>
07 // </applet>
08 //</HTML>
09 import java.awt.Graphics;
10 import java.applet.Applet;
11 public class AppletParam extends Applet {
12    private String  text = "";   //用于接收 HTML 中的参数
13    private int x;
14    private int y;
15    public void init () {
16       text = getParameter("vstring");
17       x = Integer.parseInt(getParameter("x"));
18       y= Integer.parseInt(getParameter("y"));
```

```
19    }
20    public void paint(Graphics g) {
21      if (text != null) {
22        g.drawString (text , x, y) ;
23      }
24    }
25 }
```

04 行、05 行和 06 行在 HTML 代码中设置了三个参数，参数名称分别为 vstring、x 和 y，其值由后面的 value 属性指定。16 行、17 行和 18 行使用 getParameter()方法来取得这三个参数的值。22 行根据这三个参数的值在浏览器窗口中显示有关信息。

基础练习

【简答题】

8.1　什么是 Applet 程序？它与普通的 Java 应用程序有什么不同？

8.2　Applet 程序在浏览器中的运行过程分为哪几个阶段？

8.3　一个 Applet 程序为什么要继承 java.applet.Applet 类？

8.4　在一个网页中嵌入 Applet 程序要使用什么标记？

8.5　Applet 类的主要方法有哪几个？

8.6　Applet 程序的生命周期有哪几个状态？

8.7　Applet 程序与 Application 程序有什么不同？编写一个具有 Applet 与 Application 双重身份的 Java 程序。

8.8　说明显示器的坐标是如何表示的。

8.9　在 Graphics 类中提供了哪些主要的绘图方法？

8.10　举例说明颜色类(Color)和字体类(Font)如何在程序中使用。

技能训练

【技能训练 8-1】　基本操作技能练习

编写一个 Applet 程序，用你喜欢的字体和颜色显示一句话。编写一个 HTML 文件，引用编译好的 Applet 程序代码，在网页上显示程序的运行结果。

【技能训练 8-2】　基本程序设计技能练习

编写程序，绘制一个精美的贺年卡。

【技能训练 8-3】　基本程序设计技能练习

编写一个程序，绘制一条抛物线。

【技能训练 8-4】　基本程序设计技能练习

编写一个程序，显示一幅图片，然后播放一段音乐。

第 9 章　图形用户界面程序设计

- Ⓒ　了解 AWT 和 Swing 的概念;
- Ⓒ　学会使用常用组件创建交互式图形用户界面的方法;
- Ⓒ　掌握图形用户界面中布局管理器的使用方法;
- Ⓒ　学会事件处理程序的编写方法。

除第 8 章的 Applet 程序外,本书前面各章介绍的程序都是控制台应用程序(即在 DOS 下执行的程序)。在学习面向对象的基础知识时,控制台程序可以免去图形用户界面程序 (Graphic User Interface,GUI)中与面向对象关系不大的内容,便于读者学习。但毕竟当前的各类应用软件都是在图形用户界面下开发的,因此在掌握了 Java 语言的一些基本知识后,有必要学习 Java 语言中有关 GUI 程序设计的基本知识。本章介绍使用 Java 语言中的有关组件来构建 GUI 应用程序的知识。

9.1　进入 Java GUI 编程世界

为了使读者对 Java GUI 程序设计有一个比较全面的了解,本节先简要介绍一下 Java GUI 程序设计的发展历程及 Java GUI 程序设计中的几个基本概念。

9.1.1　AWT 与 Swing

1. AWT

在 Java 语言出现以前,各种操作系统平台如 Windows、Linux、Solaris 等有其专有的图形用户界面。Java 语言为了达到独立于平台的目的,最初设计了一种名叫 AWT(Abstract Window Toolkit,抽象窗口工具包)的 GUI 程序开发类库。在 AWT 中提供了建立 GUI 程序的工具集,主要包括基本的 GUI 程序组件,如按钮、标签、菜单、颜色、字体、布局管理器等;另外,还提供了事件处理机制及图像操作等功能。

AWT 可用于 Java 语言的 Applet 程序和 Application 程序中。AWT 提供的组件都位于 java.awt 包中。

　　AWT 只是一组通用的无关于特定平台的类。在具体平台上使用 AWT 组件(如 Button，即按钮)时，由运行时系统调用本地代码(native code)来实现该组件。例如，如果在 Windows 平台上运行的一个 Java GUI 程序中使用了一个按钮组件，则运行时系统会调用该系统中实现按钮的代码来显示一个 Windows 风格的按钮；而同样的代码在 Solaris 平台上运行时，系统会调用 Solaris 中实现按钮的代码来显示一个 Motif(Solaris 中窗口风格的名称)风格的按钮。这样，就会出现在 Java 中具有相同名称的组件，由于在不同平台上本地实现的不同，而产生不同的外观效果。因此，AWT 组件要在不同的平台上给用户提供一个一致的外观效果时就遇到了困难。也正是因为 AWT 所提供的窗口组件并非由 AWT 完全真实地实现，因此才将 AWT 称为抽象的(abstract)窗口工具。

　　AWT 的设计思想可以使 Java 语言系统的设计人员很快实现在不同平台下的 GUI 组件，但其缺点是，随着操作系统平台的不同会显示出不同的样子。另外，AWT 中的组件比较呆板，如按钮 Button 只能是一个方框中显示按钮的名称这种样子，而无法改变。为此，在 Java 2 以后，SUN 公司开发出了一种功能更为强大的名叫 Swing 的组件。

2. Swing

Swing 组件与 AWT 组件相比有如下特点：
- Swing 组件完全用 Java 语言编写。
- Swing 组件的实现没有使用本地代码。
- Swing 组件的外观灵活多样，如按钮可以是某种图形，其形状除了矩形外还可以是圆形或其他形状。
- Swing 提供的组件比 AWT 更丰富，如 Swing 提供了 AWT 中所没有的导航、打印等功能。

　　但要注意，Swing 并不是完全替代了 AWT，而是对 AWT 的扩展，因为 Swing 中的组件继承自 AWT，Swing 中的版面布局管理和事件处理使用的还是 AWT 中定义的内容。一般将 AWT 组件称为重量级组件，而将 Swing 中不依赖于本地 GUI 资源的组件称为轻量级组件。

　　Swing 组件位于 javax.swing 包中，该包中定义了 250 多个类，其中的组件类有近 50 个(以 J 字母开头)。javax 表示的是 java extension 的缩写，因此对 Java 的所有扩展功能都放在 javax 中，Swing 就是其中之一。

3. GUI 程序组件简介

　　在 Java GUI 程序设计中，一个程序通常由以下 4 个基本部分组成：

1) 基本组件

基本组件具体是指构成 GUI 程序的按钮(Button)、标签(Label)、文本框(TextField)、选择框(Choice)等。基本组件都是抽象类 Component 的子类，而 Component 类又继承自 Object 类，如图 9-1 所示。

2) 容器类组件

　　一个 GUI 程序中的基本组件通常要放在一个容纳这些基本组件的容器中，所以，把在 AWT 中专门容纳其他组件的一些特定组件叫容器(Container)。容器的基类是 Container 类，Container 类是 Component 类的子类，如图 9-1 所示。

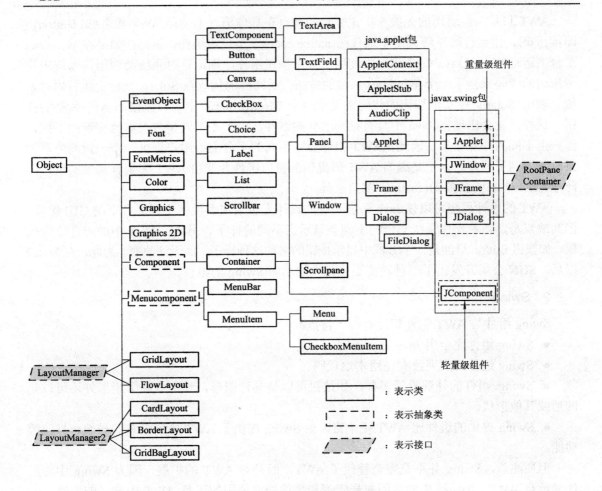

图 9-1　AWT 类层次结构图

3) 布局管理类

一个容器中的组件按照什么样的方式排列(即容器中的组件如何摆放)，是由 AWT 中的布局管理类组件负责的,布局管理类组件也叫布局管理器。布局管理器类在图 9-1 的左下方,它实现了 LayoutManager 接口或 LayoutManager2 接口。

4) 事件处理类

当用户按下 GUI 程序中的一个按钮时，程序就要对该"事件"进行处理。如按下一个"保存"按钮时，则要进行文件的存盘操作。AWT 中定义的事件类 AWTEvent 是 EventObject 类的子类，而 EventObject 类继承了 Object 类。

图 9-2 是 Swing 中主要类的层次结构图。由于 Swing 中的 JApplet、JWindow、JFrame 和 JDialog 等类直接继承了 AWT 中的相关类，因此 Swing 中的这几个类均包含在图 9-1 中。从图 9-2 中可以看出,AWT 中的基本组件在 Swing 中用相应的组件来代替,如 AWT 的 Button 组件在 Swing 中对应的组件为 JButton。Swing 组件类的名称前都加了"J"这个字母，以示与 AWT 组件的区别。

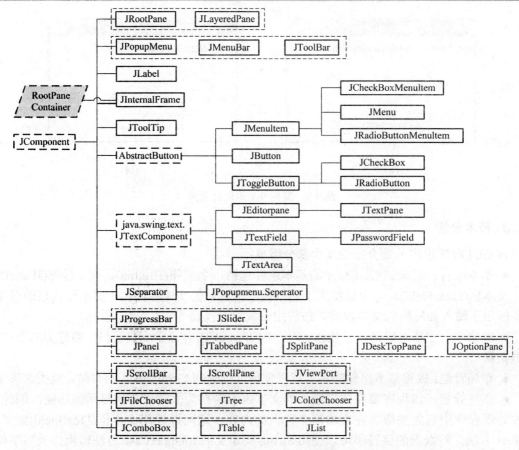

图 9-2　Swing 类层次结构图

　　在这里给出 AWT 和 Swing 组件层次结构图的主要目的是让读者对组件(Component)、容器(Container)和布局管理器(LayoutManager)之间的关系以及 AWT 组件与 Swing 组件之间的关系有一个初步了解，因为学习 GUI 程序设计时理解类之间的继承关系非常重要。

　　AWT 及 Swing 就好像一大片树林，其中有各种资源，而其间又有许多资源之间是互动的关系。我们需要了解这片树林到底有哪些可用资源，这些资源放在哪里，它们之间的关系是怎么样的，这样才不会见树不见林，从而得心应手地设计 Java GUI 程序。

　　下面介绍一个简单 Java GUI 程序，通过该程序使读者先对 Swing 程序有一个直观的印象。

9.1.2　【案例 9-1】　文本转换器程序

1. 案例描述

　　设计一个 GUI 程序：在一个文本框中输入一行英文，单击转换按钮，便可将文本框中输入的内容转换为大写字母后显示出来。

2. 案例效果

　　图 9-3(a)所示的窗口是案例程序执行后的效果，图 9-3(b)所示的窗口是输入文本内容后转换的结果。

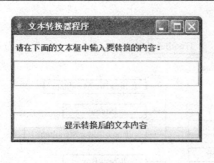
(a)

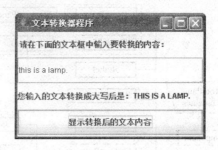
(b)

图 9-3　案例 9-1 的执行效果

3. 技术分析

该 GUI 程序也由前面介绍的 4 个部分组成:

● 基本组件:组成该 GUI 程序的基本组件包括一个按钮(JButton)、两个标签(JLabel)和一个文本框(JTextField)。一个标签用于显示提示信息,另一个标签用于显示转换后的结果,文本框用于输入要转换的文本内容,按钮用于发出转换命令。

● 容器:上述基本组件可以放在一个名叫 JFrame 的容器中,该窗口一般作为应用程序的框架窗口。

● 布局管理:放置基本组件的容器可以使用一个名叫 GridLayout 的布局管理类来管理。

● 事件处理:该程序要完成将输入的文本内容转换为大写字母后显示的功能,因此,事件处理程序中首先要取得在文本框中输入的内容,这可以使用文本框(JTextField)定义的 getText 方法。对取得的字符串可以使用 String 类定义的 toUpperCase 方法转换为大写字母,然后使用标签类(JLabel)定义的 setText 方法,将转换后的内容设置为标签要显示的内容。

4. 程序解析

下面是该案例的程序代码:

```
01 //***********************************************************
02 //案例:9-1
03 //程序名:toUpperCase.java
04 //功能:转换器程序,将句子中的小写字母转换为大写字母
05 //***********************************************************
06
07 import java.awt.*;
08 import javax.swing.*;
09 import java.awt.event.*;
10
11 public class toUpperCase {
12     public static void main(String[] args) {
13         //创建一个框架作为顶层容器
```

```
14        JFrame frm = new JFrame("文本转换器程序");
15        //取得 frm 中放置内容的面板
16        Container contentPane = frm.getContentPane();
17        //设置 frm 的布局管理
18        contentPane.setLayout(new GridLayout(4,1));
19
20        //创建基本组件
21        final JLabel label1 = new JLabel(" 请在下面的文本框中输入要转换的内容：");
22        final JLabel label2 = new JLabel("");
23        JButton button = new JButton("显示转换后的文本内容");
24        final JTextField textField = new JTextField(40);
25
26        //将基本组件添加到内容面板
27        contentPane.add(label1);
28        contentPane.add(textField);
29        contentPane.add(label2);
30        contentPane.add(button);
31
32        //设置 frm 的大小
33        frm.setSize(300,200);
34        //设置 frm 的可见性
35        frm.setVisible(true);
36        //设置 frm 的关闭功能
37        frm.setDefaultCloseOperation(JFrame.EXIT_ON_CLOSE);
38
39        //给按钮添加事件处理功能
40        button.addActionListener(
41          new ActionListener(){
42            public void actionPerformed(ActionEvent enent){
43                //获取输入的文本内容
44                String inf = textField.getText();
45                //设置标签显示的文本内容
46                label2.setText("您输入的文本转换成大写后是："+inf.toUpperCase());
47            }
48          });
49    }
50 }
```

尽管在该程序中有比较详细的注释，但读者在阅读这些代码时可能还是不太理解。本案例的主要目的是让读者对 Java GUI 程序的基本架构有一个初步的了解，至于程序中所涉及到的基本组件、容器、布局管理和事件处理等知识，将在以后的内容中详细介绍。

通过该程序，我们大致对 GUI 程序的组成总结如下：

● 引入相关的包：案例 9-1 中的 07、08 和 09 行引入的 3 个包在一般的 Swing 程序设计中都要引入。

● 设置顶层容器：顶层容器常用 JFrame。

● 创建基本组件：如按钮和标签等。

● 将基本组件添加到容器中：一般使用容器类定义的 add 方法完成添加，如案例 9-1 中的 27～30 行。

● 给组件添加事件处理功能：如案例 9-1 中的 40 行。

● 编写事件处理程序：如案例 9-1 中的 41～48 行。

9.1.3 【相关知识】 组件类的层次结构

1. 组件类的层次结构与分类

Swing 组件的层次结构如下：

```
java.lang.Object
    └java.awt.Component
        └java.awt.Container
            └javax.swing.JComponent
```

Component 类是所有组件的顶层类，Container 类是 AWT 中容器类的顶层类(该类下一节介绍)，其子类 JComponent 是 Swing 组件的顶层类。在这些顶层类中，定义了大多数组件可以使用的常用操作。如在 Component 类中定义了在第 8 章 Applet 程序中所使用过的 paint 等方法；在 Container 类中定义了案例 9-1 中所用的给容器添加组件的 add 和设置容器布局管理的 setLayout 等方法。

Swing 组件从功能上可分为顶层容器、中间层容器和基本组件。

2. Component 类

Java 图形用户界面最基本的组成部分是组件(Component)。组件一般是一个可以以图形化的方式显示在屏幕上并能与用户进行交互的对象，例如一个按钮、一个标签等。Java 语言中的 GUI 组件不能独立地显示出来，必须将组件放在一个容器中才可以显示出来。

java.awt.Component 类是所有 AWT 组件的顶层抽象类，其他组件类(包括 Swing 组件，容器也算是一种组件)都直接或间接地继承了该类。在这个类中定义了许多组件共用的属性及大量的方法(如设置或获取图形组件对象的大小、显示位置、前景色和背景色、边界、可见性等)，因此许多组件类也就继承了 Component 类的成员方法和成员变量。

Component 类里所定义的内容很多，我们无法在此一一列举，读者在使用过程中应该经常查看 JDK 帮助文件。表 9-1 列举了一些常用的属性与方法。

表 9-1　Component 类的常用属性与方法

属性	设置/取得的方法	说　　明
位置	void setLocation(Point)	Point 是 java.awt 中定义的点类
	void setLocation(int, int)	指定一个坐标位置
	Point getLocation()	getLocation()方法用于获得组件的位置，该位置是相对于父级组件坐标空间左上角的一个点
	Point getLocationOnScreen()	getLocationOnScreen()方法用于获得组件的位置，该位置是一个指定屏幕坐标空间中组件左上角的一个点
边界	void setBounds(Rectangle)	
	void setBounds(int,int,int,int)	Rectangle 是 java.awt 中定义的矩形类
	Rectangle getBounds()	
背景颜色	void setBackground(Color)	Color 是 java.awt 中定义的颜色类，见第 8 章介绍
	Color getBackground()	取得背景颜色
前景颜色	void setForeground(Color)	设置前景颜色
	Color getForeground()	取得前景颜色
字体	void setFont(Font)	Font 是 java.awt 中定义的字体类，见第 8 章介绍
	Font getFont()	设置字体
名称	void setName(String name)	设置组件的名称
	String getName(String name)	取得组件的名称

3. JComponent 类

Jcomponent 类是一个抽象类，用于定义 Swing 中一些基本子类组件可用的方法。但并不是所有的 Swing 组件都继承于 JComponent 类(如 JFrame、JApplet、JDialog 和 JWindow 类就不是该类的子类，见图 9-1)。JComponent 类继承于 Container 类，所以，凡是此类的组件都可作为容器使用，这也是 Swing 组件对 AWT 组件的一个最重要的改进。

JComponent 类增加的功能主要有：

● 边框设置：使用 setBorder()方法可以设置组件外围的边框，使用一个 EmptyBorder 对象能在组件周围留出空白。

● 提示信息：使用 setTooltipText()方法为组件设置对用户有帮助的提示信息。

● 设置应用程序的外观风格(Look and Feel)：用 UIManager.setLookAndFeel()方法可以设置用户所喜欢的外观风格(有 metal、windows、motif、mac 等)。

● 设置组件布局：通过设置组件最大、最小、推荐尺寸的方法能指定布局管理器的约束条件，为布局提供支持。

● 支持组件的打印功能。

关于 JComponent 类为 Swing 组件增加的更多的实用功能，读者可以查看 JDK 帮助。

4. 顶层容器

顶层容器有 JFrame、JApplet、JDialog 和 JWindow。这 4 个顶层容器都属于重量级组件

(Swing 中只有这 4 个属重量级组件)，程序运行时要使用当地的 GUI 资源(见图 9-1 右边部分)。

要设计一个 GUI 应用程序，该程序中一般至少要包含一个顶层容器，因为每一个 GUI 组件(如 JButton 等)都需放入一个顶层容器中。

5. 中间层容器

虽然说每一个 Swing 组件都是一种容器，但其样式与所能承装的内容却有所区别。有些 Swing 组件是专门用来盛装别的组件用的，作为一种容器，好让被承装的组件能合适地、有组织地显示出来。这些只作为容纳别的组件的容器，是介于顶层容器与一般 Swing 组件之间的，所以叫中间层容器。中间层容器有 JMenuBar、JOptionPane、JRootPane、JLayeredPane、JPanel、JInternalFrame、JScrollPane、JSplitPane、JTabbedPane、JToolBar 、JDeskTopPane、JViewPort、JEditorPane、JTextPane。

6. 基本组件

基本组件是在 GUI 窗口中用来实现与用户交互的组件，如 Jbutton、JComboBox、JList、JMenu、JSlider、JtextField 等。在 Swing 中，基本组件根据用途可以分为三种类型，如表 9-2 所示。

表 9-2　基 本 组 件

类　型	组　件	组　件　名	说　明
取得用户输入信息的组件	JButton	按钮	表示要进行某种操作
	JRadioButton	单选框	只能多选一
	JCheckBox	复选框	提供多种选择
	JComboBox	组合框	在一组单选按钮中只能有一个处于选中状态
	JList	列表框	用户可以从备选选项中选择一项或多项
	JMenu	菜单	
	JSlider	滑动条	使得用户能够通过一个滑块的来回移动来输入数据
	JTextField	文本框	用于输入单行文字
	JPopupMenu	弹出式菜单	
	JTextArea	文本区	用于输入多行文字
	JPassWordField	密码框	用于输入密码
显示信息的组件	JLabel	标签	显示文字、图片或者既有文字又有图片的信息
	JProgressBar	进度条	通过显示某个操作的完成百分比，来实时显示软件运行的进展情况
	JToolTip	设置提示信息	显示该组件的提示和说明信息
提供格式化信息的组件	JColorChooser	调色盘	提供颜色选择
	JFileChooser	文件选择器	提供文件选择对话框
	JTree	树	主要功能是把数据按照树状进行显示
	JTable	表格	把数据以二维表格的形式显示出来

9.2　创建应用程序窗口

应用程序窗口一般是一个容器类对象，容器是一种特殊的 GUI 组件，用来容纳、组织其他组件。本节介绍 Swing 中创建应用程序窗口和对话框的方法。

9.2.1　创建应用程序窗口

1. 创建应用程序窗口(JFrame)

在 Java GUI 应用程序设计中，要以一个顶层容器作为程序的窗口来容纳其他的 GUI 组件。在容器类中，JFrame 类就是专门用做应用程序窗口的一个类，因此它也被称做应用程序框架窗口。设计一个 GUI 程序时，先要在程序中创建一个 JFrame 类的对象，以该对象作为程序的框架窗口，然后在框架窗口中放入其他组件。

JFrame 窗口有标题栏，通过鼠标可以自由拖动并放置；在 JFrame 窗口的右上角有最小化、最大化和关闭按钮。

1) JFrame 类的层次结构

JFrame 容器类的继承层次结构如下：

```
java.lang.Object
    └java.awt.Component
        └java.awt.Container
            └javax.awt.Window
                └javax.awt.Frame
                    └javax.swing.JFrame
```

顶层容器类 JFrame 间接地继承了 Container 类，Container 类是所有容器类的父类。该类中定义了容器所要用到的属性及方法，其中最常用的三个方法是：

- add(Component omp)：将一个组件添加到一个容器中。例如案例 9-1 的 27～30 行。
- setLayout(LayoutManager mgr)：设置容器的布局管理器。例如案例 9-1 的 18 行。
- remove(Component omp)：从此容器中移去指定组件。

从以上方法可以看出，任何容器中都可以添加组件，也可以设置一个容器的布局管理器，或从一个容器中将一个组件移去。由于 JFrame 间接地继承了 Container 类，因此它也可以使用 Container 类定义的方法。

2) 创建一个框架窗口

创建 JFrame 时，常用的构造方法是：

- JFrame()：新建一个框架窗口，在默认状态下，创建后的框架窗口是不可见的(即在创建一个框架窗口后，并不会立即将其显示在屏幕上)。
- JFrame(String title)：创建一个新的、初始不可见的、具有指定标题的框架窗口。如案例 9-1 的第 14 行。

3) 框架窗口可以进行的操作

JFrame 除了可以使用表 9-1 所示的方法外，其他常用的操作方法有：

● setVisible(boolean b))：由于默认情况下新建的 JFrame 窗口是不可见的，因此要使用 setVisible(true)方法将窗口设置为可见状态后，窗口才可以显示在屏幕上。例如案例 9-1 的 35 行。

● setTitle(String title)：设置框架窗口的标题。

● setSize(int width, int height)：设置框架窗口的大小。例如案例 9-1 的 33 行。

● setIconImage(Image image)：设置框架窗口要显示在最小化图标中的图像。

● pack()：调整此窗口的大小，以适合其子组件的显示。

● setDefaultCloseOperation(JFrame.EXIT_ON_CLOSE)：在默认状态下，框架窗口右上角的关闭按钮是不能正常关闭窗口的，使用该方法后，单击关闭按钮时，应用程序正常退出。例如案例 9-1 的 37 行。

注意：JFrame 提供了大量的方法，在使用过程中可以查看 Java API 文档。

4) 给框架窗口添加组件

在创建好一个框架窗口后，如何向框架窗口添加组件呢？

Swing 组件不能直接添加到一个框架窗口中,而要添加到一个包含在框架窗口内的内容面板(content pane)中。内容面板是框架窗口这种顶层容器包含的一个普通容器，当我们要给框架窗口添加组件时，只能添加到内容面板。具体操作过程是：

● 用 getContentPane()方法获得 JFrame 的内容面板。如案例 9-1 的第 16 行。

● 用 add()方法将组件添加到内容面板。如案例 9-1 的第 27～30 行。

向 JFrame 容器中添加组件的另一种方法是,先建立一个 JPanel 类的对象(一般叫面板(即中间容器))，再将创建好的其他组件添加到 JPanel 面板中，然后用 setContentPane()方法将 JPanel 面板设置为 JFrame 的内容面板。具体操作过程如下：

```
JFrame frame = new JFrame();
JPanel contentPane = new JPanel();
contentPane.add(new JButton("退出"));
frame.setContentPane(contentPane);
```

这里使用的 JPanel 本身也是一种容器，该容器常称为面板，事先设计好的其他组件可以放入一个面板中，而面板必须添加到一个顶层容器中(如框架窗口中)才能显示出来。因此，面板是可以嵌套使用的。使用多层的嵌套面板来组织和管理多个组件，是 GUI 程序设计中常用的技巧。

注意：一个组件只能在某一个容器中放置一次。如果一个组件已经在一个容器中，而要将其放置在其他容器中，则这个组件就会从一个容器中被清除。

2. 创建对话框(JDialog)

可以用 JDialog 来创建一个对话框。对话框分为模式对话框和非模式对话框。模式对话框只能在结束对话框的操作后回到原来的窗口，而非模式对话框可以在对话框与其所属的窗口之间互相切换。另外，一个对话框必须以另一个对话框或框架窗口(JFrame)作为其拥有者，即一个对话框要依附于另一个对话框或框架窗口。这与 JFrame 不同，JFrame 可独立地存在。

创建 JDialog 对话框常用的构造方法是:

● JDialog():新建一个无标题的非模式对话框。

● JDialog(Dialog owner, boolean modal):新建一个无标题的、由 modal 指定其模式的对话框,modal 为 true 时为模式对话框。

● JDialog(Frame owner, String title, boolean modal):新建一个标题为 title、由 modal 指定其模式的对话框。

以上构造方法由 owner 指出其拥有者。

3. 创建简单的对话框

对话框是应用程序最常用的组件,使用 JDialog 创建一个对话框的过程比较繁琐,需要向对话框中添加各种组件才能使其成为一个可用的对话框。对于一些常用的比较简单的对话框,可以使用 javax.swing 包中 JOptionPane 类提供的静态方法将对话框直接显示出来,以简化程序的设计。

JOptionPane 类提供的对话框有三种基本格式:输出信息对话框、输入信息对话框和确认对话框。这些对话框的显示由形如 show×××Dialog 的静态方法完成。下面举例说明其用法:

1) 显示一个输出信息对话框

显示一个输出信息对话框时,要使用 JOptionPane 类的 showMessageDialog 方法,该方法一般要指定一个显示该对话框的父窗口。例如:

```
JFrame f = new JFrame();
…
JOptionPane.showMessageDialog(f, "Hello,Java!");
JOptionPane.showMessageDialog(f,"Hello,Java!",
    "这是一个有标题的输出信息窗口!",JOptionPane.INFORMATION_MESSAGE);
```

该程序段执行的结果如图 9-4 所示。

(a)   (b)

图 9-4 输出信息对话框

以上两个方法在父窗口 f 中显示了一个输出信息对话框,对话框的内容为"Hello,Java!"。前面一个对话框使用默认的标题"消息",如图 9-4(a)所示;后一个对话框指定了名为"这是一个有标题的输出信息窗口!"的标题,并指定输出信息的类型,如图 9-4(b)所示。

showMessageDialog 方法也可以将父窗口指定为空(即 NULL),例如:

JOptionPane.showMessageDialog(NULL, "Hello,Java!");

输出的信息可以用 JOptionPane 类的常量指出:

- ● ERROR_MESSAGE：包括一个出错图标。
- ● WARNING_MESSAGE：包括一个警告图标。
- ● QUESTION_MESSAGE：包括一个问题图标。
- ● PLAIN_MESSAGE：没有图标。
- ● INFORMATION_MESSAGE：包括一个信息图标。

2) 显示一个输入信息对话框

显示一个要求用户键入字符串(String)信息的对话框时，要使用 JOptionPane 类的 showInputDialog 静态方法。例如：

　　　　String inputValue = JOptionPane.showInputDialog("Please input a value");

如果要求输入的是一个实数，则可以用如下语句：

　　　　float val = Float.parseFloat(JOptionPane.showInputDialog("Please input a value"));

该行程序执行的结果如图 9-5 所示。

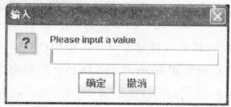

图 9-5　输入信息对话框

3) 显示一个确认对话框

在 GUI 程序中，如果对用户的输入或选择等操作要进行简单的确认，则可以使用 JOptionPane 类的 showConfirmDialog 静态方法。例如：

　　　　JFrame frm = new JFrame("文本转换器程序");

　　　　JOptionPane.showConfirmDialog(frm,"请确认您要修改吗？","请确认",

　　　　　　　　　　　　　　　　JOptionPane.YES_NO_CANCEL_OPTION);

　　　　JOptionPane.showConfirmDialog(frm,"请确认您要修改吗？","请确认", JOptionPane.YES_NO_OPTION);

该例中使用的 showConfirmDialog 方法有 4 个参数，分别指出父窗口、确认对话框提示信息、确认对话框名称和确认对话框格式。以上程序段的执行结果如图 9-6 所示，其中图 9-6(a)为前一个 showConfirmDialog 方法显示的对话框，图 9-6(b)为后一个 showConfirmDialog 方法显示的对话框

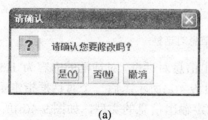

(a)

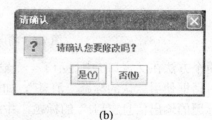

(b)

图 9-6　确认对话框

showConfirmDialog 方法根据用户的不同选择，返回不同的整型常量值，具体情况如下：

- YES_OPTION：选择 YES 时从类方法返回的值；
- NO_OPTION：选择 NO 时的返回值；
- CANCEL_OPTION：选择 CANCEL 时的返回值；
- CLOSED_OPTION：用户没有做出任何选择而关闭了窗口时方法的返回值。

9.2.2　【案例 9-2】　求阶乘的 GUI 程序

1. 案例描述

设计一个 GUI 程序：从键盘输入一个整数，求该数的阶乘。

2. 案例效果

程序执行后，从图 9-7(a)所示的对话框中输入一个数，单击"确定"按钮后，显示如图 9-7(b)所示的结果信息对话框。在如图 9-7(b)所示的对话框中，单击"确定"按钮后，显示如图 9-7(c)所示的对话框。如果还要求另一个数的阶乘，则单击图 9-7(c)对话框中的"是"按钮。

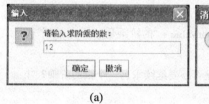
(a)

(b)
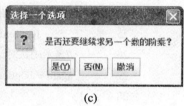
(c)

图 9-7　案例 9-2 的执行结果

3. 技术分析

该 GUI 程序中只需要三个对话框，输入整数后，可以使用 JOptionPane 类的输入信息对话框；求出阶乘后，可以使用输出信息对话框显示结果；是否还要继续求另一个数的阶乘，可以使用确认对话框实现。

由于输入信息对话框输入的是一个字符串，因此要使用 Integer.parseInt 方法将该字符串转换成一个整数。求阶乘的程序段可以使用 for 循环语句来实现。

4. 程序解析

下面是案例 9-2 的程序代码：

```
01 //*********************************************************
02 //案例: 9-2
03 //程序名：EvenOdd.java
04 //功能: 求一个数的阶乘
05 //*********************************************************
06
07 import javax.swing.*;
08
09 public class EvenOdd {
```

```
10      public static void main(String[] args) {
11        String inputValue;
12          long result ;   //存放阶乘的结果
13          int again;
14
15          do {
16              result = 1;
17              inputValue = JOptionPane.showInputDialog("请输入求阶乘的数：");
18              int num = Integer.parseInt(inputValue);
19
20              //求阶乘
21              for(int i=1; i<=num; i++){
22                  result = result * i;
23              }
24              //输出结果
25              JOptionPane.showMessageDialog(null, inputValue + "的阶乘是：" + result);
26          //显示确认对话框
27          again = JOptionPane.showConfirmDialog(null,"是否还要继续求另一个数的阶乘？");
28          }
29        while (again == JOptionPane.YES_OPTION);
30      }
31 }
```

12 行定义了一个 long 型的整型量保存结果。13 行定义的 again 用于判断是否还要求另一个数的阶乘。27 行将用户从键盘上输入的选择信息赋给该变量。29 行判别 again 的值是否为"JOptionPane.YES_OPTION"常量，即用户是否按下了"是"按钮，如果按下了"是"按钮，则表示还要继续求下一个数的阶乘。

18 行将用户输入的内容(是一个字符串)转换为整数，21~23 行求该数的阶乘。25 行将求出的结果显示出来，27 行显示一个确认对话框。注意，25 行和 27 行输出对话框时第一个参数都为 NULL，表示没有定义对话框的父窗口，因为该程序中没有必要定义框架窗口(JFrame)。

9.2.3 【相关知识】 JFC 介绍

使用 Swing 编程时，会用到 JFC 的概念。JFC(Java Foundation Classes)是 Java 基础类的缩写，它是一组支持在目前流行平台上创建 GUI 程序和图形功能程序的类的集合。使用 JFC 可以大大简化 Java 应用程序的开发和实现。JFC 作为 JDK1.2 的一个有机组成部分，提供了帮助开发人员设计复杂应用程序的一整套应用程序开发包。JFC 主要包含以下几个方面的内容：

- AWT 组件为各类 Java 应用程序提供了多种 GUI 工具。
- Java2D 是一个图形 API，它为 Java 应用程序提供了一套高级的有关二维(2D)图形图像处理的类。

● Accessibility API 提供了一套高级工具，用以辅助开发使用非传统输入和输出的应用程序。它提供了一个辅助的技术接口，如触摸屏、语音处理等。

● Drag & Drop 技术提供了 Java 和本地应用程序之间的互操作性，用来在 Java 应用程序和不支持 Java 技术的应用程序之间交换数据。

● Swing 用来进行基于窗口的应用程序开发，它提供了一套丰富的组件和工作框架，以指定 GUI 如何独立于平台地展现其视觉效果。

JFC 中最重要的内容还是 Swing，其他内容在一些特别应用领域才可能用到。这里介绍 JFC 的概念就是为了告诉读者，使用 Java 语言可以设计出丰富多彩的应用程序。

9.3　窗口中常用组件的设计

一个窗口常常由若干个基本组件构成。例如，图 9-8 所示的登录窗口由按钮、标签、文本框等组成。本节介绍如何使用基本组件设计一个应用程序的窗口元素。

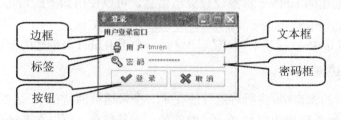

图 9-8　登录窗口界面

9.3.1　在窗口中显示信息与设置边框

1. 在窗口中显示信息

1) 标签

标签上可以显示文字、图片或者既有文字又有图片，如图 9-8 所示。创建一个标签要使用 Swing 中的 JLabel 组件。具体可以创建如下类型的标签：

● 创建一个显示文字信息的标签。例如，下面的语句将创建一个图 9-8 所示的"用户"标签：

```
JLabel　labUser = new JLabel("用 户");
```

● 创建一个显示图像的标签。例如，下面的标签将以文件"images/duke.gif"中的图形作图标：

```
JLabel　imageLabel = new JLabel(new ImageIcon("images/duke.gif");
```

● 创建一个显示文字和图像的标签。例如，要创建图 9-8 所示的"密码"标签，可以使用下面的语句：

```
JLabel labPwd = new JLabel("密 码", new ImageIcon("images/key.gif"), SwingConstants. LEFT);
```

以上三种创建标签的方式中，都可以在构造方法参数的最后使用一个表示对齐方式的参数。对齐方式有以下三种：

- SwingConstants.LEFT：左对齐方式。
- SwingConstants.CENTER：右对齐方式。
- SwingConstants.RIGHT：居中对齐方式。

已创建的标签可以使用 setText 方法设置标签的内容。如下面的语句将 labUser 标签的内容设置为 User：

```
labUser.setText("User");
```

也可以用 getText 方法取得一个标签的内容，例如：

```
String   s = labUser.getText();
```

可以用 setIcon 方法给标签设置一个图像。如下面的语句是给 labUser 标签设置图像：

```
labUser.setIcon(new ImageIcon("images/user.gif"));
```

2）显示组件的提示信息

为了方便用户使用软件，当鼠标移动到一个窗口中的组件上时，应该可以显示出该组件的有关提示和说明信息。Swing 中的每个组件都可以使用 setToolTipText 方法设置提示信息。如要给上面创建的 labPwd 标签设置提示信息，可以使用如下的语句：

```
labPwd.setToolTipText("这是一个用 JLabel 类创建的密码标签");
```

这样，当鼠标移到 labPwd 标签上时，显示"这是一个用 JLabel 类创建的密码标签"提示信息。

2. 设置窗口边框

在图 9-8 所示的窗口中，将所有组件放在了一个带边框的结构中，边框显示的名称叫"用户登录窗口"。给组件设置边框是 Swing 组件的一个新特色，可以在 Swing 组件的任何对象上设置一个边框。在相关用户界面组件的面板上加一个标题边框，是设计界面时常见的做法。

给一个组件添加边框的步骤是：先使用 BorderFactory 类提供的静态方法创建一种边框类型，然后使用组件类的 setBorder 方法设置边框。BorderFactory 类中提供的创建边框的主要静态方法有：

- createEtchedBorder()：创建一个具有"浮雕化"外观效果的边框，将组件的当前背景色用于突出显示和阴影显示。
- createLineBorder(Color color, int thickness)：创建一个具有指定颜色和宽度的边框。
- createLoweredBevelBorder()：创建一个具有凹入斜面边缘的边框，将组件当前背景色的较亮的色度用于突出显示，较暗的色度用于阴影显示。
- createRaisedBevelBorder()：创建一个具有凸出斜面边缘的边框，将组件当前背景色的较亮的色度用于突出显示，较暗的色度用于阴影显示。
- createTitledBorder(String title)：创建一个有标题的边框(TitledBorder 类)，使用默认边框(浮雕化)、默认文本位置(位于顶线上)及当前外观确定的默认字体和文本颜色，并指定了标题文本。

图 9-8 的窗口边框是用如下的语句设置的：

```
setBorder(BorderFactory.createTitledBorder("用户登录窗口"));
```

图 9-9 是以上各种边框的样式图。

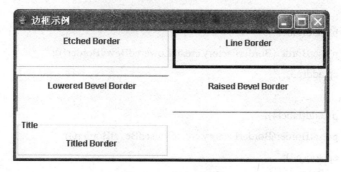

图9-9 边框示例

图9-9所示的窗口程序代码如下：

```
01 import java.awt.*;
02 import javax.swing.*;
03
04 public class BorderDemo {
05     public static void main(String[] args) {
06         JFrame frm = new JFrame("边框示例");
07         Container cp = frm.getContentPane();
08         cp.setLayout(new GridLayout(3,2,5,10));
09
10         JPanel p1 = new JPanel();
11         JPanel p2 = new JPanel();
12         JPanel p3 = new JPanel();
13         JPanel p4 = new JPanel();
14         JPanel p5 = new JPanel();
15
16         JLabel label1 = new JLabel("Etched Border");
17         JLabel label2 = new JLabel("Line Border");
18         JLabel label3 = new JLabel("Lowered Bevel Border");
19         JLabel label4 = new JLabel("Raised Bevel Border");
20         JLabel label5 = new JLabel("Titled Border");
21
22         p1.add(label1);
23         p1.setBorder(BorderFactory.createEtchedBorder());
24         cp.add(p1);
25
26         p2.add(label2);
27         p2.setBorder(BorderFactory.createLineBorder(Color.BLUE,4));
28         cp.add(p2);
```

```
29
30          p3.add(label3);
31          p3.setBorder(BorderFactory.createLoweredBevelBorder());
32          cp.add(p3);
33
34          p4.add(label4);
35          p4.setBorder(BorderFactory.createRaisedBevelBorder());
36          cp.add(p4);
37
38          p5.add(label5);
39          p5.setBorder(BorderFactory.createTitledBorder("Title"));
40          cp.add(p5);
41
42          frm.setDefaultCloseOperation(JFrame.EXIT_ON_CLOSE);
43          frm.setSize(500,200);
44          frm.setVisible(true);
45      }
46 }
```

9.3.2　在窗口中输入文本信息

使用一个 GUI 程序时，用户经常要通过输入一些信息来与程序进行交互，如在图 9-8 所示的窗口中要输入用户名和密码信息。在 Swing 中，提供了文本框、密码框等多种类型的文本输入组件，这些组件都可以对用户输入的信息进行编辑。

Java 提供的各种文本框类都继承自 JTextComponent 抽象类，如图 9-2 所示。下面介绍几种常用文本框的设计方法。

1. 输入单行文本的文本框

创建一个输入单行文本的文本框要使用 JTextField 类。JTextField 文本框的字符输入区允许用户输入各种数据，如姓名和描述文字。可以用如下的方法创建一个单行文本框：

● 创建一个空文本框。例如：

  JTextField   txtField = new JTextField();

● 创建一个指定列数的空文本框。例如，可以用如下的语句创建图 9-8 所示的输入用户名的文本框，文本框的列宽为 12：

  JTextField   txtUser = new JTextField(12);

● 创建一个显示指定初始文字信息的文本框。例如，下面的语句创建的文本框在初始状态下将显示"男"，列宽为 8：

  JTextField   txtSex = new JTextField("男", 8);

JTextField 常用的方法有：

● getText()：该方法取得显示在文本框中的字符串。

- setText(String text)：该方法将指定的字符串 text 写入文本框中。
- setEditable(boolean editable)：该方法设置文本框的可编辑性，默认为 true，表示可编辑。
- setColumns(int)：该方法设置文本框的列数。

2. 输入多行文本的文本区

如果想让用户输入多行文本，则可以创建多个 JTextField 类的实例来实现，但更好的方法是使用 JTextArea 组件直接创建一个输入多行文本的文本区。可以用如下的方法创建一个多行文本区：

- 创建一个空的文本区。例如：

    JTextArea　txtArea1 = new JTextArea();
- 创建一个指定行数和列数的文本区。例如：

    JTextArea　txtArea2 = new JTextArea(5, 20);　//创建一个 5 行 20 列的文本区
- 创建初始时显示指定文本、具有确定行数和列数的文本区。例如：

    JTextArea　txtArea3 = new JTextArea("这是一个文本区", 5, 20);

JTextArea 常用的方法主要有在文本区中插入、追加和替换文本的方法，如：

- insert(String s, int pos)：将字符串 s 插入到文本区的指定位置 pos。
- append(String s)：将字符串 s 添加到文本的末尾。
- replaceRange(String s, int start, int end)：用字符串 s 替换文本中从位置 start 到 end 的文字。

JTextArea 也可以使用 getText、setText、setEditable、setRows、getRows、setColumns、getColumns 等方法。

3. 密码框

密码框与单行文本框非常类似，所不同的是，单行文本框中将显示用户输入的内容，而密码框中则用"*"代替用户输入的内容，如图 9-8 所示。创建密码框要用 JPasswordField 组件，创建方法与单行文本框的创建类似。例如，图 9-8 中的密码框可以用下面的语句创建：

    PasswordField　txtPwd = new JPasswordField(12);

密码框常用的方法有：

- getEchoChar()：该方法返回用于回显的字符。
- getPassword()：该方法取得密码框中的文本内容。
- setEchoChar(char c)：该方法用于设置回显的字符。

9.3.3　【案例 9-3】　设计一个用户登录界面程序

图 9-8 所示的用户登录界面的程序如下：

```
01 //***************************************************
02 //案例: 9-3
03 //程序名：Login.java
04 //功能: 用户登录界面程序
05 //***************************************************
```

```
06
07 import java.awt.*;
08 import javax.swing.*;
09
10 public class Login extends JFrame{
11     private JLabel labUser=new JLabel(" 用　户");
12     private JTextField    txtUser=new JTextField(12);
13     private JLabel labPwd=new JLabel(" 密　码");
14     private JPasswordField    txtPwd=new JPasswordField(12);
15     private JButton btnLogin=new JButton(" 登　　录 ");
16     private JButton btnCancel=new JButton(" 取　消 ");
17     private JPanel p=new JPanel();
18
19     public Login(String s){
20        super(s);   //调用 JFrame 的构造方法
21
22        //设置各组件的图标
23        labUser.setIcon(new ImageIcon("images/user.gif"));
24        labPwd.setIcon(new ImageIcon("images/key.gif"));
25        btnLogin.setIcon(new ImageIcon("images/ok.gif"));
26        btnCancel.setIcon(new ImageIcon("images/cancel.gif"));
27
28        //设置两个文本框和面板的边框
29        txtUser.setBorder(BorderFactory.createRaisedBevelBorder());
30        txtPwd.setBorder(BorderFactory.createRaisedBevelBorder());
31        p.setBorder(BorderFactory.createTitledBorder("用户登录窗口"));
32
33        //设置两个文本框提示信息
34        txtUser.setToolTipText("请输入用户名");
35        txtPwd.setToolTipText("请输入登录密码");
36
37        p.add(labUser);
38        p.add(txtUser);
39        p.add(labPwd);
40        p.add(txtPwd);
41        p.add(btnLogin);
42        p.add(btnCancel);
43        this.getContentPane().add(p);
```

```
44
45      this.setSize(250,160);
46      this.setVisible(true);
47      this.setResizable(false);    //窗口尺寸不可变
48      this.setDefaultCloseOperation(JFrame.EXIT_ON_CLOSE);
49
50      //将登录窗口显示在屏幕中央位置
51      Dimension    d = Toolkit.getDefaultToolkit().getScreenSize();
52      this.setLocation((d.width-200)/2,(d.height-120)/2);
53   }
54
55   public static void main(String[] args){
56      new Login("登录");
57   }
58 }
```

该程序与案例 9-1 不同，在案例 9-1 中是通过生成一个 **JFrame** 类的实例来创建一个窗口的，而该程序是通过继承 **JFrame** 类来建立一个用户自己的窗口类 Login(第 10 行)，然后在 56 行创建了一个 Login 类的实例，即创建了一个框架窗口。该窗口在 17 行创建了一个面板，在 37～42 行将窗口中的所有组件放到该面板中。

51 行使用 AWT 包中的 Toolkit 类的 getDefaultToolkit 方法获取当前默认的工具包,然后使用 Toolkit 类的 getScreenSize 方法取得当前屏幕的大小。在 52 行使用 **JFrame** 的 setLocation 方法将要显示的窗口放在屏幕中央位置。

9.3.4　在窗口中设计按钮

按钮是 GUI 程序中最常用的一类组件。Java 中的按钮类都继承自抽象类 **AbstractButton**，如图 9-2 所示。常用的按钮组件有普通按钮(JButton)、多选按钮(JCheckBox)、单选按钮(JRadioButton)等。如图 9-10 所示的窗口是一个含有三种按钮的窗口。

图 9-10　按钮示例

按钮类常用的操作有：

- 取得(getText)或设置(setText)按钮文字；
- 取得(getIcon)或设置(setIcon)按钮图标；
- 设置按钮处于不可按状态时的图标(setDisabledIcon)；
- 设置按钮处于按下状态时的图标(setPressedIcon)；
- 设置按钮处于被选择状态时的图标(setSelectedIcon)；
- 返回按钮的状态(isSelected)。

1. 普通按钮(JButton)

在用户点击普通按钮时，表示要进行某种操作，如图 9-8 所示的"登录"按钮和"取消"按钮。创建一个普通按钮要使用 JButton 组件，创建方法如下：

- 创建一个空按钮。例如：

    JButton   btn1 = new JButton();

- 创建一个含有指定文字的按钮。例如，创建图 9-8 所示的"登录"按钮和"取消"按钮：

    JButton btnLogin = new JButton("登　录");

    JButton btnCancel = new JButton("取　消");

- 创建一个含有指定图标的按钮。例如：

    JButton   btn2 = new JButton(new ImageIcon("images/duke.gif"));

- 创建一个含有指定文字和图标的按钮。例如：

    JButton   btn3 = new JButton("取消", new ImageIcon("images/cancel.gif"));

可以使用 setText 方法给一个按钮设置要显示的文字，也可以使用 setIcon 方法设置一个按钮的图标。给一个指定的按钮可以设置一个热键，这样，当同时按下 Alt 键和指定热键时，相当于按下了该按钮。例如：

    btnLogin.setMnemonic('L');　　　　　　　//给登录按钮设置的热键为 L

    btnCancel.setMnemonic('C');　　　　　　//给取消按钮设置的热键为 C

2. 多选按钮(JCheckBox)

多选按钮常称为复选框，一个复选框可处于"选中"与"未选中"状态，通过鼠标的单击操作可以改变复选框的选中状态。创建一个复选框要使用 JCheckBox 组件。常用复选框的创建方法如下：

- 创建一个带图标的复选框，并指定其最初状态是否处于选定状态。例如，图 9-10 中的"体育"复选框可以用如下的语句创建：

    JCheckBox chkBox2 = new JCheckBox("体育");

- 创建一个带文本的复选框，并指定其最初是否处于选定状态。例如，图 9-10 中的"文学"复选框可以用如下的语句创建：

    JCheckBox chkBox1 = new JCheckBox("文学", true);   //true 表示初始状态为选定状态

- 创建一个带文本和图标的复选框。例如：

    JCheckBox chkBox = new JCheckBox("文学", new ImageIcon("images/duke.gif"));

- 创建一个带文本和图标的复选框，并指定其最初是否处于选定状态。例如：

　　　　JCheckBox chkBox = new JCheckBox("文学", new ImageIcon("images/duke.gif"),true);
　　一个复选框是否被选中，可以使用 isSelected()方法进行判别。如果处于选中状态，则该方法返回 true，否则返回 false。

3. 单选按钮(JRadioButton)

　　在一组单选按钮中，只能有一个处于选中状态。创建一个单选按钮要使用 JRadioButton 组件和 ButtonGroup 组件。JRadioButton 组件用于创建一个单选按钮，ButtonGroup 组件用于确定一个单选按钮组。常用单选按钮的创建方法如下：

　　● 创建一个初始状态为未选中状态的单选按钮，其具有指定的图像但无文本。例如：

　　　　JRadioButton radio1 = new JRadioButton(new ImageIcon("images/duke.gif"))

　　● 创建一个具有指定图像和选择状态的单选按钮，但无文本。例如：

　　　　JRadioButton radio2 = new JRadioButton(new ImageIcon("images/duke.gif"), true);
　　　　　　　　　　　　　　　　　//true 表示处于选定状态

　　● 创建一个具有指定文本且初始状态为未选择的单选按钮。例如，图 9-10 中的"女"单选框可以用如下的语句创建：

　　　　JRadioButton radioButton2 = new JRadioButton(" 女 ");

　　● 创建一个具有指定文本和选择状态的单选按钮。例如，图 9-10 中的"男"单选框可以用如下的语句创建：

　　　　JRadioButton radioButton1 = new JRadioButton(" 男 ",true);　　　　//true 表示处于选定状态

　　● 创建一个具有指定的文本、图像和选择状态的单选按钮。例如：

　　　　JRadioButton radio3 = new JRadioButton(new ImageIcon("中国", "images/duke.gif"), true);

　　单选按钮在创建完成后，要将其放入相应的单选按钮组中，这样才能达到"多选一"的目标。创建一个单选按钮组要使用 ButtonGroup 组件。例如，要将图 9-10 中的"男"和"女"两个单选项放入一个组，可以使用如下的语句：

　　　　ButtonGroup btg = new ButtonGroup();
　　　　btg.add(radioButton1);
　　　　btg.add(radioButton2);

9.3.5　在窗口中设计列表框组件

　　列表框组件的特点是在窗口界面中已经提供了某个输入的备选选项，用户可以从中选择一项作为其输入。使用列表框可以减少用户的输入工作量，也可以减少用户在输入过程中的错误。下面介绍 JComboBox 组合框和 JList 列表框的使用方法。

1. 组合框(JComboBox)

　　如图 9-10 中的"职业"选项使用了组合框。该组合框的设计方法是：

　　(1) 创建一个包含有指定选项的字符串数组。例如：

　　　　String[] item = {"公务员","公司职员","教师","公司经理"};

　　(2) 以该数组为参数创建一个组合框。例如：

　　　　JComboBox combox = new JComboBox(item);

　　(3) 使用容器的 add 方法将其添加到某一个容器中。

JComboBox 常用的方法有：

- addItem(Object item)：在组合框中添加一个选项，它可以是任何对象。
- getItemAt(int index)：取得组合框中指定序号的选项。
- emoveItem(Object anObject)：从组合框中删除指定的项。
- removeAllItems()：删除组合框中所有的选项。

2. 列表框(JList)

列表框的作用和组合框的作用基本相同，但它允许用户同时选择多项。创建一个列表框的过程与创建组合框的过程类似，一般也是以一个字符串数组为参数创建一个列表框。例如：

JList　lst = new JList(item);

9.3.6 【案例 9-4】 设计一个个人信息选择窗口

该案例的执行结果如图 9-10 所示。程序代码如下：

```
01 //****************************************************
02 //案例:9-4
03 //程序名：SelectGUI.java
04 //功能:个人信息选择窗口
05 //****************************************************
06
07 import java.awt.*;
08 import javax.swing.*;
09
10 public class SelectGUI extends JFrame{
11     private JCheckBox chkBox1 = new JCheckBox("文学",true);
12     private JCheckBox chkBox2 = new JCheckBox("体育");
13     private JCheckBox chkBox3 = new JCheckBox("军事");
14     private JCheckBox chkBox4 = new JCheckBox("电脑");
15
16     private JRadioButton radioButton1 = new JRadioButton(" 男 ",true);
17     private JRadioButton radioButton2 = new JRadioButton(" 女 ");
18
19     private JButton ok = new JButton(" 确　定 ",new ImageIcon("images/ok.gif"));
20     private JButton cancel = new JButton(" 取　消 ",new ImageIcon("images/cancel.gif"));
21
22     private String[] item = {"公务员","公司职员","教师","公司经理"};
23     private JComboBox combox = new JComboBox(item);
24
25     private JPanel panel1 = new JPanel();
26     private JPanel panel2 = new JPanel();
27     private JPanel panel21 = new JPanel();
```

```java
28      private JPanel panel22 = new JPanel();
29      private JPanel panel3 = new JPanel();
30
31      public SelectGUI(String s){
32          super(s);//调用 JFrame 的构造方法
33
34              //设置面板的边框
35              panel1.setBorder(BorderFactory.createTitledBorder("爱好"));
36              panel21.setBorder(BorderFactory.createTitledBorder("性别"));
37              panel22.setBorder(BorderFactory.createTitledBorder("职业"));
38
39          //将爱好选项放入 panel1 面板
40          panel1.add(chkBox1);
41          panel1.add(chkBox2);
42          panel1.add(chkBox3);
43          panel1.add(chkBox4);
44
45          //将性别选项放入 panel21 面板
46          panel21.add(radioButton1);
47          panel21.add(radioButton2);
48
49          //将职业选项放入 panel22 面板
50          panel22.add(combox);
51
52          //将 panel21 面板和 panel22 面板放入 panel2 面板
53          panel2.add(panel21);
54          panel2.add(panel22);
55
56          //将按钮放入 panel3 面板
57          panel3.add(ok);
58          panel3.add(cancel);
59
60          //将性别选项放入一个组中
61          ButtonGroup btg = new ButtonGroup();
62              btg.add(radioButton1);
63              btg.add(radioButton2);
64
65          //取得 JFrame 的内容面板 cp
66          Container    cp = getContentPane();
67          //设置 cp 的布局管理器为 3 行 1 列
```

```
68          cp.setLayout(new GridLayout(3,1));
69
70          //将 panel1、panel2 和 panel3 面板放入内容面板 cp 中
71          cp.add(panel1);
72          cp.add(panel2);
73          cp.add(panel3);
74
75          this.setSize(260,240);
76          this.setVisible(true);
77          this.setResizable(false);//窗口尺寸不可变
78          this.setDefaultCloseOperation(JFrame.EXIT_ON_CLOSE);
79
80          //将登录窗口显示在屏幕中央位置
81          Dimension d=Toolkit.getDefaultToolkit().getScreenSize();
82          this.setLocation((d.width-200)/2,(d.height-120)/2);
83      }
84
85      public static void main(String[] args){
86          new SelectGUI("个人信息");
87      }
88 }
```

该程序中使用的面板进行了三层嵌套，在 JFrame 中嵌套了面板 panel2(第 72 行)，在 panel2 中又嵌套了面板 panel21(第 53 行)和面板 panel22(第 54 行)，在 panel21 面板中放入了性别选项(第 46 行和 47 行)，在 panel22 面板中放入了职业选项(第 50 行)。

9.4　交互式 GUI 程序的设计

在 GUI 程序设计中，一个程序不但要有丰富多彩的外观，而且还要能响应用户的各种操作，即程序要有与用户进行交互的功能。所谓"交互"，就是用户对图形界面中的某个组件进行了操作(如对"退出"按钮进行了单击)，程序就要根据接收到的用户操作，进行相应的操作，然后将操作结果返回给用户。

9.4.1　事件处理的概念与事件处理过程

事件处理就是在程序中对诸如按钮单击、鼠标移动等操作做出相应的处理。

1. 与事件处理有关的几个概念

1) 事件与事件源

用户在操作应用程序界面中的组件时，就会产生事件(Event)。例如，单击一个按钮，就会产生一个动作事件(ActionEvent)；对窗口进行缩放或关闭操作，就会产生一个窗口事件

(WindowEvent)；操作了键盘，就会产生对应的键盘事件(KeyEvent)。

事件源指事件的来源对象，即事件发生的场所，通常就是各个组件。例如，单击一个按钮时，这个按钮就是事件源；操作窗口时，窗口就是事件源。

在 Java 语言中"一切皆对象"，事件也不例外。当事件源产生事件后，与该事件有关的信息(如事件源、事件类型等)就会被系统封装在一个事件对象中，在处理这个事件的程序中如有需要，就可以取出有关信息。

2) 监听器

事件源产生事件后，就要有相应的处理者来接收事件对象，并对其进行处理。事件的处理者要时刻监听是否有事件产生，如果监听到有事件产生，就会自动调用相应的事件处理程序进行事件处理。正因为如此，一般把事件的处理者叫事件监听器。

那么，事件源与事件监听者之间是如何建立联系呢？事件源与事件监听者之间建立联系的过程非常简单，每个事件源都可以使用形如 addXXXListener 的方法注册监听者，其格式如下：

　　　　　事件源.addXXXListener(监听者);

根据实际情况，一个事件源可以注册一个或多个监听器。

为了帮助理解这些概念，我们可以举一个日常生活中的例子加以说明。比如有一位著名的歌唱家，这名歌唱家授权李律师处理他(她)可能会发生的一些法律纠纷，授权张先生作为他(她)的经纪人来处理各种演出事务，这个"授权"就相当于李律师和张先生"注册"到了歌唱家这里，他们要"监听"这名歌唱家的活动。一旦发生了法律纠纷，李律师就要马上去处理；一旦有演出事务，张先生就要马上去处理。如果对应到以上概念中，则歌唱家就是事件源，歌唱家产生的法律纠纷和演出事务就是事件，李律师和张先生是两个事件处理者。

2. 事件处理机制

在 Java 程序中，当某事件发生时，产生事件的事件源会把事件委托给事件监听器进行处理。因此，一次事件处理过程会涉及到三个对象，即事件源对象、事件对象和监听器对象。这三个对象的关系是：产生事件的对象会在事件产生时将与该事件相关的信息封装在一个"事件对象"中，并将该对象传递给监听器对象(前提是该监听器必须注册到该事件源)，监听器对象根据该事件对象内的信息决定适当的处理方式。

3. 事件与事件处理接口

在 Java 语言中，已经定义好了事件源可能产生的事件及对应的事件监听器，它们位于 java.awt.event 包和 javax.swing.event 包中。事件监听器属于某个类的一个实例，这个类如果要处理某种类型的事件，就必须实现与该事件类型相对应的接口。例如，对 JButton 组件进行单击，就产生 ActionEvent 事件，与 ActionEvent 事件对应的事件监听器接口为 ActionListener。如果用户定义的一个名叫 ButtonHandler 的类实现了 ActionListener 接口，则 ButtonHandler 类的一个实例就可以用 addActionListener 方法注册到 Button 组件，作为单击事件的监听者。

在 AWT 中共定义了 10 类事件和 11 个相应的事件处理接口，如表 9-3 所示。

表 9-3　AWT 事件及其对应的接口

事件类别	事件源	接口名	方　法	说　明
ActionEvent	JButton JCheckBox JRadioButton JMenuItem JComboBox	ActionListener	actionPerformed(ActionEvent)	① 按下按钮；② 双击列表项；③ 单击一个菜单项；④ 在文本框中按回车时就会生成此事件
ItemEvent	JCheckBox JRadioButton JComboBox	ItemListener	itemStateChanged(ItemEvent)	① 单击复选框或列表项；② 当一个选择框的项被选择或取消时生成此事件
MouseEvent	JComponent (各种组件)	MouseMotionListener	mouseDragged(MouseEvent) mouseMoved(MouseEvent)	在各种组件上移动鼠标时生成此事件
		MouseListener	mousePressed(MouseEvent) mouseReleased(MouseEvent) mouseEntered(MouseEvent) mouseExited(MouseEvent) mouseClicked(MouseEvent)	在各种组件上点击鼠标时生成此事件
KeyEvent	JComponent (各种组件)	KeyListener	keyPressed(KeyEvent) keyReleased(KeyEvent) keyTyped(KeyEvent)	接收到键盘输入时会生成此事件
FocusEvent	JComponent (各种组件)	FocusListener	focusGained(FocusEvent) focusLost(FocusEvent)	组件获得或失去焦点时会生成此事件
AdjustmentEvent	JScrollBar	AdjustmentListener	adjustmentValueChanged (AdjustmentEvent)	移动了滚动条等组件时会生成此事件
ComponentEvent	JComponent (各种组件)	ComponentListener	componentMoved (ComponentEvent) componentHidden (ComponentEvent) componentResized (ComponentEvent) componentShown (ComponentEvent)	当一个组件移动、隐藏、调整大小或成为可见时会生成此事件
WindowEvent	JWindow(各种窗口容器组件)	WindowListener	windowClosing (WindowEvent) windowOpened (WindowEvent) windowIconified (WindowEvent) windowDeiconified (WindowEvent) WindowClosed (WindowEvent) windowActivated (WindowEvent) windowDeactivated (WindowEvent)	各种窗口操作事件
ContainerEvent	Container(各种容器组件)	ContainerListener	componentAdded (ContainerEvent) componentRemoved (ContainerEvent)	容器中增加或删除了组件时会生成此事件
TextEvent	JTextField JTextArea	TextListener	textValueChanged (TextEvent)	文本字段或文本区发生改变时会生成此事件

从表 9-3 可以看出，如果某个事件源产生的事件为 **XXXEvent**，则其相应的处理接口为 **XXXListener**。将监听器注册到事件源的方法为 addXXXListener。

在每个事件处理接口中，定义了一个或多个事件处理方法。例如，处理单击事件的接口 ActionListener 中定义了一个名为 actionPerformed 的方法，用户就可以将处理单击事件的操作语句写入该方法中，这样当单击按钮的事件产生后，系统会自动生成一个 ActionEvent 事件类的实例，并以该实例为参数调用 actionPerformed 方法，以完成事件处理过程。在有些事件处理接口中定义了多个方法，如鼠标事件监听接口 MouseListener 中就定义了 mousePressed、mouseReleased、mouseEntered、mouseExited 和 mouseClicked 五个方法，分别表示鼠标按下、放开、进入、离开和敲击鼠标时的处理程序，这五个方法都以 MouseEvent 事件为参数。

因为事件处理都被定义成了一个接口，所以要编写事件处理程序，就要定义一个类以实现事件对应的接口，并在该类中要重写接口中定义的所有方法。如某个按钮在鼠标单击后的处理程序要按如下格式定义：

```
public class 监听器类的名称 implements ActionListener {
    public void actionPerformed(ActionEvent e){
        //事件处理代码
    }
}
```

对于处理鼠标事件(MouseEvent)的程序，要按如下格式定义：

```
public class 监听器类的名称 implements MouseListener{
    public void mousePressed(MouseEvent e){
        //鼠标按下时的处理代码
    }
    public void mouseReleased(MouseEvent e){
        //鼠标放开时的处理代码
    }
    public void mouseEntered(MouseEvent e){
        //鼠标进入时的处理代码
    }
    public void mouseExited(MouseEvent e){
        //鼠标离开时的处理代码
    }
    public void mouseClicked(MouseEvent e){
        //鼠标敲击时的处理代码
    }
}
```

4. 适配器

在写事件处理程序时，用户定义的监听器类要重写相应接口中定义的全部方法。如前面介绍的 MouseEvent 事件处理程序要重写 5 个 MouseListener 接口中定义的方法；如要处理一个窗口事件 WindowEvent，则在用户定义的监听器类中要重写 7 个方法(见表 9-3)。为了简化程序的书写，Java 语言为一些 Listener 接口提供了适配器(Adapter)类。可以通过继承事件所对应的 Adapter 类重写需要的方法，无关方法不用实现。例如，在处理鼠标事件时，如果程序中只需要 mouseClicked 方法，则使用鼠标适配器可以写成：

```
public class MouseClickHandler extends MouseAdaper{
    public void mouseClicked(MouseEvent e){
        //敲击鼠标时的操作
    }
}
```

这样，可以大大简化程序的书写。

在 java.awt.event 包中定义的适配器类包括以下几个：

- ComponentAdapter(组件适配器)；
- ContainerAdapter(容器适配器)；
- FocusAdapter(焦点适配器)；
- KeyAdapter(键盘适配器)；
- MouseAdapter(鼠标适配器)；
- MouseMotionAdapter(鼠标运动适配器)；
- WindowAdapter(窗口适配器)。

事件适配器为我们提供了一种简单的实现监听器的手段，可以缩短程序代码。但要注意，由于 Java 语言只支持单一继承机制，因此，当定义的类已有父类时，就不能使用适配器了，只能用 implements 实现对应的接口。

9.4.2 【案例 9-5】 水费计算程序

1. 案例描述

为了节约用水，某收费站根据有关规定，按如下算法收取水费：

家庭生活用水每月在 15 吨以下按每吨 3 元计算，在 15 吨到 30 吨之间，则超过 15 吨的部分要按每吨 6 元计算，如果每月超过 30 吨，则一律按每吨 8 元计算；工业用水一律按每吨 7 元计算。

现要求设计一个程序：输入用水吨数，并按用水类型计算出水费。

2. 案例效果

图 9-11 所示的窗口是案例程序执行后的操作界面。

3. 技术分析

在案例 9-1 中我们介绍过，一个 GUI 程序由 4 个部分组成，分别是基本组件、容器、布局管理和事件处理。该程序中的基本组件有：两个标签(JLabel)，分别表示"用水吨数"和"所交水费"；有两个文本框(JTextField)，一个用来输入

图 9-11　案例 9-5 的显示效果

用水吨数，另一个用来显示水费；有两个单选按钮(JRadioButton)，分别用来表示是家庭用水还是工业用水；有两个按钮(JButton)，表示进行水费计算和退出程序。

该程序的窗口容器可以使用 JFrame，将所有组件放入一个面板 JPanel 容器中，再将面板放入框架窗口中。窗口的布局管理可以使用默认的，不进行设置。

事件处理程序在输入用水吨数和选择用水类型以后，可以单击"计算"按钮进行计算。由于按钮事件源产生的事件为 ActionEvent，其处理接口为 ActionListener，因此，在实现 ActionListener 接口时，将计算水费的程序写入 actionPerformed 方法中。

4. 程序解析

下面是该案例的程序代码：

```
01 //*************************************************
02 //案例: 9-5
03 //程序名：ComputeFee.java
04 //功能: 水费计算程序
05 //*************************************************
06
07 import java.awt.*;
08 import java.awt.event.*;
09 import javax.swing.*;
10
11 public class ComputeFee{
12     private JFrame frm = new JFrame("水费计算");
13     private JPanel panel1 = new JPanel();
14
15     private JLabel label1 = new JLabel("用水吨数");
16     private JLabel label2 = new JLabel("所交水费");
17
18     private JTextField text1 = new JTextField(10);
19     private JTextField text2 = new JTextField(10);
20
21     private JRadioButton radioButton1 = new JRadioButton("家庭用水",true);
22     private JRadioButton radioButton2 = new JRadioButton("工业用水");
23     private ButtonGroup btg = new ButtonGroup();
24
25     private JButton buttonCompute = new JButton("计算");
26     private JButton buttonExit = new JButton("退出");
27
28     private class ButtonHandler implements ActionListener{
29      public void actionPerformed(ActionEvent e){
```

```
30          double fee, temp;
31          if(e.getSource()==(JButton)buttonCompute){    //判断事件源
32              temp = Double.parseDouble(text1.getText());    //取得输入的用水吨数
33              if(radioButton1.isSelected()){    //判断是否为家庭用水
34                  if(temp<15) fee = temp*3.0;
35                  else if(temp<30) fee = 15*3.0+(temp-15)*6.0;
36                      else fee = temp*8.0;
37                  }
38                  else fee = temp*7.0;    //计算工业用水水费
39                  text2.setText(fee+"元");    //将计算结果设置为 text2 文本框的内容
40          }
41          else System.exit(0);
42      }
43  }
44
45  public ComputeFee(){
46      Container    cp = frm.getContentPane();
47      btg.add(radioButton1);
48      btg.add(radioButton2);
49      panel1.add(label1);
50      panel1.add(text1);
51      panel1.add(radioButton1);
52      panel1.add(radioButton2);
53      panel1.add(label2);
54      panel1.add(text2);
55      panel1.add(buttonCompute);
56      panel1.add(buttonExit);
57      cp.add(panel1);
58
59      ButtonHandler buttonListener = new ButtonHandler();    //创建事件监听器
60      buttonCompute.addActionListener(buttonListener);    //注册事件监听器
61      buttonExit.addActionListener(buttonListener);    //注册事件监听器
62
63      frm.setSize(200,180);
64      frm.setVisible(true);
65      frm.setResizable(false);
66      frm.setDefaultCloseOperation(JFrame.EXIT_ON_CLOSE);
67
68      Dimension d=Toolkit.getDefaultToolkit().getScreenSize();
```

```
69        frm.setLocation((d.width-200)/2,(d.height-120)/2);
70    }
71
72    public static void main(String[] args){
73        new ComputeFee();
74    }
75 }
```

该程序的 28～43 行定义一个监听器类，该类实现了 ActionListener 接口，注意该类定义在了一个类的内部，并且声明为私有的。第 31 行的 e.getSource()方法表示取得产生事件的事件源，由于该方法的返回类型为 Object 类，因而使用强制类型转换将其转换为 JButton 型的量。33 行使用按钮的 isSelected()方法判别家庭用水是否被选中，如果被选中，则按家庭用水的标准计算费用。39 行将计算结果设置为 text2 文本框的内容。41 行表示事件源为"退出"按钮时，结束程序的运行。

9.4.3 【相关知识】 内部类和匿名类

在编写事件处理程序时，为了简化程序，经常使用内部类(inner class)和匿名类(anonymous class)。

1. 内部类

内部类是被定义于另一个类中的类。例如在案例 9-5 中，在 ComputeFee 类的内部定义了 ButtonHandler 类，这样定义的好处是，内部类中定义的方法可任意访问外部类的成员方法和变量，包括私有的成员。例如在内部类的 actionPerformed 方法中，就访问了外部类中定义的 buttonCompute、text1 和 text2 私有组件。

2. 匿名类

如果一个内部类只被使用一次，即只用来创建一个内部类的实例，而且这个内部类需要继承一个已有的父类或实现一个接口，则可以使用匿名类。所谓匿名类，就是只有类体的定义而没有类名的类。创建一个匿名类的实例用如下的格式：

```
new  父类名或要实现的接口名(){
    //重写父类或接口中的方法
}
```

由于匿名类本身无名，因而不能给它定义构造方法。从该格式可以看出，匿名类在创建时一般调用了一个无参的父类构造方法，例如案例 9-1 中的第 41 行。匿名类通过重写父类的方法来实现自己的功能，例如案例 9-1 中的 42～47 行就重写了接口 ActionListener 的 actionPerformed 方法。

匿名类直接将类体写在了创建该类的地方，正因为如此，常常在一个事件处理程序只被使用一次时，就使用类似于如下的格式给事件源注册事件监听者：

```
事件源.addXXXListener(new XXXListener() {
    事件处理代码
});
```

9.5　GUI 程序界面布局设计

用户界面上的组件可以按不同方式进行排列，Java 语言使用布局管理器来管理一个界面中的组件排列方式。使用布局管理的好处是当重新调整窗口大小或重新绘制屏幕上的一个项目时，布局管理器就会对调整后的窗口自动进行重排。一个容器如果没有设置布局管理器，则系统就使用该容器的缺省布局管理器。

9.5.1　布局管理器介绍

在 Java 标准类库中，定义了一些布局管理器，常用的有：

● FlowLayout: 流式布局，组件按照从左到右的方向分布(是 JApplet 和 JPanel 的默认布局管理器)。

● BorderLayout: 边框布局，将组件分布到东、西、南、北、中五个区域中(是 JWindow、JFrame 和 JDialog 的默认布局管理器)。

● GridLayout: 网格布局，将组件分布在行和列组成的单元格中。

● BoxLayout: 盒子布局，将组件以行或列的方式分布。

通过前面的案例程序可以看出，设计一个 GUI 程序界面时，常以框架窗口(JFrame)作为应用程序的窗口，而在框架窗口中又嵌入了一个或多个面板(JPanel)。所以，在程序中经常需要设置这两种容器的布局管理器。设置容器的布局管理器要使用容器的 setLayout 方法。如一个框架窗口可以用如下的语句设置布局管理器：

```
JFrame frame = new JFrame();

Container contentPane = frame.getContentPane();

contentPane.setLayout(new FlowLayout());
```

setLayout 方法的参数是某种布局管理器的对象。在没有设置新的布局前，在容器中添加组件时都按照该容器的缺省布局排列。

9.5.2　流式布局

流式布局(FlowLayout)是 JPanel 和 JApplet 的缺省布局管理器。流式布局其组件的放置规律是从容器的左上角开始，按从左到右、从上到下的方式排列。如果当前行的最后一个位置放不下一个组件，则从下一行的最左边开始放置。默认情况下，每一行中的组件都居中排列。案例 9-5 中 13 行定义的面板，使用的就是默认的流式布局，其布局效果如图 9-11 所示。

下面举例说明流式布局的用法(例子中的 p 是一个面板或框架窗口容器)。

1) 在流式布局中设置组件的对齐方式

流式布局的 FlowLayout(int alignment)构造方法中，整型参数表示组件的对齐方式。该类预定义了三个表示对齐方式的整型常量：

● FlowLayout.LEFT: 左对齐；

- FlowLayout.CENTER：居中对齐；
- FlowLayout.RIGHT：右对齐。

例如要将 p 设置为流式布局，并使用右对齐方式排列组件，可使用如下的语句：

```
p.setLayout(new FlowLayout(FlowLayout.RIGHT));
```

2）在流式布局中设置组件的对齐方式和间隔

流式布局的 FlowLayout(int alignment, int horz, int vert)构造方法中，第一个参数表示组件的对齐方式，第二个参数表示组件之间的横向间隔，第三个参数表示组件之间的纵向间隔，它们的单位是像素。

例如要将 p 设置为流式布局，并使用左对齐方式排列组件，组件的横向间隔为 20，纵向间隔为 20，可使用如下语句：

```
p.setLayout(new FlowLayout(FlowLayout.LEFT, 20, 20));
```

3）在流式布局中使用默认的对齐方式和间隔

使用无参的 FlowLayout()构造方法时，流式布局为居中对齐方式，组件的横向间隔和纵向间隔都是缺省值 5 个像素。

例如要将 p 设置为流式布局，使用默认设置，可使用如下的语句：

```
p.setLayout(new FlowLayout());
```

JRadioButton 和 JCheckBox 等组件常用流式布局。当容器的大小发生变化时，用 FlowLayout 管理的组件会发生变化，其变化规律是：组件的大小不变，但是相对位置会发生变化，如将窗口变窄，一行中排在后面的组件会自动排在下一行中。

9.5.3　边框布局

边框布局(BorderLayout)是 JWindow、JFrame 和 JDialog 的默认布局管理器。该布局管理器把容器分成 5 个区域，分别为东(East)、西(West)、南(South)、北(North)、中(Center)，每个区域只能放置一个组件。各个区域的位置及大小如图 9-12 所示。

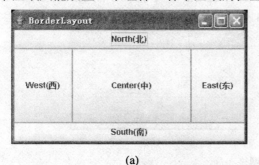
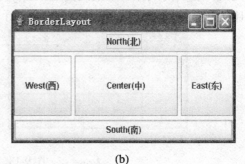

(a)　　　　　　　　　　　　　　　　(b)

图 9-12　边框布局的五个区域

使用边框布局的方法是：

先将一个容器设置为边框布局 BorderLayout，例如：

```
JPanel p = new JPanel();
p.setLayout(new BorderLayout());   //组件之间无间隔，如图 9-12(a)所示
```

然后将组件添加到指定的区域。例如要获得图 9-12 所示的效果，需使用以下五条语句：

```
p.add(new Button("North(北)"), BorderLayout.NORTH);
```

```
p.add(new Button("South(南)"), BorderLayout.SOUTH);
p.add(new Button("East(东)"), BorderLayout.EAST);
p.add(new Button("West(西)"), BorderLayout.WEST);
p.add(new Button("Center(中)"), BorderLayout.CENTER);
```

如果在给容器添加组件时没有指定位置参数，则默认为 BorderLayout.CENTER，即放在容器中央位置。例如最后一条语句也可以写成：

```
p.add(new Button("Center"));
```

在使用 BorderLayout 的时候，如果容器的大小发生变化，则其组件排列变化的规律为：组件的相对位置不变，大小会根据情况自动调整，但中心区域会占满其他未使用的空间。例如容器变高了，则 North、South 区域不变，West、Center、East 区域变高；如果容器变宽了，则 West、East 区域不变，North、Center、South 区域变宽。

在边框布局中，不一定所有的区域都要有组件，如果四周的区域(West、East、North、South 区域)没有组件，则由 Center 区域去补充；但是如果 Center 区域没有组件，则保持空白。

注意：在边框布局中，一个区域只能添加一个组件。如果一个区域添加了多个组件，则只显示最后一个组件。

如果要指定边框布局中五个区域中组件的间隔，则可以使用如下的边框布局语句：

```
JPanel p = new JPanel();
p.setLayout(new BorderLayout(5,5));  //组件之间有间隔，如图 9-12(b)所示
```

BorderLayout 构造方法的第一个参数和第二个参数分别表示组件之间的水平与垂直间隔。

9.5.4　网格布局

网格布局用于将容器划分为一个由指定行和指定列组成的矩形网格空间，网格中的每个单元具有相同的尺寸。如果改变 GridLayout 所管理的窗口尺寸，则单元格的尺寸将会自动按比例改变。图 9-13 所示的是一个由 5 行 4 列组成的网格布局。

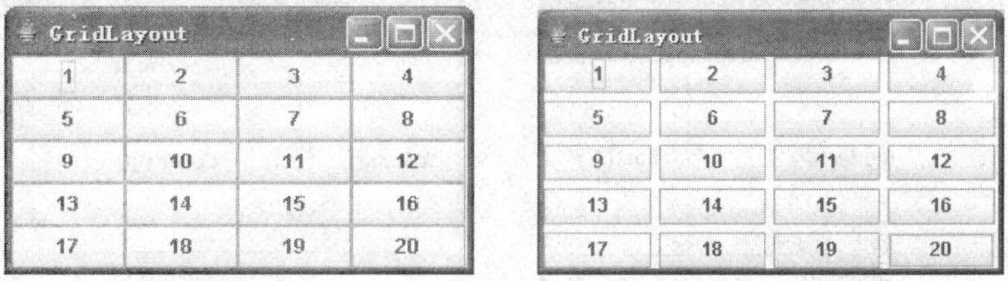

　　　　　(a)　　　　　　　　　　　　　　　　　(b)

图 9-13　网格布局

容器使用网格布局时，要指定容器的行数和列数。例如，图 9-13(a)所示的界面是用下列语句实现的：

```
JPanel p = new JPanel();
p.setLayout(new GridLayout(5,4));
for(int i = 1; i<=20; i++){
    p.add(new JButton(i+""));
```

注意：容器使用网格布局时，组件只能按从左到右、自上而下的顺序添加到网格中。

使用网格布局时也可以指定相邻组件之间的间隔。例如，将如上语句中设置布局的语句改为：

```
p.setLayout(new GridLayout(5,4,5,5));
```

则得到如图 9-13(b)所示的结果。该语句的第三个参数 5 和第四个参数 5 分别表示组件之间的水平与垂直间隔。

9.5.5　盒子布局

盒子布局按照水平或垂直方向放置组件。例如，可以按下列方式将一个容器设置为盒子布局，并按垂直方式放置组件：

```
JPanel p = new JPanel();

p.setLayout(new BoxLayout(p, BoxLayout.Y_AXIS));
```

如果将 BoxLayout 构造方法的第二个参数设置为 BoxLayout.X_AXIS，则组件按水平方向放置。

注意：与其他布局不同的是，创建一个盒子布局时构造方法的第一个参数要指定需要使用盒子布局的容器。

盒子布局中的组件不能指定其间隔。如果在盒子布局中的组件之间需要空隙，则可以使用 Java 类库中的非可视组件 Box。Box 类提供了一些创建 Box 组件的静态方法。例如，下面的程序段在运行后得到图 9-14 所示的结果：

```
JPanel p = new JPanel();

JButton button1 = new JButton("Button 1");

JButton button2 = new JButton("Button 2");

JButton button3 = new JButton("Button 3");

JButton button4 = new JButton("Button 4");

p.setLayout(new BoxLayout(p, BoxLayout.X_AXIS));

p.add(button1);

p.add(Box.createRigidArea(new Dimension(10,10)));        //创建一个确定大小的矩形区域，并加入
                                                         //到 p 容器中

p.add(button2);

p.add(Box.createHorizontalGlue());    //创建一个随窗口大小自动调整的水平区域

p.add(button3);

p.add(button4);
```

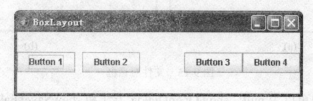

图 9-14　盒子布局

如果容器使用的是垂直盒子布局，则创建一个随窗口大小自动调整的垂直区域时要使

用 Box.createVerticalGlue()方法。

如果将盒子布局与其他布局结合使用，则可以得到一些复杂的 GUI 界面。

技能拓展

9.6　Swing 的其他组件

在 Swing 中提供了很多非常有用的组件，前面几节介绍的是一些基本的、较为简单的组件，本节将介绍几个比较复杂的组件的用法。

9.6.1　在程序中使用文件选择对话框和颜色选择器

1. 文件选择对话框

在使用各种软件时，如果选择打开一个文件，则会弹出一个文件选择对话框。在 Swing 中也提供了一个文件选择对话框组件 JFileChooser，该组件用于打开或保存一个文件。

创建一个文件选择对话框时，首先要使用下列语句创建一个文件选择对话框组件：

　　　　JFileChooser fileChooser = new JFileChooser();

该语句创建的文件选择对话框使用用户当前目录作为工作目录。也可以创建一个指定目录的文件选择对话框，例如，创建一个以 "c:/java"(注意不能用"\")为当前目录的文件对话框：

　　　　JFileChooser fileChooser = new JFileChooser("c:/java");

创建好一个文件选择对话框以后，使用下列方式指定显示的是"打开"对话框还是"保存"对话框：

　　　　int status = fileChooser.showOpenDialog(对话框的父窗口);　　//显示"打开"对话框，如图 9-15(a)所示
　　　　int status = fileChooser.showSaveDialog(对话框的父窗口);　　//显示"保存"对话框，如图 9-15(b)所示

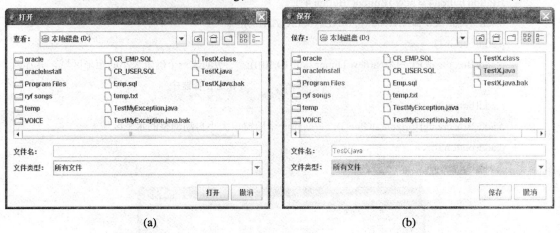

(a)　　　　　　　　　　　　　　　　　　　　(b)

图 9-15　文件对话框

对话框的父窗口可以为 null。showOpenDialog 方法和 showSaveDialog 方法都会返回一个表示用户操作状态的整数，可以将该整数与 JFileChooser 类中定义的常量进行比较，以确

定用户进行了何种操作。例如，如果上述 status 变量的返回值与"APPROVE_OPTION"相等，则表示用户选择文件后进行了"确认"操作。

JFileChooser 定义的 getSelectedFile 方法可以获得所选择的文件。

2. 颜色选择对话框

使用颜色选择对话框可以方便地获取一种用户喜爱的颜色。在程序中要显示一个颜色选择对话框的操作非常简单，即先说明一个表示颜色的量，例如：

Color shade = Color.BLACK;

然后在程序中使用 JColorChooser 类的 showDialog 静态方法即可，例如：

shade = JColorChooser.showDialog(null, "选择颜色", shade);

其中：null 说明该颜色选择对话框无父类；第二个字符串参数表示颜色选择对话框的名称；第三个参数为颜色的初始值。该方法的返回值为用户选定的颜色。图 9-16 为上面语句显示的结果，从图中可以看出，颜色选择对话框提供了样品、HSB 以及 RGB 三种颜色选择模式。

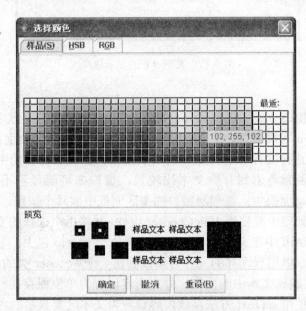

图 9-16　颜色选择对话框

9.6.2　【案例 9-6】　文本文件显示器

1. 案例描述

设计一个文本文件显示器，将选定的文件内容在窗口中显示出来。该显示器可以选择要显示的文本文件，也可以选择文本显示的颜色。

2. 案例效果

图 9-17 所示的窗口是案例程序执行后的结果。

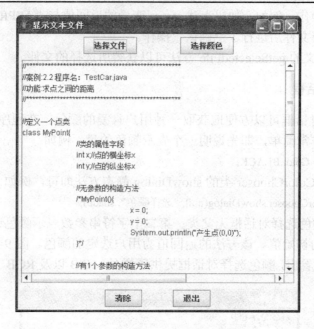

图 9-17　案例 9-6 的显示效果

3. 技术分析

在该程序中，将窗口分成了三个部分，可以使用 JFrame 为应用程序的顶层窗口，顶层窗口使用 BorderLayout 布局管理。在顶层窗口的北、中和南各放一个面板 Jpanel；在顶层窗口的北区面板中放入选择文件和选择颜色的两个按钮；在顶层窗口的中区面板中放入一个文本区 JTextArea，因为考虑到有些文本比较长，窗口中可能显示不下，所以将文本区 JtextArea 放在一个滚动面板中；在顶层窗口的南区面板中放两个按钮。

选择文件的事件处理中要使用 JFileChooser 组件，并将用户选择的要显示的文件保存在一个变量中。在 Java API 中定义一个 File 类，该类位于 java.io 包中，其功能就是保存与处理和文件有关的内容。以用户选择的文件为参数创建一个 Scanner 类的对象，使用 Scanner 类的 nextLine 方法读取该文本中的内容，并将内容以行为单位保存在一个字符串变量中，在文件内容读完后，使用 setText 方法将该内容设置为文本区要显示的内容。

选择颜色的事件处理中要使用 JColorChooser 组件，所选择的颜色值保存在一个 Color 类型的量中，并使用 setForeground 方法将显示内容的文本区设置为该颜色。

4. 程序解析

程序代码如下：

```
01 //*************************************************
02 //案例: 9-6
03 //程序名: DisplayFile.java
04 //功能: 文本文件显示器
05 //*************************************************
06
```

```
07 import java.io.*;
08 import java.awt.*;
09 import javax.swing.*;
10 import java.awt.event.*;
11 import java.util.Scanner;
12
13 public class DisplayFile{
14      private JFrame frm = new JFrame("显示文本文件");
15      private JButton button1 = new JButton("选择文件");
16      private JButton button2 = new JButton("选择颜色");
17      private JButton button3 = new JButton("清除");
18      private JButton button4 = new JButton("退出");
19      private JTextArea ta = new JTextArea(20,40);
20      private JScrollPane sp = new JScrollPane(ta);
21
22      private JFileChooser fc = new JFileChooser();
23      private File f ; //存放选中的文件
24      private Color c = Color.BLACK;
25      private Scanner sc;
26
27      private JPanel panel1 = new JPanel();
28      private JPanel panel2 = new JPanel();
29      private JPanel panel3 = new JPanel();
30
31      private class MyActionListener implements ActionListener{
32          public void actionPerformed(ActionEvent e){
33              if(e.getSource()==(JButton)button1){
34                  int status = fc.showOpenDialog(frm);
35                  if(status == JFileChooser.APPROVE_OPTION){
36                      try{
37                          f = fc.getSelectedFile();
38                          sc = new Scanner(f);
39                      }catch(FileNotFoundException ex){
40                          ex.printStackTrace();
41                      }
42                      String info = "";
43                      while(sc.hasNext()){
```

```
44                              info += sc.nextLine()+"\n";
45                         }
46                    ta.setText(info);
47               }
48               else{
49                    ta.setText("没有选择要显示的文件！");
50               }
51          }
52          else if(e.getSource()==(JButton)button2){
53               c = JColorChooser.showDialog(frm, "选择颜色", c);
54               ta.setForeground(c);
55          }
56          else if(e.getSource()==(JButton)button3){
57               ta.setText("");
58          }
59     }
60 }
61
62 public DisplayFile(){
63
64     panel1.add(button1);
65     panel1.add(Box.createRigidArea(new Dimension(60,20)));
66     panel1.add(button2);
67
68     panel2.add(sp);
69
70     panel3.add(button3);
71     panel3.add(Box.createRigidArea(new Dimension(40,20)));
72     panel3.add(button4);
73
74     Container c = frm.getContentPane();
75
76     c.add(panel1,BorderLayout.NORTH);
77     c.add(panel2,BorderLayout.CENTER);
78     c.add(panel3,BorderLayout.SOUTH);
79
80     MyActionListener al = new MyActionListener();
81     button1.addActionListener(al);
```

```
82          button2.addActionListener(al);

83          button3.addActionListener(al);

84

85          button4.addActionListener(new ActionListener(){

86              public void actionPerformed(ActionEvent e){

87                  System.exit(0);

88              }

89          });

90

91          frm.pack();

92          frm.setVisible(true);

93          frm.setDefaultCloseOperation(JFrame.EXIT_ON_CLOSE);

94      }

95

96      public static void main(String[] args){

97          new DisplayFile();

98      }

99  }
```

程序的 14～29 行定义了该窗口中所有使用到的组件，包括一个框架窗口(14 行)、四个按钮(15～18 行)、一个文本区(19 行)、一个滚动面板(20 行)、一个文件选择器(22 行)和三个面板(27～29 行)。31～60 行定义了一个按钮事件处理类，这里将其定义成了一个内部类，可以直接使用在外部类中定义的各个组件。

第 33 行判别事件是否来源于按钮 button1，如果是，则 34 行显示一个选择文件的对话框。35 行判别用户是否在选择文件后单击了"确认"按钮，如果进行了确认，则 37 行取得所选择的文件。38 行以该文件为参数创建一个 Scanner 对象。由于进行取得文件和创建一个 Scanner 类的操作时，可能会产生文件找不到的异常 FileNotFoundException，因此在 36～41 行的语句中使用了异常处理。43 行使用 Scanner 类的 hasNext 方法判别要显示的文本行是否被读完。44 行将读到的文本行保存在一个字符串量 info 中。46 行在文件读完后将文本内容设置为文本区 ta 要显示的内容。49 行表示如果在文本选择对话框中用户没有按"确认"按钮，则在文本区中显示一条用户没有进行文件选择的提示信息。52～55 行是当用户按下按钮 button2 时显示颜色选择对话框的处理语句。56 行是当用户按下 button3 时清除文本区内容的语句。

65 行和 71 行使用了非显示组件 Box，目的是将两个按钮之间的距离拉大。85～89 行使用匿名类的方式给 button4 按钮注册了一个事件监听器。

9.6.3　菜单与工具栏的使用

菜单和工具栏是最常用的 GUI 组件。如图 9-18 所示的窗口是使用 Java Swing 提供的组件构建的菜单与工具栏的实例。

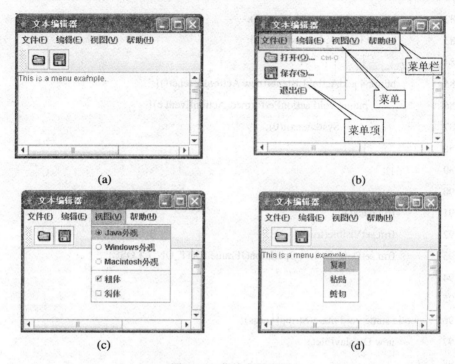

图 9-18　菜单应用示例

1. 菜单的设计

从图 9-18(b)所示的窗口可以看出，一个菜单主要由菜单栏(JMenuBar)、菜单(JMenu)和菜单项(JMenuItem)组成。在图 9-18(b)中，菜单栏就是窗口中标题行下面由"文件"、"编辑"、"视图"和"帮助"组成的横行，该菜单栏由四个菜单组成。在"文件"菜单中有三个菜单项，它们分别是"打开"、"保存"与"退出"。下面以图 9-18 所示的菜单为例，说明在 Java 程序中设计菜单的步骤。

1) 创建菜单栏

用如下的语句创建一个菜单栏：

```
JMenuBar menuBar = new JMenuBar();
```

创建好的菜单栏要放在一个框架窗口(JFrame)中。下面的语句创建了一个名称为 frm 的框架窗口：

```
JFrame frm = new JFrame("文本编辑器");
```

使用框架窗口的 **setJMenuBar** 方法将创建好的菜单栏置于框架窗口中：

```
frm.setJMenuBar(menuBar);
```

2) 创建菜单

菜单栏创建后，就要创建菜单，创建菜单时要使用 JMenu 组件。如图 9-18(b)所示的四个菜单可以使用如下的语句创建：

```
JMenu menuFile = new JMenu("文件(F)");

JMenu menuEdit = new JMenu("编辑(E)");

JMenu menuView = new JMenu("视图(V)");
```

　　　　　JMenu menuHelp = new JMenu("帮助(H)");

　　创建好的菜单要使用菜单栏的 add 方法添加到菜单栏中。如将以上文件菜单添加到菜单栏的语句是：

　　　　　menuBar.add(menuFile);

　　以上创建的菜单都有快捷键，如图 9-18(a)所示"文件"菜单的快捷键为字母"F"，表示可以使用 Alt+F 组合键来打开文件菜单。给一个菜单设置快捷键时要使用菜单的 setMnemonic 方法。如"文件"菜单可以使用下列语句设置快捷键：

　　　　　menuFile.setMnemonic('F');

　　3) 创建菜单项

　　一个菜单由若干个菜单项组成。菜单创建完成后，就要创建菜单的菜单项。创建菜单项时要使用 JMenuItem 组件。如图 9-18(b)所示的"打开"菜单项，可以使用如下语句创建：

　　　　　JMenuItem openFile = new JMenuItem("打开(O)...", new ImageIcon("images/open.gif"));

　　以上构造方法中的第二个参数 new ImageIcon("images/open.gif")，表示该菜单项的图标为 open.gif。如果一个菜单项没有图标，则可以不要该参数。如创建"退出"菜单项的语句为：

　　　　　JMenuItem exitFile = new JMenuItem(" 退出(E)");

　　与菜单类似，菜单项也可以使用 setMnemonic 方法设置快捷键。如"退出"菜单项的快捷键"E"可以使用如下语句设置：

　　　　　exitFile.setMnemonic('E');

　　在如图 9-18(b)所示的图中，"打开"菜单项还设置了加速键"Ctrl-O"，表示在"文件"菜单没有打开的情况下，可以使用该组合键快速打开一个文件。加速键使用如下的方法设置：

　　　　　openFile.setAccelerator(KeyStroke.getKeyStroke(KeyEvent.VK_O,

　　　　　InputEvent.CTRL_MASK));

　　关于参数中使用到的 KeyStroke、KeyEvent 和 InputEvent 类的信息，可以查看 JDK 帮助文档，初学者可以按照该格式设置菜单项的加速键。

　　创建好的菜单项，要使用菜单的 add 方法将其添加到一个具体的菜单中。如将"打开"菜单项 openFile 添加到"文件"菜单中的语句为：

　　　　　menuFile.add(openFile);

　　菜单项之间还可以设置分隔符，如在图 9-18(b)所示的"保存"和"退出"菜单项之间就有一个分隔横线，表示分隔符。该分隔符的设置方法是：

　　　　　menuFile.addSeparator();

　　在如图 9-18(c)所示的"视图"菜单中，菜单项是由一些单选按钮和复选框组成的。对于由单选按钮组成的菜单项，要使用 JRadioButtonMenuItem 组件创建。如"Java 外观"菜单项是使用如下语句创建的：

　　　　　JRadioButtonMenuItem javaView = new JRadioButtonMenuItem("Java 外观");

　　要将所有的单选按钮菜单项放在同一个组中，才能保证一次只能从中选择一个。可以使用如下语句创建一个单选按钮组：

　　　　　ButtonGroup bgp = new ButtonGroup();

将单选按钮放入一个单选按钮组中，要使用 add 方法。如将"Java 外观"菜单项添加到 bgp 组中的语句是：

```
bgp.add(javaView);
```

对于由复选框组成的菜单项，要使用 JCheckBoxMenuItem 组件创建。如图 9-18(c)中"粗体"菜单项是使用如下语句创建的：

```
JCheckBoxMenuItem    boldView = new JCheckBoxMenuItem("粗体");
```

单选按钮和复选框菜单项创建完成后，同样要使用 add 方法将其添加到一个菜单中。

4) 给菜单项添加事件处理功能

用鼠标单击一个菜单项后，会生成一个与单击按钮一样的事件(即 ActionEvent 类型的事件)，因此给菜单添加事件监听器时要使用 addActionListener 方法。例如，给"退出"菜单项添加事件监听器的方法如下：

```
exitFile.addActionListener(new ActionListener(){
public void actionPerformed(ActionEvent e){
    System.exit(0);
}
});
```

2. 弹出式菜单的设计

在如图 9-18(d)所示的窗口中，有一个弹出式菜单(JPopupMenu)，弹出式菜单与普通菜单的区别是它没有被固定在菜单栏中，而是在窗口中右击鼠标时弹出的。创建弹出式菜单的步骤如下：

(1) 创建一个弹出式菜单。可以用如下的语句创建一个如图 9-18(d)所示的弹出式菜单：

```
JPopupMenu popup = new JPopupMenu();
```

(2) 给弹出式菜单添加菜单项。给弹出式菜单添加菜单项和分隔符的方法，与前面介绍的给普通菜单添加菜单项和分隔符的方法相同。

(3) 确定弹出式菜单的弹出窗口。弹出式菜单一般在确定的窗口中右击鼠标时弹出，这个窗口组件称为弹出式菜单的父组件。只有给弹出式菜单的父组件添加了鼠标事件，才能达到右击鼠标时弹出菜单的功能。

如图 9-18(d)所示的弹出式菜单是在一个文本区中右击鼠标时弹出的，因此就要给文本区添加一个鼠标事件。当鼠标事件发生时，可以使用该事件的 isPopupTrigger 来判别是否为弹出式菜单事件，如果是，就可以使用弹出式菜单的 show 方法将弹出式菜单显示出来。

如图 9-18(d)所示的弹出式菜单是用如下的事件处理程序段完成的：

```
ta.addMouseListener(new MouseAdapter(){    //ta 为文本框区域
public void mouseReleased(MouseEvent e){
    if(e.isPopupTrigger()){
        popup.show(ta, e.getX(),e.getY());
    }
}
});
```

由于这里只使用鼠标事件监听器的 mouseReleased 方法，因此使用了鼠标事件监听器的适配器 MouseAdapter，以简化程序的书写。show 方法中的第一个参数为弹出式菜单的父组件，第二个和第三个参数为弹出式菜单所要显示的位置。这里使用了鼠标事件 e 的 getX() 和 getY()方法，以取得鼠标在右击时的位置(即横坐标 X 和纵坐标 Y)。

3. 工具栏的设计

图 9-18(a)所示窗口的菜单栏下面有两个工具，分别表示"打开"和"存盘"。菜单中常用的一些功能如果设计了相应的工具按钮，则可以提高操作速度，所以常用的软件几乎都提供工具栏。工具栏从本质上来说其实就是按钮，但这些按钮常用一个图标表示。设计工具栏的步骤是：

(1) 创建工具栏对象。如图 9-18(a)所示的工具栏是用如下的语句创建的：

```
JToolBar toolBar = new JToolBar("文件工具条");
```

(2) 向工具栏中添加创建好的按钮对象。如先创建了如下的两个按钮：

```
JButton openTool = new JButton(new ImageIcon("images/open.gif"));

JButton saveTool = new JButton(new ImageIcon("images/save.gif"));
```

然后使用 add 方法将其添加到工具栏：

```
toolBar.add(openTool);

toolBar.add(saveTool);
```

(3) 使用 add 方法将工具栏添加到某个容器中。工具栏一般放在框架窗口(JFrame)中，窗口常用 BorderLayout 布局，工具栏被放入窗口的"北区"中。例如：

```
cp.add(BorderLayout.NORTH, toolBar);
```

(4) 给工具添加提示信息。工具按钮一般要设置提示信息，以方便用户使用。当鼠标移动到设置了提示信息的工具上时，就会显示提示信息。例如：

```
openTool.setToolTipText("打开一个文件");

saveTool.setToolTipText("保存文件");
```

(5) 给工具按钮添加事件处理功能。单击工具按钮时，将产生 ActionEvent 类的事件，因此工具按钮要使用 addActionListener 方法添加事件监听者。

9.6.4 【案例 9-7】　设计一个文本编辑器窗口

1. 案例描述

设计图 9-18 所示的文本编辑器窗口。

2. 案例效果

见图 9-18。

3. 技术分析

图 9-18 所示的窗口由三个部分组成，在标题栏的下面是菜单栏，菜单栏下面有工具栏，工具栏下面是文本编辑区。

4. 程序解析

```
001 //***************************************************
002 //案例: 9-7
003 //程序名：Editor.java
004 //功能: 文本编辑器窗口
005 //***************************************************
006
007 import java.awt.*;
008 import javax.swing.*;
009 import java.awt.event.*;
010
011 public class Editor{
012     private JFrame frm = new JFrame("文本编辑器");
013
014     private JMenuBar menuBar = new JMenuBar();
015
016     private JMenu menuFile = new JMenu("文件(F)");
017     private JMenu menuEdit = new JMenu("编辑(E)");
018     private JMenu menuView = new JMenu("视图(V)");
019     private JMenu menuHelp = new JMenu("帮助(H)");
020
021     private JMenuItem openFile =new JMenuItem("打开(O)...",new ImageIcon("images/open.gif"));
022     private JMenuItem saveFile = new JMenuItem("保存(S)...",new ImageIcon("images/save.gif"));
023     private JMenuItem exitFile = new JMenuItem("          退出(E)");
024
025     private JMenuItem copyEdit = new JMenuItem("复制");
026     private JMenuItem pasteEdit = new JMenuItem("粘贴");
027     private JMenuItem cutEdit = new JMenuItem("剪切");
028
029     private JRadioButtonMenuItem javaView = new JRadioButtonMenuItem("Java 外观");
030     private JRadioButtonMenuItem windowsView = new JRadioButtonMenuItem("Windows 外观");
031     private JRadioButtonMenuItem macView = new JRadioButtonMenuItem("Macintosh 外观");

032     private ButtonGroup bgp = new    ButtonGroup();
033     private JCheckBoxMenuItem boldView = new JCheckBoxMenuItem("粗体");
034     private JCheckBoxMenuItem italicView = new JCheckBoxMenuItem("斜体");
035
```

```
036    private JMenuItem topicHelp = new JMenuItem("帮助主题");
037    private JMenuItem aboutHelp = new JMenuItem("关于...");
038
039    private JToolBar toolBar = new JToolBar("文件工具条");
040    private JButton openTool = new JButton(new ImageIcon("images/open.gif"));
041    private JButton saveTool = new JButton(new ImageIcon("images/save.gif"));
042
043    private JPopupMenu popup = new JPopupMenu();
044    private JMenuItem copyPopup = new JMenuItem("复制");
045    private JMenuItem pastePopup = new JMenuItem("粘贴");
046    private JMenuItem cutPopup = new JMenuItem("剪切");
047
048    private JTextArea ta = new JTextArea(20,40);
049    private JScrollPane sp = new JScrollPane(ta);
050
051    private Container cp;
052
053    public Editor(){
054
055        frm.setJMenuBar(menuBar);
056        cp = frm.getContentPane();
057        cp.add(sp);
058
059        menuFile.setMnemonic('F');
060        menuEdit.setMnemonic('E');
061        menuView.setMnemonic('V');
062        menuHelp.setMnemonic('H');
063
064 openFile.setAccelerator(KeyStroke.getKeyStroke(KeyEvent.VK_O,InputEvent.CTRL_MASK));
065        openFile.setToolTipText("选择打开一个文件");
066        openFile.setMnemonic('O');
067        saveFile.setMnemonic('S');
068        exitFile.setMnemonic('E');
069
070        //给退出菜单添加监听器
071        exitFile.addActionListener(new ActionListener(){
072            public void actionPerformed(ActionEvent e){
073                System.exit(0);
```

```
074             }
075         });
076
077         bgp.add(javaView);
078         bgp.add(windowsView);
079         bgp.add(macView);
080
081         menuBar.add(menuFile);
082         menuBar.add(menuEdit);
083         menuBar.add(menuView);
084         menuBar.add(menuHelp);
085
086         menuFile.add(openFile);
087         menuFile.add(saveFile);
088         menuFile.addSeparator();
089         menuFile.add(exitFile);
090
091         menuEdit.add(copyEdit);
092         menuEdit.add(pasteEdit);
093         menuEdit.add(cutEdit);
094
095         menuView.add(javaView);
096         menuView.add(windowsView);
097         menuView.add(macView);
098         menuView.addSeparator();
099         menuView.add(boldView);
100         menuView.add(italicView);
101
102         menuHelp.add(topicHelp);
103         menuHelp.addSeparator();
104         menuHelp.add(aboutHelp);
105
106         toolBar.add(openTool);
107         toolBar.add(saveTool);
108         cp.add(BorderLayout.NORTH,toolBar);
109         openTool.setToolTipText("打开一个文件");
110         saveTool.setToolTipText("保存文件");
111
```

```
112        popup.add(copyPopup);
113        popup.add(pastePopup);
114        popup.add(cutPopup);
115
116        //给文件框添加鼠标监听器
117        ta.addMouseListener(new MouseAdapter(){
118            public void mouseReleased(MouseEvent e){
119                if(e.isPopupTrigger()){
120                    popup.show(ta, e.getX(),e.getY());
121                }
122            }
123        });
124
125        frm.pack();
126        frm.setVisible(true);
127        frm.setDefaultCloseOperation(JFrame.EXIT_ON_CLOSE);
128    }
129
130    public static void main(String[] args){
131        new Editor();
132    }
133 }
```

基础练习

【简答题】

9.1　简要说明什么是 AWT？什么是 Swing？它们有什么不同？

9.2　一个 GUI 程序一般由哪几种类型的组件组成？

9.3　简要说明组件类的层次结构。

9.4　Componemt 类主要提供了哪些操作方法？

9.5　容器有哪几种类型？

9.6　常用的基本组件有哪些？

9.7　如何创建一个应用程序窗口？JFrame 类主要有哪些操作方法？

9.8　JOptionPane 类可以创建哪几种类型的对话框？举例说明。

9.9　什么是事件和事件源？

9.10　什么是事件监听者？

9.11　说明 Java 语言中事件的处理机制。

9.12　在 AWT 中定义了哪些主要的事件类？各代表什么类型的事件？

9.13　为什么在事件处理中要引入适配器的概念？

9.14　什么是内部类和匿名类？

9.15　什么是布局管理器？在 Java 语言中有哪几种主要的布局管理器？

9.16　如何创建一个文件选择对话框？如何创建一个颜色选择对话框？

9.17　说明菜单的设计步骤。

技能训练

【技能训练 9-1】　基本操作技能练习

调用并运行案例 9-1 中的程序。

【技能训练 9-2】　基本程序设计技能练习

参考案例 9-1 中的程序编写一个加法器程序，输入两个整数后，可以求出其和为多少。

【技能训练 9-3】　基本程序设计技能练习

编写一个程序，输入矩形(Rectangle)的长(length)和宽(width)，求其面积(area)(要求使用 JOptionPane 类来编写程序)。

【技能训练 9-4】　基本程序设计技能练习

设计一个新生信息录入界面程序，界面中要包含新生的主要信息，如姓名、性别、出生日期、籍贯、生源地、所在系、录取专业、爱好等。

【技能训练 9-5】　基本程序设计技能练习

给【技能训练 9-4】中的程序增加事件处理功能，当单击"确定"按钮后，在一个文本框中显示录入新生的信息。

【技能训练 9-6】　基本程序设计技能练习

参考 Windows 中的记事本程序，设计记事本窗口程序。

第 10 章　JDBC 与数据库应用程序开发

- ☺ 理解 JDBC 的概念，掌握使用 JDBC 访问数据库的过程；
- ☺ 学会使用 JDBC/ODBC 桥接驱动程序的方式访问数据库；
- ☺ 了解 JDBC API 中定义的主要接口的功能；
- ☺ 学会简单 GUI 界面数据库应用程序的开发。

在一个信息管理类应用软件的开发中，会使用到很多数据，这些数据大多具有持久性(即需要长期保存)，而使用数据库是永久保存数据的最佳选择。那么，在 Java 程序中如何使用和操作数据库中的数据呢？由 Sun 公司提供的 JDBC 是一套基于 Java 技术的数据库编程接口，它由一些操作数据库的 Java 类和接口组成。用 JDBC 编写访问数据库的程序，可以实现应用程序与数据库的无关性，即设计人员不用关心系统具体使用的是什么数据库管理系统，只要数据库厂商提供了该数据库的 JDBC 驱动程序，就可以在任何一种数据库系统中使用。本章介绍 JDBC 的概念、工作原理和在 Java 程序中访问数据库的方法。

10.1　JDBC 的概念与数据库的访问

JDBC 提供了在程序中直接访问数据库的功能。那么，什么是 JDBC？JDBC 是如何工作的？本节将介绍 JDBC 的这些基本知识。

10.1.1　使用 JDBC 访问数据库

1. JDBC 的概念

JDBC 是一种用于执行 SQL 语句的 Java API。JDBC 本身是一个商标名而不是一个缩写字，但 JDBC 常被人们认为代表"Java 数据库连接(Java Database Connectivity)"的意思。**JDBC** 由一组用 Java 编程语言编写的类和接口组成，这些类和接口完成与数据库操作有关的各种功能，因此，数据库开发人员可以使用 JDBC 来编写数据库应用程序。

现在，JDBC 已经是 Java 2 SDK 的一个重要组成部分，JDBC 中定义的类和接口都在 java.sql 包中。JDBC API 的优点是不必为访问不同的数据库而编写专门的程序。也就是说，为访问 Oracle 数据库、Informix 数据库或 SQL Server 2000 数据库等，只需用 **JDBC API** 编写一个应用程序就可以了，而且使用 Java 语言编写的应用程序无需为不同的操作系统平台编写不同的应用程序。因此，将 Java 技术和 JDBC 结合起来编写访问数据库的 Web 应用程序是一种很好的选择。

综上所述，JDBC 是一种面向对象的、基于 Java 技术的、用于访问数据库的 API，它由一组用 Java 编程语言编写的类和接口组成，为数据库开发人员和数据库供应商提供了访问数据库的标准。

2. JDBC 访问数据库的原理

通常，我们所说的数据库访问程序，是指它可以完成以下两种操作：

- 该程序能够从数据库中读取数据；
- 该程序可以将程序中的数据写入数据库。

在 Java 程序中，具体访问数据库的过程可以用图 10-1 表示。

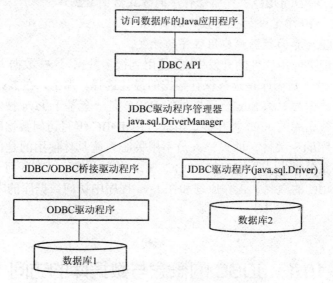

图 10-1　Java 程序访问数据库的过程

从图 10-1 可以看出，要使用 JDBC 技术访问数据库(如进行数据查询)时，Java 程序要通过 JDBC API 将数据库操作语句发送给 JDBC 驱动程序管理器。JDBC 驱动程序管理器可以以两种方式与数据库进行通信：一种方式是使用 JDBC/ODBC 桥接驱动程序间接访问数据库；另一种方式是使用 JDBC 驱动程序直接访问数据库。

Microsoft 公司设计的开放式数据库连接 ODBC API，是目前广泛应用于 Windows 平台上访问关系数据库的编程接口。JDBC/ODBC 桥接驱动程序就是将以 JDBC 方式访问数据库的操作转换为以 ODBC 访问数据库的方式，然后由 ODBC 驱动程序直接访问数据库。

一般情况下，数据库生产厂商提供的 JDBC 驱动程序可以直接访问数据库，因此这种方式简单、高效，现在很多软件开发者都使用这种方式对数据库进行访问。

3. 使用 JDBC 访问数据库的步骤

Java 程序和数据库系统两者之间并没有什么本质的联系，Java 程序要访问数据库中的数据，在程序与数据库之间就要建立所谓的"连接"，只有这个"连接"建立以后，才可以访问数据库。

　　具体在一个 Java 程序中访问数据库的步骤如下：

　　1) 装入 JDBC 驱动程序

　　在访问数据库前，首先要装入某种类型的 JDBC 驱动程序。不同厂商的数据库系统，其驱动程序也不同，如 IBM 公司的 DB2 数据库，其驱动程序是 DB2Driver；微软公司的 SQL Server 2000 数据库，其 JDBC/ODBC 桥接驱动程序是 JdbcOdbcDriver。

　　装入 JDBC 驱动程序时要使用 Class 类的 forName()方法，forName()方法的参数就是要装入的驱动程序的名称。Class 类是 java.lang 包中定义的一个公共的(public)最终类(final)。Class 类的实例表示运行着的 Java 程序中的类与接口。如要加载 Oracle 9i 数据库的驱动程序，可以使用如下的语句：

```
Class.forName("oracle.jdbc.driver.OracleDriver");
```

　　要加载 MS SQL Server 2000 数据库的驱动程序，可以使用如下的语句：

```
Class.forName("sun.jdbc.odbc.JdbcOdbcDriver");
```

　　在调用 Class.forName()方法后，会自动创建数据库驱动程序的实例，并向驱动程序的管理器(DriverManager 类)进行注册。要注意的是，一般不用显式的方法直接创建驱动程序的实例。

　　在数据库的驱动程序装入后，就可以使用下面介绍的方法连接数据库。

　　2) 建立数据库连接

　　在给数据库装入驱动程序后，可以使用下列语句建立与数据库的连接：

```
Connection    conn = DriverManager.getConnection(URL, "用户名", "用户密码");
```

　　数据库连接用 Connection 类的一个对象表示，该类的对象使用 DriverManager 类的 getConnecion 方法获得。其中：参数 URL 表示要连接数据库的具体位置；用户名表示登录数据库的用户标识；用户密码表示登录数据库时该用户的密码。

　　执行 getConnection 方法时，DriverManager 类将搜索可以接受 URL 所代表数据库的驱动程序(DriverManager 类存有已注册驱动程序的清单)，如果找到合适的驱动程序，就从该驱动程序获取数据库的连接并将它返回给应用程序。如果找不到合适的驱动程序，就无法建立与数据库的连接，Java 应用程序便抛出一个 SQLException 异常。

　　不同的 JDBC 驱动程序其对应的 URL 也不同。JDBC URL 提供了一种确认数据库的方法，这样特定的数据库驱动程序就能识别它，并与之建立连接。JDBC URL 一般由三部分组成，各部分之间用冒号分隔：

　　　　jdbc:子协议:子名称

　　各部分的含义是：

● jdbc：表示协议，JDBC URL 中的协议总是 jdbc。

● 子协议：表示驱动程序名或数据库连接机制名称。

● 子名称：根据子协议的不同而不同。

　　在实际程序设计中，如果通过 ODBC 桥接方式连接本地数据库，则 URL 的格式为

　　　　jdbc:odbc:数据源名

　　在这种情况下，由于 ODBC 已经提供了主机、端口等信息，因此可以省略这些信息。如果使用 JDBC 驱动程序直接和数据库服务器(如 SQL Server 2000)相连，则 URL 的格式为

　　　　jdbc:microsoft:sqlserver://主机地址:1433

当访问本机上的数据库时，"主机地址"为"127.0.0.1"，1433 是数据库服务器默认的侦听端口号。如果要访问 Oracle 数据库，则 URL 的格式为

    jdbc:oracle:thin:@localhost:1521:数据库实例名

3) 执行 SQL 语句

在应用程序与数据库之间建立了连接以后，就可以用这个连接来向数据库传送 SQL 语句了。从程序中向数据库管理系统发送的 SQL 语句有如下 4 种：

    SELCET

    INSERT

    DELETE

    UPDATE

其实，JDBC 对发送的 SQL 语句类型不加任何限制，这为 JDBC 编程提供了很好的灵活性，但程序员应该保证 SQL 语句的合法性与完整性。如果发送了 DBMS 不能识别的 SQL 语句，则操作就会失败并抛出异常。

那么，在建立了数据库连接以后，如何向数据库发送 SQL 语句呢？

JDBC 编程中，在发送一条 SQL 语句之前，必须创建一个 Statement 对象，由该对象负责向数据库发送 SQL 语句。创建一个 Statement 对象时，要调用 Connection 接口的 createStatement() 方法，其一般用法是：

    Statement   stmt = conn.createStatement();

在 Statement 对象创建之后，就可以向数据库发送 SQL 语句了。

如果要向数据库发送查询语句，则可以使用 Statement 接口的 executeQuery() 方法。如下面的语句表示查询 student 表中的记录：

    ResultSet   rs = stmt.executeQuery("SELECT * FROM student");

SQL 语句执行后的结果返回到 ResultSet 接口的一个实例中。ResultSet 接口是专门用来保存 SQL 语句查询结果的。在上面的语句中，查询结果保存在 rs 中。

如果要向数据库发送 INSERT、UPDATE 或 DELETE 语句，就必须使用 Statement 接口的 executeUpdate() 方法。如下面是一条用 INSERT 插入记录的语句：

    int numberOfRows=stmt.executeUpdate("INSERT INTO tableName"+"VALUES('Tom', 20)");

该操作表示在表 tableName 中插入一行(即一个记录)，表示人名的字符串 Tom 要用单引号引起来，以区别于其外层的双引号。返回的整数值 numberOfRows 表示受该操作影响的行数。

4) 处理操作结果

在使用 Statement 对象的 executeQuery() 方法执行数据库查询操作时，查询的结果集放入 ResultSet 对象中，该对象不但存放查询的结果集，还提供了很多用于操作结果集的方法。在每个结果集 ResultSet 的对象中，有一个逻辑上的指针，通过对该指针的移动，就可以访问到结果集中的所有数据。在开始访问结果集时，指针总是指向结果集数据的第一条数据，之后可以使用 ResultSet 对象的 next() 方法让指针指向下一条记录。当指针指向最后一条记录时，如果再使用 next() 方法，则该方法的返回值为 false，表示已经没有可访问的数据了。

当指针指向某条记录时，可以使用 ResultSet 对象的 getXXX() 方法取得该数据项内某个

字段的值。在这里我们用 XXX 代表要取出的数据类型，如果要取出的数据类型为整型，则使用 getInt 方法；为实型，则使用 getFloat 方法。如下面的程序段可以取出结果集中的第一个字段(为 int 型)和第二个字段(为 Float 型)的值：

```
while(rs.next()) {
    System.out.println(rs.getInt(1));
    System.out.println(rs.getFloat(2));
}
```

以上的循环语句就可以将 rs 结果集中的记录取出，并将第一个字段和第二个字段的值输出。

5) 关闭数据库连接

在对一个数据库的操作完成以后，为了释放该数据库连接所占用的系统资源，应该关闭 Connection、Statement 和 ResultSet 等对象。如要关闭上面创建的与数据库操作有关的对象的程序段为：

```
try{
    rs.close();
    stmt.close();
    conn.close();
}
catch(SQLException e){
    e.printStackTrace();
}
```

由于这些关闭操作可能产生检查型异常，因此这些操作要进行异常处理。

4. java.sql 包介绍

前面已经提到，JDBC API 被存入 java.sql 包中，其中包括访问数据库时所必需的一些类、接口和异常，其中比较重要的类与接口有：

● java.sql.DriverManager：该类用于跟踪 JDBC 驱动程序，其主要功能是使用它的 getConnection()方法来取得一个与数据库的连接。

● java.sql.Driver：该接口代表 JDBC 驱动程序。这个接口由数据库厂商实现，如 oracle.jdbc.OracleDriver 类是 Oracle 数据库提供的该接口的实现。

● java.sql.Connection：该接口代表与数据库的连接，它通过 DriverManager. getConnection()方法来获得。该接口提供了创建 SQL 语句的方法，以完成 SQL 操作，SQL 语句只能在 Connection 提供的环境内部执行。

● java.sql.Statement：该接口提供了在给定数据库连接的环境中执行 SQL 语句的方法。该接口的子接口 java.sql.PreparedStstement 可以执行预先解析过的 SQL 语句；该接口的另外一个子接口 java.sql.CallableStatement 可以执行数据库的存储过程。

● java.sql.ResultSet：这个接口保存了执行数据库的查询语句后所产生的结果集，可以通过它提供的 next()或 absolute()等方法定位到结果集的某行。

● java.sql.SQLException：这是一个异常接口，它提供了对数据库操作错误时的信息。

这些接口和类的具体用法在下面介绍。

10.1.2 【案例 10-1】 使用 JDBC/ODBC 桥接驱动程序访问数据库

1. 案例描述

在 SQL Server 2000 中有一个存放学生信息的数据库 students，在 students 数据库中有一个存放计算机系学生信息的数据表，表名为"JSJXstuInfo"，该表的字段描述如表 10-1 所示。

表 10-1　表 JSJXstuInfo 中的字段及数据类型

字 段 名	类 型	描 述
stuNo	varchar(10)	学号
stuName	varchar(10)	姓名
stuAge	int	年龄
stuSex	varchar(6)	性别
stuClass	varchar(10)	班级

编写一个 Java 程序，读取"JSJXstuInfo"表中的数据，并将数据显示出来。

2. 案例效果

案例程序的执行效果如图 10-2 所示。

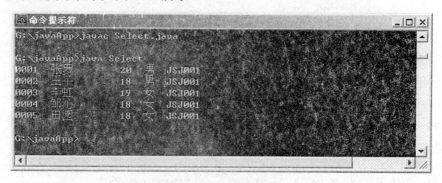

图 10-2　案例 10-1 的显示效果

3. 技术分析

使用 JDBC-ODBC 桥接驱动程序访问数据库时，首先要在 Windows 操作系统下建立 DSN 数据源。DSN 指数据源名(Data Source Names)，由于它把数据库、数据库的驱动程序和一些可选设置联系起来，用一个名称表示，因此在配置好 DSN 以后访问数据库就比较简单了。DSN 的配置方法如下：

1) 启动创建数据源的窗口

在"控制面板"下找到"性能和维护"，然后打开"管理工具"窗口，在"管理工具"窗口中打开"数据源(ODBC)"。打开后的窗口名为"ODBC 数据源管理器"，如图 10-3 所示。

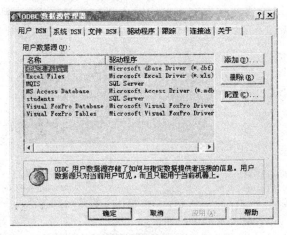

图 10-3　"ODBC 数据源管理器"窗口

2) 创建一个新数据源

在图 10-3 所示的窗口中选择"用户 DSN"选项卡(注意在配置数据库服务器时,要选择"系统 DSN"选项卡),然后单击"添加"命令按钮,显示如图 10-4 所示的"创建新数据源"窗口。

图 10-4　"创建新数据源"窗口

在图 10-4 所示的窗口中选择"SQL Server",然后单击"完成"按钮,则显示如图 10-5 所示的"建立新的数据源到 SQL Server"窗口。

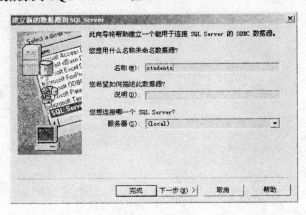

图 10-5　"建立新的数据源到 SQL Server"窗口

　　在图 10-5 所示窗口的"名称"文本框中输入"students"(表示数据库的名称)，在"服务器"下拉列表框中选择"(local)"，然后单击"下一步"按钮，显示如图 10-6 所示的窗口。

图 10-6　用户身份验证窗口

　　在图 10-6 所示的窗口中可以选择默认设置方式，然后单击"下一步"按钮，显示如图 10-7 所示的窗口。

图 10-7　选择默认数据库窗口

　　在图 10-7 所示的窗口中，将"更改默认的数据库为"选中，然后在下拉列表框中选择"students"数据库。单击"下一步"按钮，显示如图 10-8 所示的窗口。

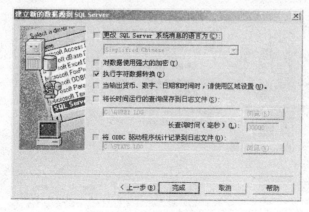

图 10-8　数据库选项窗口

在图 10-8 所示的窗口中根据需要选中有关选项后，单击"完成"按钮，显示如图 10-9 所示的窗口。

图 10-9　数据源配置结果窗口

图 10-9 所示的窗口显示新建数据源的配置信息。为了测试数据源的配置是否成功，可以单击图 10-9 中的"测试数据源"按钮，如果显示如图 10-10 所示的窗口，则说明创建数据源的客户端可以与数据库服务器建立连接。单击"确定"按钮，完成配置过程。

图 10-10　数据源测试结果窗口

在数据源配置完成后，就可以使用本节介绍的访问数据库的步骤编写程序和调试程序了。

4．程序解析

下面是该案例的程序代码：

```
01 //********************************************************
02 //案例:10-1 程序名：Select.java
03 //功能:使用 JDBC 技术将数据库中的数据读出
04 //********************************************************
```

```
05
06 import java.sql.*;
07 import java.io.*;
08 class Select{
09     public static void main(String[] args){
10         try    {
11             Class.forName("sun.jdbc.odbc.JdbcOdbcDriver");
12             Connection conn=DriverManager.getConnection("jdbc:odbc:students");
13             Statement stmt=conn.createStatement();
14             String strQuery="SELECT * FROM JSJXstuInfo";
15             ResultSet rs=stmt.executeQuery(strQuery);
16             while(rs.next()){
17                 System.out.print(rs.getString("stuNo"));
18                 System.out.print(rs.getString("stuName"));
19                 System.out.print("   "+rs.getInt("stuAge"));
20                 System.out.print("   "+rs.getString("stuSex"));
21                 System.out.println("   "+rs.getString("stuClass"));
22             }
23         rs.close();
24         stmt.close();
25         conn.close();
26         }
27         catch(Exception e){
28             System.out.print(e);}
29     }
30 }
```

该案例比较简单，它是根据本节介绍的编写访问数据库程序的步骤完成的。要注意的是，访问数据库的程序由于数据库或数据表可能不存在或与数据库的连接不能正确建立等因素，往往会产生异常。因此，访问数据库的代码要放入异常处理语句块 try 中，并要在 catch 语句块中进行异常处理。

10.1.3　【相关知识】　使用 JDBC 修改数据表

除了对数据表可以进行查询(select)操作外，还可以使用 JDBC 给数据表插入记录 (insert)、删除记录(delete)和修改记录(update)。

1. 在数据表中插入记录

下面的程序将在学生信息表 JSJXstuInfo 中插入一条记录。

```
01 import java.sql.*;
02 import java.io.*;
```

```
03 class Insert
04 {
05     public static void main(String[] args)
06     {
07         try
08         {
09             Class.forName("sun.jdbc.odbc.JdbcOdbcDriver");
10             Connection conn=DriverManager.getConnection("jdbc:odbc:students");
11             Statement stmt=conn.createStatement();
12             String strInsert="INSERT INTO JSJXstuInfo VALUES('0010','任高','18','男','JSJ002')";
13             int rows=stmt.executeUpdate(strInsert);
14             System.out.println("在数据库表中插入了"+rows+"行记录");
15         stmt.close();
16         conn.close();
17         }
18         catch(Exception e){System.out.print(e);}
19     }
20 }
```

在该实例中，第 12 行定义了要插入记录的 SQL 语句，第 13 行使用 executeUpdate 方法执行 SQL 插入语句，第 14 行显示插入的记录行数。

2. 删除数据表中的记录

如果将上面程序中的 12、13、14 行换为以下的语句，则将满足条件的学生记录从 JSJXstuInfo 表中删除。

```
12         String strDelete="DELETE FROM JSJXstuInfo WHERE stuAge=19";
13         int rows=stmt.executeUpdate(strDelete);
14         System.out.println("在数据库表中删除了"+rows+"行记录");
```

第 12 行定义了删除记录的 SQL 语句，第 13 行使用 executeUpdate 方法执行 SQL 语句，第 14 行显示删除的行数。

3. 修改数据表中的记录

如果将上面程序中的第 12、13、14 行换为以下的语句，则将 JSJXstuInfo 表中满足条件的学生记录进行修改：

```
12         String strUpdate="UPDATE JSJXstuInfo SET stuAge=stuAge+1";
13         int rows=stmt.executeUpdate(strUpdate);
14         System.out.println("数据库表中的"+rows+"行被修改了");
```

第 12 行定义了一个修改学生记录的 SQL 语句，该语句将 JSJXstuInfo 表中所有学生记录的 stuAge 字段加 1(即所有学生的年龄增加 1)。

由以上程序可以看出，如要修改数据表中的记录，则需使用 Statement 的 executeUpdate 方法。

10.2　JDBC API 编程

上一节介绍了 4 种对数据表进行操作的 JDBC 程序，在程序中已经使用了 JDBC API。在对 JDBC API 有了初步了解以后，本节我们将较为详细地介绍 JDBC API 提供的数据库编程功能。

10.2.1　Connection 接口

java.sql.Connection 接口用来建立与数据库的连接，该接口的实例通过 DriverManager. getConnection()方法来获得。Connection 接口提供了进行事务处理、创建 SQL 语句等操作的方法。SQL 语句只能在 Connection 提供的环境内部执行。该接口提供的常用方法有：

- Statement createStatement()：创建执行 SQL 语句的 Statement 对象。
- PreparedStatement prepareStatement(String sql)：创建可以执行预编译 SQL 语句的 PreparedStatement 对象。
- CallableStatement prepareCall(String)：通过创建一个 CallableStatement 对象来执行一个 SQL 存储过程调用语句。
- void setAutoCommit(Boolean AutoCommit)：如果参数为 true，则启动自动提交功能；否则，禁止自动提交。
- DatabaseMetaData getMetaData()：返回用于确定数据库特性的 DatabaseMetaData 对象。
- void commit()：提交对数据库的操作。
- void rollback()：回退(即撤消)对数据库的操作。
- void close()：释放对数据库的连接。

10.2.2　Statement 接口

Java 程序与数据库的建立连接以后，就可以使用 Statement 接口的对象执行 SQL 语言了。Statement 接口不能直接实例化一个对象，该接口的实例只能由 Connection 对象的 createStatement()方法产生。该接口提供的常用方法有：

- ResultSet executeQuery(String sql)：执行一条 SQL 查询语句，返回的结果保存在 ResultSet 对象中。
- int executeUpdate(String sql)：执行一条 INSERT、UPDATE 或 DELETE 语句，返回的结果为受 SQL 语句影响的行数。另外，它也可以执行没有返回值的 SQL 语句，如 SQL 创建数据表的语句，这时返回的值为 0。
- void setMaxRows(int maxmaxRows)：用来限制 ResultSet 可包含的最大行数。如果超过这个限制，则超过的行将被丢弃。
- void getMaxRows()：返回记录集中当前包含的最大行数。

　　下面的实例使用 executeUpdate(String sql)方法创建一个名为 JSJXstuScore 的数据表。该表有两个字段："stuNo"字段，用来存储学号；"java"字段，用来存储该学生的成绩。

```
01 import java.sql.*;
02 import java.io.*;
03 class CreateTable {
04     public static void main(String[] args) {
05         try   {
06             Class.forName("sun.jdbc.odbc.JdbcOdbcDriver");
07             Connection conn=DriverManager.getConnection("jdbc:odbc:students");
08             Statement stmt=conn.createStatement();
09             String strCreate="CREATE TABLE JSJXstuScore (stuNo char(6), java int)";
10             stmt.executeUpdate(strCreate);
11             System.out.println("创建了一个数据库表");
12             stmt.close();
13             conn.close();
14         }
15     catch(Exception e){System.out.print(e);}
16     }
17 }
```

　　该实例的 09 行定义了一条创建数据表的 SQL 语句，第 10 行调用 Statement 对象的 executeUpdate 方法执行该语句。该程序正确执行后，将在 Students 数据库中创建一个名为 JSJXstuScore 的数据表。

10.2.3　PreparedStatement 接口

　　如果一条 SQL 语句需要被执行多次，则当使用 Statement 对象时，每次都要将该 SQL 语句传递给数据库管理系统 DBMS，这会严重影响 SQL 语句的执行效率。为此，可以使用 Statement 接口的子接口 PreparedStatement，它的实例包含了已编译的 SQL 语句。已编译的 SQL 语句是指当一条 SQL 语句传到 DBMS 时，由 DBMS 对 SQL 语句进行编译和优化，并将编译后的 SQL 语句保存在缓存中。这样以后执行该语句时，可以从缓存中直接取出该 SQL 语句进行执行，提高了 SQL 语句执行的效率。

　　包含于 PreparedStatement 对象中的 SQL 语句可有一个或多个参数，因为参数用于提供数据(即输入)，所以称为 IN 参数(即输入参数)。IN 参数的值在 SQL 语句创建时未被指定，该语句为每个 IN 参数保留一个问号("？")作为占位符。每个问号的值必须在该语句执行之前，通过适当的 setXXX 方法来提供。

　　作为 Statement 的子接口，PreparedStatement 继承了 Statement 的所有功能。另外，它还添加了一整套方法，这些方法用于设置发送给数据库以取代 SQL 语句中 IN 参数占位符的值。同时，PreparedStatement 接口提供的方法 executeQuery 和 executeUpdate 不再需要参数。

1. 创建 PreparedStatement 对象

同 Statement 对象类似，PreparedStatement 对象只能使用 Connection 对象的 prepareStatement 方法获得。下面的语句(其中 conn 属于 Connection 类型)创建了一个 PreparedStatement 对象，该对象是含有两个 IN 参数占位符的 SQL 语句：

```
PreparedStatement pstmt=conn.prepareStatement("INSERT INTO JSJXstuScoreVALUES(?,?)");
```

pstmt 对象包含的 INSERT 语句中有两个参数，要求在执行时给这两个参数提供数值，即为 IN 参数提供具体的数据。

2. 设置 IN 参数的值

在执行 PreparedStatement 对象之前，必须设置每个"?"参数的值。这可通过调用 PreparedStatement 对象的 setXXX 方法来完成，其中 XXX 代表与该参数类型相匹配的数据类型。例如，如果参数是 Java 中的 long 类型，则使用的方法就是 setLong。setXXX 方法的第一个参数是要设置的参数的序数位置，第二个参数设置该参数的值。例如，以下代码将第一个参数设为"00023"，第二个参数设置为 89：

```
pstmt.setString(1,"00023");

pstmt.setInt(2, 89);
```

一旦设置了给定语句的 IN 参数值，就可多次执行该语句，直到调用 PreparedStatement 对象的 clearParameters 方法清除参数值为止。下面是一个 PreparedStatement 对象执行 SQL 语句的实例程序，该程序使用 PreparedStatement 对象在数据表 JSJXstuScore 中插入 10 条记录。

```
01 import java.sql.*;
02 import java.io.*;
03 class PreparedInsert {
04     public static void main(String[] args) {
05         int[] score={67,78,45,78,67,98,97,77,67,87};
06         int rowCount;
07         try   {
08             Class.forName("sun.jdbc.odbc.JdbcOdbcDriver");
09             Connection conn=DriverManager.getConnection("jdbc:odbc:students");
10             String strInsert="INSERT INTO JSJXstuScore VALUES(?,?)";
11         PreparedStatement pstmt=conn.prepareStatement(strInsert);
12             for(int i=0; i<10; i++) {
13                 pstmt.setString(1, String.valueOf(i));
14                 pstmt.setInt(2, score[i]);
15                 rowCount=pstmt.executeUpdate();
16             }
17         pstmt.close();
18         conn.close();
19         }
```

```
20          catch(Exception e){System.out.print(e);}
21      }
22 }
```

该实例的 05 行定义了一个存放学生成绩的数组。10 行定义了一条插入记录的 SQL 语句。11 行调用 Connection 对象的 prepareStatement()方法生成一个 PreparedStatement 的实例。12～16 行利用循环语句在数据表 JSJXstuScore 中插入 10 条记录。13 行调用 PreparedStatement 的 setString 方法给 JSJXstuScore 表的第一个字段设置一个字符串值，其中的 String.valueOf 函数可以将一个整数转化为字符串。14 行调用 PreparedStatement 的 setInt 方法给 JSJXstuScore 表的第二个字段设置成绩，成绩存放在 score 数组中。

10.2.4　CallableStatement 接口

CallableStatement 接口是 PreparedStatement 接口的子接口，因此它具有 Statement 接口和 PreparedStatement 接口所提供的功能。该接口的实例对象为所有的 DBMS 提供了一种以标准形式调用储存过程的方法。在 JDBC 中，调用储存过程的语法如下：

{call 过程名[(?, ?, ...)]}

当储存过程返回一个结果参数时，使用如下的格式：

{? = call 过程名[(?, ?, ...)]}

一个不带参数、不返回结果的储存过程，可以使用如下的格式调用：

{call 过程名}

注意：方括号表示其中的内容是可选项，方括号本身并不是语法的组成部分。

1. 创建 CallableStatement 对象

储存过程保存在数据库中，通过 CallableStatement 对象就可以调用一个储存过程。因为 CallableStatement 是一个接口，所以不能直接实例化一个该类的对象。CallableStatement 实例对象要使用 Connection 对象的 prepareCall(String sql)方法取得。如一个储存过程名为 getTestData，它有两个参数，可以使用如下的格式生成 CallableStatement 对象：

CallableStatement cstmt = conn.prepareCall("{call getTestData(?, ?)}");

其中，?为占位符。? 代表的参数可能是输入参数(IN)，也可能是输出参数(OUT)，还有可能既是输入参数又是输出参数(INOUT)，这取决于储存过程 getTestData。

通常，创建 CallableStatement 对象时应当知道所用的 DBMS 是否支持储存过程。如果需要检查 DBMS 是否支持储存过程，则可以使用 DatabaseMetaData 对象的 supportsStoredProcedures 方法进行测试，如果其返回值为 true，则表示该 DBMS 支持储存过程。

2. IN 和 OUT 参数

将 IN 参数传给 CallableStatement 对象是通过 setXXX 方法完成的。该方法继承自 PreparedStatement 接口，所传入参数的类型决定了所用的 setXXX 方法(例如，用 setFloat 来传入 float 值等)。

如果储存过程返回 OUT 参数，则在执行 CallableStatement 对象以前必须先注册每个 OUT 参数的 JDBC 类型(这是必需的，因为某些 DBMS 要求知道 JDBC 类型)。注册 JDBC 类型是用 registerOutParameter 方法来完成的。在语句执行完后，可以使用 CallableStatement

的 getXXX 方法取回参数值。registerOutParameter 使用的是 JDBC 类型(因此它与数据库返回的 JDBC 类型匹配)，而 getXXX 可将之转换为 Java 类型。

下面是一个使用输出参数的实例：

```
CallableStatement cstmt = conn.prepareCall("{call getTestData(?, ?)}");
cstmt.registerOutParameter(1, java.sql.Types.TINYINT);
cstmt.registerOutParameter(2, java.sql.Types.DECIMAL, 3);
cstmt.executeQuery();
byte x = cstmt.getByte(1);
java.math.BigDecimal n = cstmt.getBigDecimal(2, 3);
```

第 2 行和第 3 行代码先注册了 OUT 参数的类型。注意，注册的是 JDBC 中的数据类型。第 4 行执行由 cstmt 所调用的储存过程，第 5 行和第 6 行取得在 OUT 参数中返回的值。方法 getByte 从第一个 OUT 参数中取出一个 Java 字节型数据，而 getBigDecimal 从第二个 OUT 参数中取出一个 BigDecimal 对象(小数点后面带三位数)。

3. INOUT 参数

既支持输入又支持输出的参数即为 INOUT 参数。INOUT 参数除了要调用 registerOutParameter 方法外，还要求调用适当的 setXXX 方法(该方法是从 PreparedStatement 继承来的)。setXXX 方法将参数值设置为输入参数，而 registerOutParameter 方法将它的 JDBC 类型注册为输出参数。setXXX 方法提供一个 Java 值，而驱动程序先把这个值转换为 JDBC 值，然后将它送到数据库中。这种 IN 值的 JDBC 类型和提供给 registerOutParameter 方法的 JDBC 类型应该相同。要检索输出值，就要用对应的 getXXX 方法。例如，Java 的类型为 byte 的参数应该使用方法 setByte 来赋输入值。而应该给 registerOutParameter 方法提供的类型为 TINYINT(JDBC 类型)，同时应使用 getByte 来取得输出值。

下面是一个使用输入/输出参数(INOUT)的实例：

```
CallableStatement cstmt = conn.prepareCall("{call reviseTotal(?)}");
cstmt.setByte(1, 25);
cstmt.registerOutParameter(1, java.sql.Types.TINYINT);
cstmt.executeUpdate();
byte x = cstmt.getByte(1);
```

上面的代码中，要调用的存储过程名为 reviseTotal，它只有一个参数，该参数是 INOUT 参数。第 2 行的 setByte 方法把此参数的输入值设为 25，驱动程序将把它作为 JDBC TINYINT 类型送到数据库中。第 3 行的注册语句 registerOutParameter 将该参数注册为 JDBC TINYINT 类型。第 4 行执行完该储存过程后，将返回一个新的 JDBC TINYINT 值。第 5 行的方法 getByte 将把这个新值作为 Java byte 类型取得后存入变量 x 中。

10.2.5　ResultSet 接口

ResultSet 接口包含符合查询条件的记录的结果集。这个结果集可以看成是一个二维表格，它由若干行组成，其中有查询所返回的列标题及相应的值。通过一套 getXXX 方法就可以访问当前行中不同列的值。

　　要访问结果集中的数据，首先要找到数据所在的行，然后才能取得该行某列的数据。完成这样的操作要依靠一个指向当前行的指针。在开始时，指针指向第一行之前的位置，调用 ResultSet 的 next 方法可将指针移动到结果集的下一行，使下一行成为当前行。如果指针被移到了结果集的最后一行的下面，则 next 方法返回 false。具体应用见案例 10-1。

　　对于取得列数据的 getXXX 方法，JDBC 驱动程序试图将基本数据转换成指定的 Java 类型，然后返回适合的 Java 值。例如，如果 getXXX 方法为 getString，而基本数据库中的数据类型为 VARCHAR，则 JDBC 驱动程序将把 VARCHAR 类型转换成 Java 中的 String 类型，这样，getString 的返回值将为 Java 中的 String 对象。

　　ResultSet 中返回 Java 对象的 getXXX 方法有 getString、getDate、getTime、getTimestamp、getObject 等。

　　ResultSet 中返回数值的 getXXX 方法有 getByte、getShort、getInt、getLong、getFloat 和 getDouble。

　　ResultSet 中返回布尔值的方法是 getBoolean。

　　getXXX 方法返回的 Java 数据类型与 SQL 类型的对应关系如表 10-2。

表 10-2　Java 数据类型与 SQL 类型的对应关系

getXXX 方法	SQL 类型	Java 类型
getString(String columnName)	CHAR, VARCHAR, LONGVARCHAR	String
getBoolean(String columnName)	BIT, BOOLEAN	boolean
getByte(String columnName)	TINYINT	byte
getShort(String columnName)	SMALLINT	short
getInt(String columnName)	INTEGER	int
getLong(String columnName)	LONG	long
getFloat(String columnName)	REAL	float
getDouble(String columnName)	FLOAT, DOUBLE	double
getDate(String columnName)	DATE	Date
getTime(String columnName)	TIME	Time

10.2.6　ResultSetMetaData 接口

　　ResultSetMetaData 对象可用于查找 ResultSet 结果集中列的类型和特性。在编程时，ResultSetMetaData 对象使用 ResultSet 对象的 getMetaData()方法来取得。例如：

```
ResultSet rs = stmt.executeQuery("SELECT a, b, c FROM TABLE2");
ResultSetMetaData rsmd = rs.getMetaData();
int numberOfColumns = rsmd.getColumnCount();
…
```

　　ResultSetMetaData 接口提供的常用方法如下：
- int getColumnCount()：获得 ResultSet 中的列数。
- boolean isCaseSensitive(int column)：列是否区分大小写。

- boolean isSearchable(int column)：该列能否用于 WHERE 子句。
- int isNullable(int column)：在该列中是否可以放一个 NULL 值。
- String getColumnLabel(int column)：获得用于打印输出和显示的建议列标题。
- String getColumnName(int column)：获得列名。
- int getScale(int column)：获得一个列的十进制小数点右面数字的位数。
- String getTableName(int column)：获得列的表名。
- String getCatalogName(int column)：获得列所在表的目录名。
- int getColumnType(int column)：获得一个列的 SQL 类型。
- boolean isReadOnly(int column)：列是否是只读的。

技能拓展

10.3　JDBC 应用程序综合实例

在各种管理程序中，数据一般都保存在数据库中，应用程序一般使用图形用户界面对数据库中的数据进行修改、插入和删除等。本节以一个实例说明这类程序的设计方法。

10.3.1　实例描述

设计一个管理学生信息的程序，可以对学生信息进行浏览、修改、删除和插入操作。学生的信息由学号、姓名、性别、出生日期、系别、专业、班级和个人简历组成。在 SQL Server 2000 下建立一个学生(students)数据库，在该数据库中建立一个如表 10-3 所示的学生信息表。

表 10-3　学生信息表

字　段　名	数　据　类　型	说　明
stuNo	varchar(6)	学号
stuName	varchar(12)	姓名
stuSex	varchar(8)	性别
stuBirthday	datetime	出生日期
stuDepartment	varchar(14)	系别
stuSpeciality	varchar(18)	专业
stuClass	varchar(10)	班级
stuHistory	varchar(300)	个人简历

10.3.2　程序运行结果

该程序的运行结果如图 10-11 所示。

图 10-11(a)是学生的"个人信息"选项卡，图 10-11(b)是学生的"个人简历"选项卡。该程序界面的上部有 4 个工具按钮："修改"、"删除"、"添加"和"退出"。在窗口的下部有 4 个浏览按钮，用来选择窗口中显示的学生记录：第一个按钮表示显示"第一条学生记

录"，第二个按钮表示显示当前学生记录的"前一条学生记录"，第三个按钮表示显示当前记录的"后一条学生记录"，第四个按钮表示显示"最后一条学生记录"。

(a)

(b)

图 10-11 学生信息管理程序运行结果

10.3.3 程序设计

1. 定义学生类

该程序要对学生信息进行处理，所以在程序中要定义一个学生类。学生类的定义如下：

```
01 //********************************************************
02 //案例: 10-2 程序名：Student.java
03 //功能: 定义学生类
04 //********************************************************
05 package students;
06
07 public class Student {
08     private String stuNo;    //学号
09     private String stuName;    //姓名
10     private String stuSex;    //性别
11     private String stuBirthday;    //出生日期
12     private String stuDepartment;    //系别
13     private String stuSpeciality;    //专业
14     private String stuClass;    //班级
15     private String stuHistory;    //简历
16
17     //无参构造方法
18     public Student(){}
19
```

```java
20      public String getStuNo(){return stuNo;}
21      public void setStuNo(String stuNo){
22          this.stuNo = stuNo;
23      }
24
25      public String getStuName(){return stuName;}
26      public void setStuName(String stuName){
27          this.stuName = stuName;
28      }
29
30      public String getStuSex(){return stuSex;}
31      public void setStuSex(String stuSex){
32          this.stuSex = stuSex;
33      }
34
35      public String getStuBirthday(){return stuBirthday;}
36      public void setStuBirthday(String stuBirthday){
37          this.stuBirthday = stuBirthday;
38      }
39
40      public String getStuDepartment(){return stuDepartment;}
41      public void setStuDepartment(String stuDepartment){
42          this.stuDepartment = stuDepartment;
43      }
44
45      public String getStuSpeciality(){return stuSpeciality;}
46      public void setStuSpeciality(String stuSpeciality){
47          this.stuSpeciality = stuSpeciality;
48      }
49
50      public String getStuClass(){return stuClass;}
51      public void setStuClass(String stuClass){
52          this.stuClass = stuClass;
53      }
54
55      public String getStuHistory(){return stuHistory;}
56      public void setStuHistory(String stuHistory){
57          this.stuHistory = stuHistory;
58      }
59 }
```

学生类的每个属性定义了一个设置属性的方法(setXxx)和一个获取学生属性的方法(getXxx)。第 05 行表明将定义的学生类放入 students 包中。

用下列命令编译该类：

```
javac  –d  Student.java
```

2. 定义从数据库中读取学生记录的类

在 GUI 界面中要显示、修改、插入和删除学生记录，因此，程序中专门定义了一个存取学生信息的类，该类中定义了一些处理学生记录的静态方法。程序如下：

```
001 //*******************************************************
002 //案例:10-2 程序名：StudentDBA.java
003 //功能:定义存取数据库的类
004 //*******************************************************
005
006 package students;
007
008 import java.sql.*;
009 import java.util.ArrayList;
010 import javax.swing.*;
011
012 public class StudentDBA {
013
014     private static ArrayList students = new ArrayList();    //存放读取的学生记录
015     private static Connection conn = null;
016     private static Statement statement = null;
017     private static ResultSet rs = null;
018     private static int loc = 0;
019
020     private static void   getDBConnection(){
021         try{
022             Class.forName("sun.jdbc.odbc.JdbcOdbcDriver");
023             conn=DriverManager.getConnection("jdbc:odbc:students");
024         }
025         catch(ClassNotFoundException e1){
026             JOptionPane.showMessageDialog(null,
                    "找不到数据库驱动程序类!\n"+e1,"提示", JOptionPane. ERROR_ MESSAGE);
027         }
028         catch(SQLException e2){
029             JOptionPane.showMessageDialog(null, "无法连接数据库！\n"+e2,"提示",
                    JOptionPane. ERROR_MESSAGE);
```

```
030            }
031      }
032
033    public static ArrayList getAllStudents(){
034          String strSQL = "SELECT * FROM Student";
035          students.clear();
036          try{
037                getDBConnection();
038                statement = conn.createStatement();
039                rs = statement.executeQuery(strSQL);
040                while(rs.next()){
041                      Student stu = new Student();
042                      stu.setStuNo(rs.getString(1));
043                      stu.setStuName(rs.getString(2));
044                      stu.setStuSex(rs.getString(3));
045                      stu.setStuBirthday(String.valueOf(rs.getDate(4)));
046                      stu.setStuDepartment(rs.getString(5));
047                      stu.setStuSpeciality(rs.getString(6));
048                      stu.setStuClass(rs.getString(7));
049                      stu.setStuHistory(rs.getString(8));
050                      students.add(stu);
051                }
052          }
053          catch(SQLException e){
054                JOptionPane.showMessageDialog(null, "无法连接数据库！\n"+e,"提示",
                        JoptionPane. ERROR_MESSAGE);
055          }
056          finally{
057                close();
058          }
059          return students;
060    }
061
062    public static Student getCurrentStudent(){
063          if(students.size()>0)
064                return (Student)students.get(loc);
065          else    return null;
066    }
067
```

```
068    public static Student getNextStudent(){
069        loc++;
070        if(loc<students.size())
071            return (Student)students.get(loc);
072        else {
073            loc--;
074            return (Student)students.get(loc);
075        }
076    }
077
078    public static Student getPrevStudent(){
079        loc--;
080        if(loc>=0)
081            return (Student)students.get(loc);
082        else {
083            loc++;
084            return (Student)students.get(loc);
085        }
086    }
087
088    public static Student getFirstStudent(){
089        Student s = new Student();
090        if(students.size()>0){
091            loc = 0;
092            s = (Student)students.get(loc);
093        }
094        return s;
095    }
096
097    public static Student getLastStudent(){
098        if(students.size()>0){
099            loc = students.size()-1;
100            return (Student)students.get(loc);
101        }
102        else   return null;
103    }
104
105    public static void addStudent(Student s){
106        String strSQL = "INSERT INTO student VALUES(";
```

```
107          strSQL += "'"+s.getStuNo()+"'"+",";
108          strSQL += "'"+s.getStuName()+"'"+",";
109          strSQL += "'"+s.getStuSex()+"'"+",";
110          strSQL += "'"+s.getStuBirthday()+"'"+",";
111          strSQL += "'"+s.getStuDepartment()+"'"+",";
112          strSQL += "'"+s.getStuSpeciality()+"'"+",";
113          strSQL += "'"+s.getStuClass()+"'"+",";
114          strSQL += "'"+s.getStuHistory()+"'"+")";
115          try{
116                getDBConnection();
117                statement = conn.createStatement();
118                statement.executeUpdate(strSQL);
119                loc = students.size()-1;
120                JOptionPane.showMessageDialog(null, "记录被正确插入！ ");
121
122          }
123          catch(SQLException e){
124                JOptionPane.showMessageDialog(null, "插入数据发生错误！ \n"+e,"错误",
                      JOptionPane. ERROR_MESSAGE);
125          }
126          finally{
127                close();
128          }
129    }
130
131    public static void deleteStudent(){
132          Student s = getCurrentStudent();
133          String strSQL = "DELETE FROM student WHERE stuNo='"+s.getStuNo()+"'";
134          try{
135            getDBConnection();
136            statement=conn.createStatement();
137            int n = statement.executeUpdate(strSQL);
138                JOptionPane.showMessageDialog(null, n+"行被删除！ ");
139                if(loc>0)
140                   loc--;
141          }
142          catch(SQLException e){
143          JOptionPane.showMessageDialog(null, "数据删除发生错误！ \n"+e,"错误",JOptionPane.
                              ERROR_MESSAGE);
```

```
144            }
145        finally{
146            close();
147        }
148    }
149
150    public static void updateStudent(Student s){
151        String strSQL = "UPDATE student SET ";
152        strSQL += "stuName="+"'"+s.getStuName()+"',";
153        strSQL += "stuSex="+"'"+s.getStuSex()+"',";
154        strSQL += "stuBirthday="+"'"+s.getStuBirthday()+"','",";
155        strSQL += "stuDepartment="+"'"+s.getStuDepartment()+"',";
156        strSQL += "stuSpeciality="+"'"+s.getStuSpeciality()+"',";
157        strSQL += "stuClass="+"'"+s.getStuClass()+"',";
158        strSQL += "stuHistory="+"'"+s.getStuHistory()+"'";
159        strSQL += "WHERE stuNo="+"'"+s.getStuNo()+"'";
160
161        try{
162          getDBConnection();
163          statement=conn.createStatement();
164          int n = statement.executeUpdate(strSQL);
165              JOptionPane.showMessageDialog(null, n+"行被修改！");
166        }
167        catch(SQLException e){
168        JOptionPane.showMessageDialog(null, "数据修改未完成！\n"+e,"错误",JOptionPane.
              ERROR_ MESSAGE);
169        }
170        finally{
171        close();
172        }
173    }
174
175    static void close(){
176        try{
177              if(statement!=null)
178                  statement.close();
179              if(rs!=null)
180                  rs.close();
181              if(conn!=null)
```

```
182              conn.close();
183         }
184         catch(SQLException e){
185         JOptionPane.showMessageDialog(null, "数据库关闭操作产生错误！\n"+e,"错误",
                  JOptionPane. ERROR_MESSAGE);
186         }
187    }
188 }
```

程序的 020～031 行定义了一个建立数据库连接的 getDBConnection 方法。026 行表示当找不到数据库驱动程序时显示一个错误信息对话框。029 行表示当与数据库无法建立连接时显示一个错误信息对话框。

033～060 行的程序将数据库中的学生记录读取到一个数组中。程序的 009 行引入 java.util 包中定义的 ArrayList 类(一般叫向量类)，该类的实例可以存放各种类型的对象。ArrayList 类中定义了用于将一个对象加入向量的方法(add)和从向量中取出一个对象的方法(get)。程序的 014 行定义了一个 ArrayList 类的对象 students。040～051 行将查询得到的结果取出后添加到 students 向量中。041 行定义了一个学生类的对象，042～049 行根据取出的学生记录信息设置学生对象的属性值。050 行将该学生对象添加到 students 中。

062～066 行的 getCurrentStudent 方法取得学生数据表中的当前记录。在程序中用一个整型量 loc 表示当前记录，该整型量在程序的 018 行定义时初值为 0，表示初始时指向学生表的第一条记录，每向后取一条记录，loc 的值加 1，每向前取一条记录，loc 的值减 1。

068～076 行的程序定义了一个 getNextStudent 方法，该方法取得 students 向量中的下一条学生记录。078～086 行的程序定义了一个 getPrevStudent 方法，该方法取得 students 向量中的前一条学生记录。088～095 行的程序定义了一个 getFirstStudent 方法，该方法取得 students 向量中的第一条学生记录。097～103 行的程序定义了一个 getLastStudent 方法，该方法取得 students 向量中的最后一条学生记录。

105～129 行的程序定义了一个 addStudent 方法，该方法将参数中给出的一个学生对象插入到数据库表中。131～148 行的程序定义了一个 deleteStudent 方法，该方法删除数据库中的一条记录，删除的记录为当前行记录(即 loc 变量所指的记录)。150～173 行定义的 updateStudent 方法更新了一条记录，被更新的记录由参数指定。175～187 行定义了一个关闭有关资源的方法。

用下列命令编译该类：

```
javac  -d  StudentDBA.java
```

3. 定义用户操作界面类

用户操作界面使用 JFrame 框架窗口，该窗口使用 BorderLayout 布局管理器。在该窗口的北区放工具按钮，在窗口的中部显示学生记录信息，在窗口的南区放四个浏览按钮。该程序如下：

```
001 //************************************************************
002 //案例:10-2 程序名：StudentGUI.java
```

```
003 //功能:定义窗口界面
004 //*********************************************************
005
006 package students;
007
008 import java.sql.*;
009 import java.awt.*;
010 import javax.swing.*;
011 import java.awt.event.*;
012
013 public class StudentGUI extends JFrame{
014
015     //定义窗口中的 7 个标签，并向右对齐
016     private JLabel labStuNo = new JLabel("学号",JLabel.RIGHT);
017     private JLabel labStuName = new JLabel("姓名",JLabel.RIGHT);
018     private JLabel labStuSex = new JLabel("性别",JLabel.RIGHT);
019     private JLabel labStuBirthday = new JLabel("出生日期",JLabel.RIGHT);
020     private JLabel labStuDepartment = new JLabel("所在系",JLabel.RIGHT);
021     private JLabel labStuSpeciality = new JLabel("专业",JLabel.RIGHT);
022     private JLabel labStuClass = new JLabel("班级",JLabel.RIGHT);
023
024     //定义窗口中显示学生信息的 7 个文本框
025     private JTextField txtStuNo = new JTextField(6);
026     private JTextField txtStuName = new JTextField(12);
027     private JTextField txtStuSex = new JTextField(8);
028     private JTextField txtStuBirthday = new JTextField(12);
029     private JTextField txtStuDepartment = new JTextField(14);
030     private JTextField txtStuSpeciality = new JTextField(18);
031     private JTextField txtStuClass = new JTextField(10);
032
033     //定义窗口中显示学生简历信息的文本区
034     private JTextArea txtArea = new JTextArea(13,34);
035
036     //定义一个滚动窗口，并将显示学生简历信息的文本区放入其中
037     private JScrollPane scrollPane = new JScrollPane(txtArea);
038
039     //定义显示学生信息的 4 个按钮
040     private JButton btnFirst = new JButton(new ImageIcon("students/images/first.gif"));
041     private JButton btnPrior = new JButton(new ImageIcon("students/images/pre.gif"));
```

```
042    private JButton btnNext = new JButton(new ImageIcon("students/images/next.gif"));

043    private JButton btnLast = new JButton(new ImageIcon("students/images/last.gif"));

044

045    //定义工具栏

046    JToolBar toolBar = new JToolBar("文件工具条");

047    private JButton btnUpdate = new JButton("修改",new ImageIcon("students/images /update. gif"));

048    private JButton btnDelete = new JButton("删除",new ImageIcon("students/images/delete.gif"));

049    private JButton btnInsert = new JButton("添加",new ImageIcon("students/images/append.gif"));

050    private JButton btnExit = new JButton("退出",new ImageIcon("students/images/exit.gif"));

051

052    //定义一个选项卡窗格

053    private JTabbedPane tabbedPane = new JTabbedPane();

054

055    //定义选项卡窗格中的两个面板

056    private JPanel tabbedPanel1 = new JPanel();

057    private JPanel tabbedPanel2 = new JPanel();

058

059    //定义放 7 个标签的面板

060    private JPanel labPanel = new JPanel();

061    //定义放 7 个文本框的面板

062    private JPanel txtPanel = new JPanel();

063    //定义放 4 个按钮的面板

064    private JPanel btnPanel = new JPanel();

065

066    //定义构造方法

067    StudentGUI(){

068

069        //将 4 个工具按钮添加到工具栏

070        toolBar.add(btnUpdate);

071        toolBar.add(btnDelete);

072        toolBar.add(btnInsert);

073        toolBar.add(btnExit);

074

075        //给 4 个工具按钮设置提示信息

076        btnUpdate.setToolTipText("更新一条记录");

077        btnDelete.setToolTipText("删除一条记录");

078        btnInsert.setToolTipText("插入一条记录");

079        btnExit.setToolTipText("退出程序");

080
```

```
081        Container cp = this.getContentPane();
082        cp.setLayout(new BorderLayout(5,5));
083        //将工具栏添加到框架窗格的北区
084        cp.add(BorderLayout.NORTH,toolBar);
085
086        //给放标签的面板设置布局管理器
087        labPanel.setLayout(new GridLayout(7,1,8,8));
088        labPanel.add(labStuNo);
089        labPanel.add(labStuName);
090        labPanel.add(labStuSex);
091        labPanel.add(labStuBirthday);
092        labPanel.add(labStuDepartment);
093        labPanel.add(labStuSpeciality);
094        labPanel.add(labStuClass);
095
096        //给放文本框的面板设置布局管理器
097        txtPanel.setLayout(new GridLayout(7,1,8,8));
098
099        //以下程序段将 7 个文本框添加到文本面板 txtPanel 中
100        JPanel p1 = new JPanel(new FlowLayout(FlowLayout.LEFT));
101        p1.add(txtStuNo);
102        txtPanel.add(p1);
103
104        JPanel p2 = new JPanel(new FlowLayout(FlowLayout.LEFT));
105        p2.add(txtStuName);
106        txtPanel.add(p2);
107
108        JPanel p3 = new JPanel(new FlowLayout(FlowLayout.LEFT));
109        p3.add(txtStuSex);
110        txtPanel.add(p3);
111
112        JPanel p4 = new JPanel(new FlowLayout(FlowLayout.LEFT));
113        p4.add(txtStuBirthday);
114        txtPanel.add(p4);
115
116        JPanel p5 = new JPanel(new FlowLayout(FlowLayout.LEFT));
117        p5.add(txtStuDepartment);
118        txtPanel.add(p5);
119
```

```
120        JPanel p6 = new JPanel(new FlowLayout(FlowLayout.LEFT));
121        p6.add(txtStuSpeciality);
122        txtPanel.add(p6);
123
124        JPanel p7 = new JPanel(new FlowLayout(FlowLayout.LEFT));
125        p7.add(txtStuClass);
126        txtPanel.add(p7);
127
128        //第一个选项卡的布局管理器
129        tabbedPanel1.setLayout(new BorderLayout(10,10));
130
131        //将标签面板添加到第一个选项卡面板
132        tabbedPanel1.add(BorderLayout.WEST,labPanel);
133        //将文本框面板添加到第一个选项卡面板
134        tabbedPanel1.add(BorderLayout.CENTER,txtPanel);
135
136        //将滚动窗格添加到第二个选项卡面板中
137        tabbedPanel2.add(scrollPane);
138
139        //将两个选项卡添加到选项卡窗格中
140        tabbedPane.add("个人信息",tabbedPanel1);
141        tabbedPane.add("个人简历",tabbedPanel2);
142
143        //将选项卡窗格添加到框架窗口的中部
144        cp.add(tabbedPane);
145
146        //将 4 个按钮添加到按钮面板中
147        btnPanel.add(btnFirst);
148        btnPanel.add(btnPrior);
149        btnPanel.add(btnNext);
150        btnPanel.add(btnLast);
151
152        //将按钮面板添加到框架窗口的南部
153        cp.add(BorderLayout.SOUTH,btnPanel);
154
155        //调用 refreshStudent 方法显示学生信息
156        refreshStudent();
157
158        //给 btnFirst 按钮添加事件监听器
```

```
159        btnFirst.addActionListener(new ActionListener(){
160            public void actionPerformed(ActionEvent e){
161                Student s = StudentDBA.getFirstStudent();
162                showStudent(s);
163            }
164        });
165
166        //给 btnPrior 按钮添加事件监听器
167        btnPrior.addActionListener(new ActionListener(){
168            public void actionPerformed(ActionEvent e){
169                Student s = StudentDBA.getPrevStudent();
170                showStudent(s);
171            }
172        });
173
174        //给 btnNext 按钮添加事件监听器
175        btnNext.addActionListener(new ActionListener(){
176            public void actionPerformed(ActionEvent e){
177                Student s = StudentDBA.getNextStudent();
178                showStudent(s);
179            }
180        });
181
182        //给 btnLast 按钮添加事件监听器
183        btnLast.addActionListener(new ActionListener(){
184            public void actionPerformed(ActionEvent e){
185                Student s = StudentDBA.getLastStudent();
186                showStudent(s);
187            }
188        });
189
190        //给 btnUpdate 按钮添加事件监听器
191        btnUpdate.addActionListener(new ActionListener(){
192            public void actionPerformed(ActionEvent e){
193                Student s = new Student();
194                s = getStudent();
195                StudentDBA.updateStudent(s);
196                refreshStudent();
197            }
```

```
198            });
199
200            //给 btnDelete 按钮添加事件监听器
201            btnDelete.addActionListener(new ActionListener(){
202                public void actionPerformed(ActionEvent e){
203                    StudentDBA.deleteStudent();
204                    refreshStudent();
205                }
206            });
207
208            //给 btnInsert 按钮添加事件监听器
209            btnInsert.addActionListener(new ActionListener(){
210                public void actionPerformed(ActionEvent e){
211                    Student s = getStudent();
212                    StudentDBA.addStudent(s);
213                    refreshStudent();
214                }
215            });
216
217            //给 btnExit 按钮添加事件监听器
218            btnExit.addActionListener(new ActionListener(){
219                public void actionPerformed(ActionEvent e){
220                    System.exit(1);
221                }
222            });
223
224            this.setDefaultCloseOperation(JFrame.EXIT_ON_CLOSE);
225            this.setTitle("学生信息管理");
226            this.setSize(400,400);
227            this.setVisible(true);
228        }
229
230        //显示学生信息的方法
231        private void showStudent(Student s){
232            txtStuNo.setText(s.getStuNo());
233            txtStuName.setText(s.getStuName());
234            txtStuSex.setText(s.getStuSex());
235            txtStuBirthday.setText(s.getStuBirthday());
236            txtStuDepartment.setText(s.getStuDepartment());
```

```
237        txtStuSpeciality.setText(s.getStuSpeciality());
238        txtStuClass.setText(s.getStuClass());
239        txtArea.setText(s.getStuHistory());
240    }
241
242    //清除学生信息的方法
243    private void clearStudent(){
244        txtStuNo.setText("");
245        txtStuName.setText("");
246        txtStuSex.setText("");
247        txtStuBirthday.setText("");
248        txtStuDepartment.setText("");
249        txtStuSpeciality.setText("");
250        txtStuClass.setText("");
251        txtArea.setText("");
252    }
253
254    //取得学生信息的方法
255    private Student getStudent(){
256        Student s = new Student();
257        s.setStuNo(txtStuNo.getText());
258        s.setStuName(txtStuName.getText());
259        s.setStuSex(txtStuSex.getText());
260        s.setStuBirthday(txtStuBirthday.getText());
261        s.setStuDepartment(txtStuDepartment.getText());
262        s.setStuSpeciality(txtStuSpeciality.getText());
263        s.setStuClass(txtStuClass.getText());
264        s.setStuHistory(txtArea.getText());
265        return s;
266    }
267
268    //刷新窗口中显示的学生信息
269    private void refreshStudent(){
270        StudentDBA.getAllStudents();
271        Student s = StudentDBA.getCurrentStudent();
272        if(s != null){
273            showStudent(s);
274        }
275        else clearStudent();
```

```
276     }
277
278     public static void main(String[] args){
279         new StudentGUI();
280     }
281 }
```

该程序有比较详细的注释，读者可以参照图 10-11 所示的窗口认真阅读程序，体会程序的设计思路。

基础练习

【简答题】

10.1　什么是 JDBC？

10.2　JDBC 访问数据库的方式有哪两种？

10.3　使用 JDBC 访问数据库的步骤包括哪几步？

10.4　JDBC/ODBC 桥接驱动程序访问数据库的含义是什么？

10.5　简要说明 java.sql 包中提供了哪些主要接口，各有什么功能。

10.6　使用 JDBC/ODBC 桥接驱动程序访问数据库时，如何配置 DSN？

10.7　举例说明如何使用 PreparedStatement 接口给一个表中插入多行记录。

10.8　使用 CallableStatement 接口如何执行一个具有输入参数的存储过程？

技能训练

【技能训练 10-1】　基本操作技能练习

在 SQL Server 2000 中创建一个数据库 Goods，在该数据库中建立一个表示商品的数据表，表中有商品名称、编号、类别、生产厂家、单价等字段。在 Windows 下设置数据源服务名 DSN，并测试设置是否成功。

【技能训练 10-2】　基本程序设计技能练习

(1) 设计一个程序，在 Goods 数据库(在【技能训练 10-1】中创建)中的商品表中插入 3 条记录。

(2) 查询 Goods 数据库中商品表里的记录，并将查询得到的结果输出。

(3) 修改商品表中一条记录的单价信息。

(4) 删除商品表中的一条记录。

【技能训练 10-3】　程序设计技能练习

参考 10.3 节的学生信息管理程序，编写一个程序，完成对 Goods 数据库中商品数据表记录的修改、删除、插入等操作。

参 考 文 献

[1] 任泰明. TCP/IP 协议与网络编程. 西安：西安电子科技大学出版社，2004.

[2] 任泰明. 基于 B/S 结构的软件开发技术. 西安：西安电子科技大学出版社，2006.

[3] John Lewis，William Loftus. Java 程序设计教程. 4 版. 张琛恩，孙媚，译. 北京：电子工业出版社，2005.